新商科一流本科专业群建设"十四五"规划教材

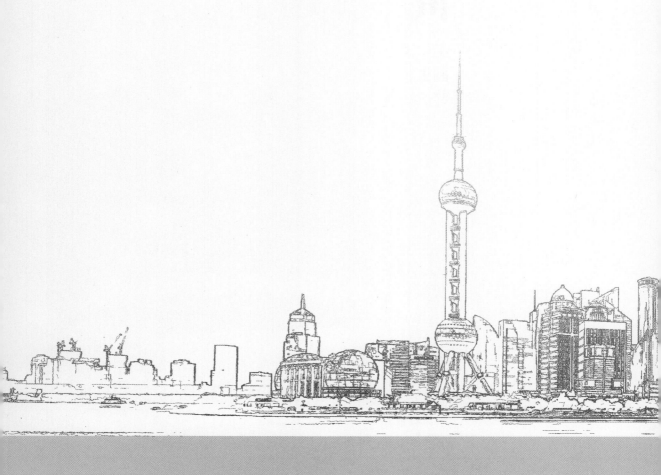

新商科一流本科专业群建设"十四五"规划教材

总主编 ◎ 姜 红 熊平安

SHANGYEBUJU GUIHUA

商业布局规划

主 编 ◎ 曹 静

副主编 ◎ 杨水根 黄 宇

参 编 ◎ 郑 蓓 符栋良

华中科技大学出版社
http://www.hustp.com
中国·武汉

内 容 提 要

　　互联网和人工智能的发展给现代商业赋予了新的内涵,线上线下打通的新零售模式正在成为行业发展的方向。线上零售巨鳄纷纷布局线下门店,线下零售企业在向线上延伸的同时也在进行线下门店的创新,以零售企业为核心的商业企业通过不断调整自身的布局战略实现经营目标。因此,科学和合理地进行商业布局规划具有重要的意义。本书在结合现代商业发展的新特点和新要求的基础上,以商业企业经营战略为导向,基于经典的商业区位理论和零售业区位理论,分析零售区位调查与店址确定的方法,并详细说明了百货商店、专卖店、购物中心、步行街、快闪店和其他零售新业态的布局策略。最后从投资的角度论述了零售店投资的原则和评估的方法。

图书在版编目(CIP)数据

　　商业布局规划/曹静主编.—武汉:华中科技大学出版社,2020.12(2021.5重印)
　　ISBN 978-7-5680-1992-7

　　Ⅰ.①商…　Ⅱ.①曹…　Ⅲ.①城市商业-城市规划-高等学校-教材　Ⅳ.①TU984

中国版本图书馆 CIP 数据核字(2020)第 245562 号

商业布局规划
Shangye Buju Guihua

曹　静　主编

策划编辑:王　乾　李　欢
责任编辑:李　欢　王梦嫣
封面设计:原色设计
责任校对:曾　婷
责任监印:周治超
出版发行:华中科技大学出版社(中国·武汉)　　电话:(027)81321913
　　　　　武汉市东湖新技术开发区华工科技园　　邮编:430223
录　　排:华中科技大学惠友文印中心
印　　刷:武汉市籍缘印刷厂
开　　本:787mm×1092mm　1/16
印　　张:12.75　插页:2
字　　数:346千字
版　　次:2021年5月第1版第2次印刷
定　　价:49.80元

总　序

　　教育部推进"四新"（新工科、新医科、新农科、新文科）建设，特别是在《教育部办公厅关于启动部分领域教学资源建设工作的通知》中提到，2020年起，将分年度在部分重点领域建设优质教学资源库，优化教育教学条件、推进教学方法改革、加强教师队伍建设，探索"四新"理念下教学资源建设新路径和人才培养新模式。在国家推动加快形成以国内大循环为主体、国内国际双循环相互促进的新发展格局的背景下，新商科建设作为新文科建设的重要组成部分，是培养新财经人才的重大改革探索和实践，对新时代人类命运共同体的发展和全球经济的发展具有重大意义。同时，新时代背景下中国的发展及其在世界舞台上的地位，以及上海打造世界著名旅游城市和"世界级会客厅"、打响上海的"四大品牌"（上海服务、上海制造、上海购物、上海文化）、发展在线新经济，都将使培养具有专业知识、信息技术、职业素养、国际视野和家国情怀的新商科卓越人才成为重中之重。而新商科教材是新商科建设和培养新商科人才的关键环节。

　　2017年，教育部、财政部、国家发展改革委印发了《统筹推进世界一流大学和一流学科建设实施办法（暂行）》，2018年印发了《关于高等学校加快"双一流"建设的指导意见》；2018年，上海市教育委员会发布了《上海高等学校创新人才培养机制 推进一流本科建设试点方案》，进一步推动上海高等学校创新人才培养机制，建设一流本科，培养一流人才，形成上海高等教育"一流大学、一流学科、一流专业"的整体战略布局。为了更好地响应文件精神，面向未来新商科发展需求，聚焦上海服务，构建新商科一流本科专业群，培养服务于国家战略、具有中国特色的新商科人才，积极落实一流本科专业群系列教材建设，整合商科教育资源，为我国商业经济的发展提供强有力的人才保证和智力支持，让商科教育发展进入更加系统、全方位发展阶段，出版高品质和高水准的"新商科一流本科专业群建设'十四五'规划教材"因而成为商科教育发展的迫切需要。

　　基于此，教育部高等学校相关专业教学指导委员会委员及上海商学院部分专家学者，与华中科技大学出版社共同发起聚焦"新商科一流本科专业群建设"，依托上海商学院一流本科专业群平台课和核心主干课建设方案，计划出版平台课及核心主干课系列教材。本套教材着重于更新和优化新商科的课程内容，反映新技术、新业态、数字化背景下新的商业实践以及最新的理论成果；致力于提升新商科人才的培养规格和育人质量，并纳入新商科一流本科专业群建设综合改革项目配套规划教材的编写和出版，以更好地适应教育部新一轮学科专业目录调整后新商科高等教育发展和学科专业建设的需要。该套教材由姜红、熊平安担任总主编，策划"新商科一流本科专业群建设'十四五'规划教材"出版书目，并推荐遴选经验丰富、有影响力的专家担任每个方向的编写者，参与审定大纲、样张、总体把控书稿的编写进度，确保编写质量，全面完成上海商学院新商科一流本科专业群教材体系建设。

本套教材从选题策划到成稿出版,从编写团队到出版团队,从内容组建到内容更新,均展现出极大的创新和突破。选题方面,主要编写服务于国家战略和城市建设的新商科特色课程教材,包括《商业布局规划》《商业大数据分析》《现代服务管理》《酒店客户管理》《旅游研究方法》等,融合高科技和现代服务的新时代特色,突出商业发展实践中的新规律、新模式以及商科研究中的新思想、新方法。编写内容方面,结合时代背景,不断更新相关理论知识,以知识链接和知识活页等板块为读者提供全新的阅读体验。在此基础上,以多元化兼具趣味性的形式引导学生学习,同时辅以形式多样、内容丰富且极具特色的图片和视频案例,为配套数字出版提供内容上的支撑。此外,编写团队成员均是新商科方向的专业学者,出版团队亦为华中科技大学出版社专门建立的精英团队。

　　在新商科教育改革发展的新形势、新背景下,相关本科教材需要匹配商科本科教育以及经济发展的需求。因此,编写一系列高质量的"新商科一流本科专业群建设'十四五'规划教材"是一项重大工程,更是一项重要责任,需要商科的专业学者、企业领袖和出版社的共同支持与合作。在本系列教材的组织策划及编写出版过程中,得到了诸多专家学者和业内精英的大力支持,在此一并感谢!希望本系列教材能够为学界、业界和各位对商科知识充满渴望的学子们带来真正的养分,为新商科一流本科专业群建设添砖加瓦,为推进更高起点的深化改革和更高层次的对外开放的课程和教材建设,培养符合长江三角洲区域一体化国家战略发展需要、具有中国特色和国际视野的新商科人才,不断地尝试和探索。

丛书编委会
2020 年 12 月

序

改革开放以来,随着科学技术不断革新,工农业生产蓬勃发展,城乡消费者可支配收入飞速增长,生活模式得到极大创新,从而培养出新的购物习惯。广大人民群众拥有更多的可支配收入,购买力大大提升,人们追求美好生活的愿望与日俱增,已经从单纯追求"量"的需求转换为追求"质"的需求。

我国的零售业从 20 世纪 90 年代以前的百货商店兴起,90 年代以后,百货、超市、专业店、专卖店、便利店、购物中心等零售业态多元化发展,再到电子商务的崛起以及现在线上线下多种业态融合的新零售出现,其更新速度呈现几何级数的增长。在现代化信息时代,随着互联网和电子商务的蓬勃发展,消费者购买决策行为有了巨大改变。许多消费者可以将线上购买的商品,去线下实体店进行退换。不同于过去的实体零售,现在的实体零售更加注重消费者的购物体验,并成为连接消费者与商业品牌的纽带和桥梁。其购物环境和购物过程,是线上电商零售所不能给予消费者的。这正是在电商发展繁荣的情况下,出现新零售的原因之一。

新零售注重重塑业态结构与生态圈,并对线上服务、线下体验以及现代物流进行深度融合。区别于传统零售,新零售是以消费者为中心,提供消费者所需的产品和体验。在新零售模式下,信息不对称的购物选择阻力急剧下降,消费场景更加丰富和多元化,消费者面对的是更多的海量信息甚至是过剩的信息,面对这么多信息选项,消费者其实更倾向企业能够帮其进行选择。所以,新零售背景下企业的竞争策略强调"客户为王",更加强调客户的个性化需求、个性化特质和个性化体验,然后企业再把符合每个个体消费者需求的产品和服务予以提供。新零售背后的商业逻辑基础是大数据挖掘和精准营销,而消费者能够看到的东西也并非偶然,是企业提供给消费者的"必然"选择。

虽然线下实体店租金、人工成本居高不下,但获客成本也是企业需要重点考虑的问题。不光是线下实体店,线上电商更需要着重考虑获客的问题,这也是线上电商的运营成本和营销成本不断攀升的重要原因之一。并且商家为了获取客户流量,往往需要采取竞价模式,从而导致商家所需要付出的实际获客成本甚至要超过线下实体店。获取流量特别是高品质的流量需要耗费企业大量的资金和精力。在这样纷繁复杂的背景下,实体店的规模如何调整?实体店服务和线上电商服务的差异性在哪?如何更精准、更高效又更低成本地根据客户图形获取客户流量?在信息不对称逐渐淡化的情况下,价格越来越透明,如何既能提供给客户性价比高的产品,又能获取经营利润?这些都是摆在我们眼前需要研究解决的重要问题。可见,商业布局与规划是新时代流通经济,特别是零售业经营管理的一大有着重要理论和现实意义的课题。

商业布局与规划,是指大到城市规划小到城市综合体以及乡镇在内的对各种商业的布局,要通过科学合理的布置,提升商业价值和商业利用率,进而扩大商品销售,增加企业收入,方便和满足目标消费人群的购物消费需求。当前乃至今后较长的一个时期,商业特别是零售业布局和规划如何适应优化营商环境、加快现代流通体系建设的需要,如何在高速发展的信息化时代更好地服务于企业、服务于消费者,给社会提供一个更合理、更科学、更舒适的商业环境,就成为我们学者和企业家都义不容辞的光荣的重要任务。

我们高兴地看到上海与湖南商业经济的学者们面对这个课题,勇敢接受上述任务,编著了《商业布局规划》一书。

该书是上海商学院零售业管理专业作为上海市一流本科专业群建设的成果之一,是该专业教师多年辛勤劳动的结晶,可喜可贺!该书由上海商学院与湖南工商大学、上海市商务研究中心合作完成,这种合作有利于实现优势互补,充分发挥兄弟院校和政府研究部门的专业特长,值得推广和借鉴。

该书结构比较合理,内容丰富。首先概括论述了商业经营战略,使立论较高,指明零售业布局规划就是商业经营的一大战略。同时,着重阐明了商业区位理论,使该书具有坚实的理论基础。接着,该书以较大篇幅阐述了零售业及其不同类型的布局与规划的理论和方法。作者运用大量实际资料和实践案例加以说明,从而充分显示该书具有的重要实用价值,这也正是该书的又一特点。

诚然,该书体系有待完善,内容上也有可再斟酌之处。但总体而言,该书不失为一本具有鲜明特色的成功的教科书,特向同行和读者推荐。

西安交通大学经济与金融学院

教授、博导　文启湘　谨序

2020 年 9 月 15 日于西安

前 言

商业作为第三产业的重要组成部分,在引导生产、满足消费方面具有重要的作用。随着互联网信息化、数字化进程的加快,商业特别是零售业爆发出更大的增长力和集中力。传统零售业加速进行数字化改造、消费升级的内在需求等要求线上线下进行一体化运营。全渠道、全场景、全客群、全品类、全数据、全时段正在成为现代商业的突出特点。线上商业企业加速布局线下,线下企业围绕消费需求的变化向线上扩展渠道并进行科技赋能,线下网点资源的稀缺成为许多企业扩张过程中的"痛点"。科学、有效地进行商业的布局和规划具有重要的理论意义和实践意义。

本书分为六章。第一章商业经营战略概述,为制定合理的商业企业经营战略和布局战略提供基础;第二章区位与商业区位理论,是进行商业布局规划的经典理论;第三章零售业区位理论,包括零售业区位决策、零售业空间模型和中心地理论的发展,是零售业进行区位规划的理论基础和前提;第四章零售区位调查与店址确定,介绍零售区位调查的方法和要点、零售商圈调查的方法和零售店址确定的方法,以及现代信息技术在零售区位中的应用;第五章不同零售业态的布局策略,重点介绍了百货商场、专卖店、购物中心、步行街、快闪店和其他零售新业态的布局策略;第六章现代零售投资规划与评估,说明了零售店投资的原则和评估方法,特别对大型商铺的投资进行了详细分析。

本书由上海商学院、湖南工商大学和上海市商务发展研究中心的相关专家联合编写。参加编写的人员分工如下:第一章,黄宇、曹静;第二章、第三章,杨水根;第四章、第五章,曹静、符栋良;第六章,郑蓓。全书由曹静进行总撰定稿。

本书可作为高等院校本科类各专业的专业课教材和财经类、管理类专业的教学参考书,也可作为商业企业的培训教材和参考书。本书是上海高等学校一流本科建设引领计划项目"聚焦上海服务,构建新商科一流本科专业群"的核心专业——零售业管理本科专业——建设成果之一,是上海商学院新商科平台课的核心课程教材。本书是在编者们的共同努力下完成的,在此对所有参与一流专业群建设的人员表示衷心的感谢。本书仅是一次探索,由于时间仓促和编者水平有限,书中难免有不足之处,还请广大读者批评指正。

"商业布局规划"课程二维码

编 者
2020 年 8 月

Contents

目　录

商业布局规划

第一章 →

商业经营战略概述

学习导引

商业作为连接生产与消费的桥梁,在调节生产引导消费方面具有重要的作用。随着现代信息技术和互联网技术的发展,现代商业企业也正在进行一次新的革命。那么现代商业企业具有哪些特征? 分类有哪些? 商业企业的战略模式是什么? 商业企业的布局原则和战略是什么? 通过本章的学习,让我们去寻找答案。

学习重点

通过本章学习,重点掌握以下知识要点:

1. 现代商业的内涵、特征和分类;
2. 商业经营战略的内涵和内容;
3. 零售企业制定经营战略的过程;
4. 零售企业布局战略。

第一节 商 业 概 述

一、商业的基本内涵

商业的概念和内涵是动态变化的,随着社会和时代的发展,其内涵不断丰富。Line 创始人森川亮在《简单思考》中指出,商业的本质是"持续提供用户真正想要的东西",现代商业的本质是实现物资、服务及相关资源要素在市场中的最优化分配。韩枫(2007)认为,现代商业是以高新技术为支撑、以智商和情商相结合的商业,即"以科学发展观和现代经营理念为指导,以物质的和非物质的要素商品为经营对象,以国内外市场为载体,通过各类商业企业的诸多经营环节,进行以商品交换活动为核心、以要素商品流通为主体,进行广泛商务活动的第三产业部门"。"顾客导向,以人为本"是现代商业最基本的经营理念。互联网时代的商业,乃至目前的新零售均是回归用户和产品本身,且围绕这两大要素,以现代经营理念为引导,以现代企业组织形式为标志,以现代经营模式和创新业态为载体,以现代商业基础设施和技术为支撑,结合以现代化管理、现代化供应链体系为保障,形成复杂的网络化商业体系。

数字化时代,现代商业发展已经进入一个新的阶段。IBM(2016)首先提出"认知商业"的概念,将认知商业定义为基于云计算、大数据分析和物联网等新兴技术的一种商业模式,其标志着一个全新的时代已经来临。认知商业是认知计算时代的一种新的商业模式。将认知计算、云计算、机器学习、大数据分析、物联网技术等应用于传统商务活动中,实现人与机器的深度配合,使商业活动更加智能化、高效化和价值最大化,从而实现电子商务的扩展,商业活动过程的全流程认知管理,以及区别于人工智能实现"认知"决策。

新技术背景下的现代商业,通过场景服务运营商提供整套"互联网+"的解决方案,实现Wi-Fi 覆盖和 iBeacon 应用进行场景定位,并通过近场感应终端、传感器等技术,实现对消费者购物轨迹的全流程追踪。伴随着物联网技术的成熟以及其在零售领域的应用,零售业对技术的应用将进入"物联网+零售"时代。在这样的发展背景下,张勇(2016)首次阐述了新零售概念,他认为,新零售就是通过大数据和互联网重构"人、货、场"等商业要素而形成的一种新的商业业态。马云(2017)在 IT 领袖峰会对新零售概念进行了系统阐述,他认为,线下与线上零售深度结合,再辅以智慧物流,服务商利用大数据、云计算等创新技术,构成未来新零售的概念;新零售的产生,有其特定的背景基础——"双升"驱动,即在技术升级与消费升级驱动下,新零售应运而生。新零售商业模式的核心内涵在于通过推动线上线下的一体化进程,使线上的互联网流量和线下的实体终端形成真正意义上的发展合力,从而完成现代商业模式的优化升级。

二、现代商业的特征

满足文化、娱乐、餐饮和购物"一站式消费"的购物中心模式是现代商业发展的显著特征之一。1922 年,在美国堪萨斯州出现了第一个"乡村俱乐部广场",由一个百货店和一家药店组成。汽车时代到来后,城乡接合部出现了更多的购物中心。20 世纪 80 年代,购物中心类型趋向于多样化、规模化发展。购物中心的出现推动了现代商业管理的发展,以及物业管理与商业管理的交织,实现了消费模式的组合优化和专业管理的系统叠加,构成了现代商业发展的鲜明特质。

知识关联

一站式消费是指消费者在一家商场可以一次购齐家庭生活所需要的全部物品以及享受娱乐、餐饮等服务。

百货业在日本不同时期的创新经营,也成为引领现代商业变化发展的重要力量。在其发展演进中呈现出如下基本特征:一是功能空间的多样化和消费购物的便利化趋势。日本百货业采取多种方式来拓展零售功能,结合交通枢纽和居住区开发选址布局,提供更高的消费便利度。二是文化、主题化元素的注入,使百货店承接更多的社会化功能,向消费者传播最新流行文化,展示新鲜事物以及新式生活。三是商品自有化、个性化和品质化创新。百货店具有向消费者传递高质、时尚、新颖商品的功能,引导供货商提高生产技术、产品设计能力以及适应市场动态变化的柔性制造能力,满足消费者的品质消费需求。四是扩大渠道优势。百货店通过与供应商建立"制贩统合"型供应链,提升渠道竞争优势。五是不断自我革新,动态创新运营方式。日本百货店重在对选址、商品品类、门店氛围、社会功能等零售要素的重构和创新,巨大的创新基因奠定了业态经营范式和竞争优势。

连锁经营、集团经营、渠道品牌快速发展,是现代商业发展的又一重要特征。便利店业态、连锁化专业经营的发展,推动了品牌下沉和社区商业发展的新变革。零售企业在组织形式呈现多样化发展的基础上,强化管理后台的系统性集成、产品供应链全链路打通和经营模式上的不断创新。以全球最大的便利店零售商 7-Eleven 为例,其在经营模式上不断创新,形成了多元化的产品种类和结构,为消费者提供了多元化、全方位的服务;通过服务业态的集成组合和"业务下沉",构建了完善的社区化服务网络体系;通过打通线上线下融合发展的 O2O 业务,建立了稳定的社区消费社群,不断丰富和完善了消费体验,使其在零售业整体不景气的情况下仍然能保持着较高的收益。

知识关联

O2O 是 Online to Offline 的缩写,即在线离线或线上到线下,是指将线下的商务机会与互联网结合,让互联网成为线下交易的平台,这个概念最早来源于美国。

互联网时代,消费者和商家的关系发生了改变,由技术和顾客需求推动的新零售时代已经到来,零售商业的"智慧化"趋势日益显著。无论是传统零售企业还是新零售企业,都必须基于消费者行为的变化,借助现代大数据技术收集相关信息进行经营理念的更新。未来新零售时代所展现出来的变化特征和趋势:一是平台的功能和属性在逐步发生根本性的变化。平台型企业开始以资本、技术、方案赋能等手段构建消费者与消费产品之间相关联的场景体系,围绕消费者个体,深度联系的场景体系开始形成。基于粉丝的社群经营、用户"智造"产品、触达用户的情景营销的社群电商成为其中的典型代表。二是线上线下深度融合,全渠道发展孕育新商业生态圈。新技术打破传统消费品制造模式,推动个性化新制造时代的到来;平台一体解决方案从互联网企业向外渗透,企业加快全渠道零售布局。风险资本持续推进线上线下融合,互联网金融进一步为中小企业提供平台商家融资服务,深度参与上下游企业的生产和销售行为,新型商业生态圈加快形成。三是新技术在推动行业发展过程当中扮演着更加重要的角色。与互联网技术只是停留在平台的范畴内不同,新零售时代的新技术更多地参与到了行业实际运作过程当中,技术对传统行业进行深度赋能,新技术应用中心从前台向后台发生转移,开始深度参与企业经营、商品实际生产、渠道运营的全过程。四是消费民族化情绪的崛起。外商零售品牌和本土零售品牌将进入焦灼竞争的时代,学习和模仿生产带来的技术进步效应开始显现,结合新零售商业模式的弯道超车,未来国货品牌的矩阵式崛起将会成为零售业发展的重要影响因素。

三、现代商业分类

众多学者从企业资产结构、商业运营开放度、价值链、企业财务、企业动作方式等不同角度对现代商业进行分类。

昌志成(2014)根据企业资产构成,将商业模式归纳为轻资产商业模式和重资产商业模式两大类。轻资产商业模式是一种"低"财务收入、"小"资产规模、"轻"资产形态、"重"知识运用、"高"投资效益的商业发展模式;重资产商业模式是与轻资产商业模式相对而言的,指企业"重"固定资产、固定费用,通过规模经济获取效益的商业运营形态。

王婷婷(2013)从商业运营开放度的角度对现代商业进行分类,将其分为分享式、吸收式和多元式三种商业模式类型。分享式商业模式,即高内部资源共享,低外部资源整合,代表企业为迪士尼,其通过 IP 与品牌输出拓展业务空间,获取商业利润。吸收式商业模式,即低内部资源共享,高外部资源整合。ZARA、优衣库等快销时尚品牌是这类企业的典型代表,立足于用多品牌、多系列的产品结构来形成从设计、开发到生产的整个供应链,同时形成业务垂直整合的系统平台,实现企业生态链的高度整合。多元式商业模式,即高内部资源共享,高外部资源整合。这是新兴电商企业发展的主要方向,通过开放式的平台商业模式,实现对市场资源的高效调动。

张建新(2016)立足于企业生存和发展的价值内涵,将商业模式定义为一种利益相关者的交易结构,以商业模式的价值链、价值链上的活动环节,以及企业在商业环节中创造的价值过程三个维度,从商品或服务的交易结构层面进行分类,将其分为平台型商业(商业活动中的中介角色)、聚焦型商业(业务活动集中在价值链活动的一个或几个环节)、集成型商业(在价值链上具有重要地位,协调整个产销通路,具有调配资源主导权的商业企业)和全能型商业(全价值链发展型企业)。

刘子怡(2018)基于企业财务视角对商业模式进行分类,选取杜邦分析体系,根据销售净利率、总资产周转率和权益乘数贡献的性质进行分类,将商业模式分为收益型(产品或服务的成本领先优势、差异化战略或集中战略,可以从市场中获得超额收益)、效率型(企业的权益收益率主要得益于资产周转率的贡献)、杠杆型(企业凭借自身信用,利用能够从供应商处获得的商业信用负债)、收益效率型(企业的权益净利率,主要得益于销售净利率和资产周转率)、收益杠杆型(企业净资产收益率主要得益于销售净利率和权益乘数)、效率杠杆型(企业的权益收益率,主要源于资产周转率及财务杠杆的贡献)、收益效率杠杆型(企业销售净利率、资产周转率和财务杠杆,都会对企业的权益净利率产生正向影响)和财务短板型(企业财务方面全面倒退)八大类型。

吴晓波(2014)则结合国内互联网时代下的商业发展模式,归纳出现代商业发展的六种典型模式,更多的是对国内现行商业企业运作方式的一种归纳。长尾式商业模式,在互联网上销售虚拟产品,支付和配送成本几乎为零,将长尾理论发挥到极致;多边平台式商业模式,将不同的客户群体集合在一起,使平台产生价值,强调网络效应,通过不同客户群体之间的互动来创造价值;免费式商业模式,是流量经济时代下典型的商业运作模式,为付费部分提供客户来源和信息传播渠道;二次创新式商业模式,是传统商业的转型升级;非绑定式商业模式,即企业对这些不同类型的业务进行分离,独立的经营以避免因冲突而带来的不利;系统化商业模式,将企业的商业模式当作一个系统进行设计和运用,体现出整体的效应。

四、零售业分类

现代零售业最基本的分类是零售业业态层面的分类。商业业态就是商业经营的状态与形式。零售学将业态定义为"服务于某一顾客群或某种顾客需求的店铺经营状态",它同时反映了店铺的位置信息、规模大小、空间形态和具体的销售方式与手段(张水清,2002)。《零售业态分类》(GB/T 18106—2004)按照结构特点,将零售店铺分为有店铺零售和无店铺零售两大类,共计十七种业态。许冰沁(2019)依据《国民经济行业分类与代码》(GB/T 4754—2017),按照功能性质将零售店铺分为六大类,即零售类、餐饮类、休闲娱乐类、生活服务类、金融服务类、旅游住宿类。

网络时代的崛起为商业零售转型带来新的契机,为商业运营模式层面带来新的发展范式,结合当前城市零售企业的运营模式,整体上划分为三种类型,即传统实体零售模式、纯电子商业零售模式、线上线下结合模式。传统实体零售与电子商业结合是传统企业电商化与电商企业实体化的双向过程,这种模式能够利用电子商业的信息优势,实现线上线下业务链的重组与配合,打造"互联网+实体零售"与"互联网+生活服务"的发展战略,并由此演化出企业对企业(Business to Business)、企业对企业对个人(Business to Business to Customer)、个人对个人(Customer to Customer)、企业对个人(Business to Customer)、个人对企业(Consumer to Business)、线上线下(Online to Offline/Offline to Online)、厂商对个人(Factory to Customer)等多种零售商业类型。

在上述的变化发展中,特别是面对新冠疫情带来的冲击,逆向 O2O 模式或者双向 O2O 模式正在获得充足的发展,线上线下的信息交流从产品信息扩展到消费活动本身,会员渠道、引流渠道进一步打通,快速建立起全渠道客户关系,这一层面的 O2O 应用成为传统企业向互联网时代转型的方法论和工具,同时也推动商品型消费与服务型消费之间的融合,促使商业跨界合作进一步深化。

网络的发展,移动终端的普及,C2C 消费的发展都推动着我们进入共享型商业时代。商品使用的 AI 化、无人化,为共享经济拓展出更多的消费领域,共享经济深入交通(无人驾驶和共享汽车)、空间(共享办公)、物流(共享配送)等诸多方面,深刻改变了人们的工作和生活方式,同时也将深刻改变零售企业的投资方式和盈利模式,资源整合效率、全程化服务将成为零售企业的核心竞争优势。

C2B 和 F2C 商业零售模式的快速成长,反映出个性化消费需求的不断扩大,以及消费渠道扁平化的发展趋势,消费者订单化消费模式更加成熟。与此同时,从网络买手、海外代购到直播带货,消费者"意见领袖"这一角色应运而生;抖音做品牌,快手做粉丝,微信群做私域、做流量,小程序做支付,各平台合作共生,成为个性化消费时代下商业模式创新的新产物。

5

知识活页　　　　　　　　　　B2B、B2C、C2C 和 F2C

B2B 是 Business to Business 的缩写,是指企业与企业之间通过专用网络或因特网,进行数据信息的交换、传递,开展交易活动的商业模式。

B2C 是 Business to Customer 的缩写,而其中文简称为"商对客"。"商对客"是电子商务的一种模式,也就是通常说的直接面向消费者销售产品和服务的商业零售模式。其典型代表有阿里巴巴。

C2C 是 Customer to Customer 的缩写,指消费者个人间的电子商务行为。比如,一个消费者有一台电脑,通过网络进行交易,将电脑出售给另外一个消费者,此种交易类型就称为 C2C 电子商务。闲鱼就是这种模式。

F2C 指的是 Factory to Customer,即从厂商到消费者的电子商务模式,省去中间环节,价格比较实惠。目前做得好的有好实再商城。

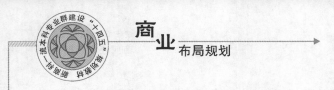
第二节 商业经营战略

一、商业经营战略的内涵

商业经营战略是商业企业指导企业在本行业内竞争的战略总和。企业经营战略是企业从全局出发制定的经营行动的总谋划、总方针和总体部署。经营战略是要解决企业未来经营的方向问题,而不是对经营环境短期波动做出的反应,更不是解决企业日常的事务问题。

商业经营战略是商业企业各项经营活动计划综合平衡形成的全局的、整体的规划,而不是企业的单项活动计划,也不是单项经营活动的长期计划;它必须是实事求是、切实可行的,而不是表达美好的动机或最佳意愿的,也不是主观臆断;它必须得到广大职工的认可和理解,取得广泛的群众基础,统一全体职工的思想和行动,这样其贯彻执行才能顺利进行。在战略研究领域,学者通过把战略细分为若干要素来界定战略的概念内涵。例如,早期著名学者 Ansoff (1965)提出战略四要素,即产品市场范围、成长向量、竞争优势、协同作用;Saloner 等(2004)以及 Carpenter 和 Sanders(2009)把逻辑(或经济逻辑)作为战略的一个构成要素。加拿大麦吉尔大学教授 Mintzberg(1987)认为人们在生产经营活动中会在不同的场合以不同的方式赋予企业经营战略不同的内涵,在这种观点的基础上,Mintzberg 借鉴市场营销学中的四要素(4P)的提法,提出企业战略是由五种规范的定义阐述的,即计划(Plan)、计策(Ploy)、模式(Pattern)、定位(Position)和观念(Perspective),它们构成了商业经营战略的"5P"模型。

Porter(2001)在论述互联网时代的战略时,明确提出了战略定位的六项基本原则。Yip (2004)、Seddo 等(2004)准确地界定了经营战略的基本内涵。Porter(2001)提出的经营战略六要素包括正确的目标、价值主张、价值链、有所取舍、战略要素之间的匹配,以及战略方向的持续性。商业经营战略强调企业的价值主张和经营系统(或价值链)中的盈利模式的选择,强调企业对不同决策应该有所取舍并且彼此匹配,共同组合成为企业的成功之道。商业经营战略作为企业经营的基本架构,具有全局性、长远性、竞合性、纲领性、稳定性和持续性的内在要求。

类型层面,商业经营战略分类研究主要集中在几个经典分类上。Porter(1985)提出三大基本竞争战略,即成本领先、差异化(创新性)、集中化。Miles 和 Snow(1978)提出四种战略类型,即探索型、分析型、防御型和反应型。Mintzberg(1988)对 Porter(1985)提出的三大基本竞争战略进行拓展,即把差异化战略细分为形象差异化、设计差异化、质量差异化、支持差异化和无差异。

互联网时代下,互联网企业的新实践引发了对商业模式类型的创新性研究,进一步拓展了商业现象的复杂性和多样性,在新的时代条件下,商业模式的分类也成为商业经营战略研究的一种重要的补充和拓展。因此,企业要想实现自身发展或业务发展,就必须选择合适的商业模式;商业经营战略要对商业模式进行选择,商业模式反映的是已经付诸实施的商业经营战略。在有多种商业模式可供选择的情况下,企业的商业经营战略是对商业模式做出选择和灵活配置;而在没有选择的情况下,两者一般即是彼此。商业经营战略要解决的就是通过评估不同的商业模式设计方案来确定适合企业的商业模式,企业在探索中实现对商业模式的渐进式演化。

商业经营战略还包括两大方面:竞争战略和事业范围选择战略。

竞争战略是在市场上,企业与竞争对手竞争的基本方针。它的目的是使企业的经营活动能在所有竞争者中技高一筹,使企业在竞争中占据有利的位置。竞争战略是企业经营基础性、根本性的选择。企业事业范围一经选定,接下来的问题就是确定选定的事业范围内的经营方针,即竞争战略。

但企业的经营活动并不局限于一个市场或一种事业,事业范围选择本身也是企业的一种战略。事业范围选择战略,也称作多种经营战略。

事业范围选择,需要综合考虑市场和技术两方面,如图 1-1 所示,横轴表示市场范围,纵轴表示技术范围,两方面统一的部分,就是企业的事业范围。

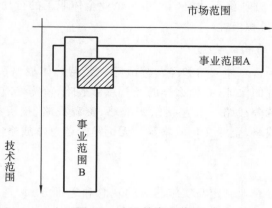

图 1-1　企业的事业范围

企业经营战略具有以下特征。

（一）全局性

企业经营战略解决的是有关企业发展的、综合的、总体的和全局的基本方针、总体部署问题,它要从企业的全局出发,确定企业在未来较长时期内的发展目标、发展重点、发展阶段、发展措施等重大经营决策。

（二）长期性

企业经营战略是为了解决企业未来长远发展的总目标和规划,对企业具有较长时间的指导意义。它虽然对企业的短期计划、短期行为起着制约和决定作用,但绝不类同于短期计划。短期计划当然也不能代替经营战略,经营战略是要在科学预测的基础上,开拓未来的前景。

（三）稳定性

经营战略抉择意味着战略实施过程的开始。经营战略的实施过程是一系列经营活动的有机组合过程,战略的变化将会引起企业经营活动的一系列变化。因此,经营战略一经确定,即须保持相对稳定,不得随意更改。否则势必引起企业内部各项工作的混乱和资源的浪费。当然,经营战略也不能绝对不变,当环境和条件发生重大变化时,经营战略也要适时调整。但这种调整必须保持战略的连续性和递进性。

（四）风险性

在现代社会经济活动中,竞争愈加激烈,环境复杂多变,能否适应竞争和环境的变化,是关系到企业生存和发展的大问题。经营战略的失误,往往会导致企业的重大损失,甚至倒闭,因而风险极大。

二、商业经营战略的内容

美国著名管理学家彼得·德鲁克认为,商业经营战略的核心是创造客户,把企业使命转化为企业的战略目标。霍弗和申德尔在他们合著的《战略制定》中认为,商业经营战略必须与资源配置、竞争优势和协同作用等要素相结合,企业的独特资源和能力是战略的基础。

商业经营战略首先要决定企业最基本的经营方向和行为路径,确立企业最基本的商业发展模式的选择。其次商业经营战略具有鲜明的周期节点性,是构成企业战略的中心环节,为商业决策的重点把控方向。商业经营战略同时也是企业全体职工的行动纲领,承载着企业文化、企业精神、发展命运和成员积极性。

(一)企业经营战略的构成要素

企业经营战略包括经营总体战略和经营分战略。经营总体战略决定经营分战略,经营分战略是经营总体战略实现的保证,有什么样的经营总体战略,就需要有什么样的经营分战略与之适应。零售企业的经营分战略一般包括组织战略、资源战略、投资战略、商品战略、质量战略、市场战略、企业形象战略、企业文化战略等。无论是经营总体战略还是经营分战略,一般都包括以下要素。

1. 经营战略思想

经营战略思想是指导企业制定与实施战略的观念和思维方式,是企业进行经营战略决策的行动准则。零售企业的经营战略思想包括两个方面的要求,一方面应符合社会主义经济对零售企业经营思想的要求,另一方面应符合社会主义市场经济对零售企业经营思想的要求。此外,从制定零售企业经营战略的角度具体分析,还应当树立系统优化观念、资源的有限性观念、权变观念和着眼于未来的观念。

2. 经营战略目标

企业的经营战略目标应当与企业的经营目标相一致,它是零售企业经营战略和经营策略的基础,在企业的经营活动中占有重要的地位,是关系零售企业发展的方向性问题。

3. 经营战略方针

经营战略方针是零售企业经营战略思想的具体化,是为了实现经营战略目标,组织经营活动的行动指南,是指导零售企业经营战略实施的行动纲领。因此,零售企业经营战略方针也就是零售企业的经营方针。

4. 经营战略行动

经营战略必须付诸实施,否则,再好的战略也只能是"空中楼阁",没有任何价值。经营战略行动要以经营战略目标为准绳,以经营战略方针为指导,选择适当的战略重点、战略阶段和战略模式。

战略重点,是指那些事关战略目标能否实现的重大而又薄弱的项目和部门,是决定战略目标实现的关键因素。只有抓住了战略重点,把零售企业经营中重要而又薄弱的环节提升起来,才能保证战略目标的实现。

战略阶段,战略具有长期的相对稳定性,战略目标的实现不可能是一朝一夕之事,必然要经过若干个阶段,每一个阶段又有其特定的战略任务,通过完成各阶段的战略任务就可以最终实现战略的总目标。每个阶段既具有独立性,又具有相互联系性,前一阶段是后一阶段的基础,后一阶段是前一阶段的继续和发展。

战略模式,是指可供零售企业选择的战略形式。不同的战略模式体现着不同的战略要求和战略方案。

(二)企业经营战略的内容

通常来讲,商业企业经营战略的内容包括以下八个部分:市场细分、目标市场、SWOT 分析、市场定位、竞争优势、营销要素组合、目标成果、战略行动。

1. 市场细分

市场细分是零售企业根据消费者在需求上的差异,把整体消费者划分为在需求上大体相近的消费者群,形成不同的细分市场。

市场细分的对象是消费者,消费者在购买商品时,由于所在地区、生活习惯、职业等的不同,其购买动机、欲望、需求也会有所不同,于是就产生了不同的消费者群。根据消费者需求不同把整个市场化分成若干小市场,零售企业根据小市场的特点选择不同的零售业态,进行不同的营销要素组合。细分市场可以根据消费者所处的地区、收入水平、职业等来划分。

2. 目标市场

在运用一系列的细分标志将整个市场划分为若干个不同的细分市场后,零售企业下一步就面临着对目标市场的选择。目标市场是零售企业营销活动的核心。

零售企业的目标市场就是零售企业经营活动所要满足的特定的消费者群,也就是要确定为哪一类消费者提供商品或服务。如超市的目标市场主要是家庭妇女,便利店的目标市场主要是中青年白领。

3. SWOT 分析

SWOT 分析方法是商业企业进行战略规划时常用的战略分析方法。S(Strength)即零售企业优势,W(Weakness)即企业劣势,O(Opportunity)即机会,T(Threat)即威胁。

SWOT 分析是分析零售企业内部条件与目标市场环境的过程。内部条件分析的目的是要明确与本零售企业竞争相关的优势和劣势;目标市场环境分析的目的是要明确与本零售企业竞争相关的机会和威胁。结合内部条件和外部环境,零售企业可进行准确的市场定位,并选择合适的策略。

4. 市场定位

零售企业一旦选定目标市场,就要在目标市场上进行市场定位。市场定位是零售企业战略计划中的一个重要组成部分,它关系到零售企业如何与众不同,与竞争者相比有何突出之处。

市场定位是一个零售企业在市场上的位置,也就是说其要为目标市场提供什么样的商品或服务。这种位置区别于竞争对手,并取决于消费者或用户对零售企业特征属性的认识程度。零售企业的市场定位一般有领导者定位、补缺者定位、追随者定位三种策略。

5. 竞争优势

零售企业明确自身的市场定位后,要考虑自己的产品或服务要在什么基础上取得超过竞争者的优势,是成本领先还是差别化战略。具体来讲,是先进的配送技术,还是经营规模上的优势;是商品品质和种类上的优势,还是商品或服务特色上的优势等。这就是所谓的竞争优势,也就是相对竞争者的优势。事实上,制定战略的唯一目的是使零售企业尽可能有效地占有比竞争者更持久的优势。

6. 营销要素组合

零售企业进行市场定位后,要采取与市场定位相适应的营销组合。市场定位是营销组合的基础,营销组合体现零售企业的市场地位。零售企业是一种出售商品或提供服务的组织,其营销组合要素与一般的生产企业有所不同。零售企业营销组合的要素主要有零售业态、商店选址、商店面积、商品种类、商品价格、广告与促销、购物环境等。

7. 目标成果

确定零售企业应该做什么以及如何做，是计划和实施行为的指导，但战略结构中还有一项重要内容，就是最终应该达到何种效果。目标成果是短期目标及控制手段设计的依据，使战略实施趋于完善。

8. 战略行动

通常来讲，零售企业现有地位与其所谋求的在目标市场上的竞争优势之间总有差距，同时零售企业拥有的人力、物力、资本等资源也是有限的，因此零售企业要详细考虑战略行动的推进步骤，考虑如何消除差距，同时还要对战略行动的时间做出合理的安排。

三、商业企业经营战略模式

（一）根据商业企业战略行为的各自特点分类

根据商业企业战略行为的各自特点，可将商业企业经营战略划分为以下三类。

1. 扩张型进攻战略

扩张型进攻战略是指商业企业筹划扩大经营规模和实现经营多样化的一种战略模式。即对现有的商品经营范围和服务范围从深度和广度上进行全面渗透和扩大。具体来讲，有以下四种类型。

（1）市场渗透战略，指商业企业利用自己在市场上的优势，扩大购销业务，向纵深发展，在竞争中，把更多的顾客吸引到自己这里来，以提高市场占有率。

（2）商品发展战略，指商业企业通过扩大经营品种、保证商品质量，发展新商品等，以适应市场变化和消费者的需要，不断扩大商品销售。

（3）市场开拓战略，指在商业企业经营发展的过程中，当市场受到限制时，必须选择和发展新市场，如建立分支联营机构，发展经营网点等。

（4）多角化经营战略，指商业企业充分利用自己在商品、资金、技术、设施、信息等方面的优势，使企业经营不断向广度和深度发展。具体包括纵向型多角化，如零售经营为主，兼营商品批发，或批发经营为主，兼营零售；同心型多角化，以主营商品为轴心，利用主营商品的经营优势和特长，向外扩散与主营商品相关联的其他品类；复合型多角化，以一业为主，兼营其他行业的经营，如兼营加工和生活服务、文化娱乐、信息咨询、技术培训、装修设计等服务性行业。

扩张型进攻战略对商业企业来说，可以创新经营机会，提高企业资源利用率，但同时也会给商业企业带来一定的风险。一般适用于处于有利的发展环境中，优势较大的企业。

2. 稳定型防御战略

稳定型防御战略是指商业企业在现有的经营条件下，采取以守为攻，伺机而动，以安全经营为宗旨，不冒大风险，着重于改善经营管理，提高经济效益的一种战略。其特点是风险小，但商业企业却面临着被淘汰的危险。通常为处于波动或下降之中的商业企业，或经济实力较弱的商业企业所采用。

3. 紧缩型调整战略

紧缩型调整战略是指商业企业采取缩小经营规模，减少投入，以谋求摆脱困境的一种战略。通常在经济不景气时采用这一策略，但在实行紧缩措施的同时，应加强预测，对经营业务做出调整，寻求新的发展机会，积极做好迎接新的增长的准备工作。

（二）根据市场营销对策不同分类

根据市场营销对策不同,可将商业企业经营战略分为以下五类。

1. 无差异经营战略

无差异经营战略是把商业企业的经营力量投入到整个市场的各类商品上,凭借企业地利、人和条件吸引消费者。这种战略特点是风险小、费用低,比较适合市场稳定或供不应求的商品的经营。

2. 差异经营战略

差异经营战略即特色战略,是商业企业经营的商品具有与其他竞争者不同的特色,尤其是独特的风格。采用这种战略要根据商业企业经营条件和市场需求变化趋势来确定重点方向,并从货源渠道、费用、成本、价格制定上采取相应的对策。

3. 出奇制胜战略

出奇制胜战略就是运用竞争者意想不到的新奇手法来战胜对手。商业企业采用出奇制胜战略,要通过经营新奇的商品,提供新奇的销售服务,采用新奇的促销手段等,达到吸引消费者、扩大市场占有率的目的。采用这种战略,商业企业应当与研制、生产部门建立特殊的业务关系,构建灵活的市场信息系统。

4. 重点服务战略

重点服务战略是集中商业企业的全部力量为某些特定的消费者服务,或是重点经营特殊商品,或者提供特殊的劳务性服务。这种战略可使企业在竞争中处于有利地位,商业企业往往能以优质服务赢得顾客,增强竞争力。

5. 联合经营战略

联合经营战略是商业企业在开展横向经济联合的基础上,与其他企业之间本着自愿互利的原则,实行联合的一种经营战略。联合经营战略可以取长补短,发挥优势,提升经营能力,丰富经营方式,缩短流通渠道,促进生产发展,满足消费需要。

四、商业战略规划

商业战略规划是指工商企业部门或单位依据国家和上一级单位经济发展总体规划制订的带有全局性的远景计划,是近几年兴起的一种财经类实用文体。其主要作用是把局部问题放在总体规划中来考虑,使工作按照既定目标,有重点、有步骤地达到预期目的。商业战略规划具有全局性和整体性,长远目标与阶段目标相结合以及权威性三大特征。企业需要将商业战略规划与产业战略、经济发展基础、国际国内形势、政策基础相互衔接,调节生产与流通的关系,使企业经营者与产品和服务同步面对市场,实现战略目标、步骤和措施上的协调。同时,商业战略规划,须经决策层审定,使它在内核和表征上均具有权威性。商业战略规划从企业业务层面划分,有多元化战略规划、聚焦型战略规划、差异化战略规划、成本领先战略规划;按市场目标划分,有市场经营渗透战略、市场经营开拓战略、新产品市场经营战略、混合市场经营战略等。

智能技术将全面更新现有技术基础设施,重新定义商业模式,重塑未来的经济图景。信息时代发展起来的博客、短视频等软件,通过网络口碑传播扩大了消费者的覆盖面,从而促进了消费。网络零售通过口碑传播、物流时效、更便捷的支付方式,产生了挤入效应;并且在未来的发展中,电商零售让消费者从产品定制、产品和服务信息的扩大、场景再造、更加便利的购物以及节约时间中获得益处,让消费者获得良好的体验,提升其线下购物动机且增加消费,从而引导消费者实现线上线下互动消费。相关影响因子也成为新型商业企业制定商业战略规划的重要考量因素。

例如,阿里巴巴的商业战略。从电子商务革命到数字化,阿里巴巴通过实现全面数字化,全面推进"阿里巴巴商业操作系统"建设,促进其全球化、扩大内需和大数据云计算三大战略的实施。相关战略的核心是构建阿里巴巴体系下的"数智化"商业生态系统,形成以技术、大数据、数字化渠道为基础,以数字化支付、金融手段打造商业闭环,形成内在联系紧密的企业联盟体系。阿里巴巴先后启动两轮"春雷计划",实现阿里巴巴平台从电子商务革命到数字化生存的进化。2009年,阿里巴巴的第一轮"春雷计划",着手对移动电子商务进行战略布局,实现互联网络与手机时代的实时互动,开启2013年"All in无线"战略,从而形成了目前的阿里巴巴数字化经济体框架。2020年,新冠疫情蔓延,阿里巴巴启动第二轮"春雷计划",其核心价值目标是给中小企业提供从数字化产业带,智慧网络助农、兴农,到金融的全方位支持。核心战略措施包含加快外贸企业的数字化营销渠道建设,帮助外贸转内销,打造数字化产业带,数字助农、兴农,数字金融,深入原产地的供应链和物流体系六大方面,完成阿里巴巴数字经济体的系统性进化。

再如,拼多多的商业战略。拼多多以"聚集低成本向总成本领先转型,农村包围城市"为核心竞争战略,先期发展通过与淘宝、天猫、京东的客户群错位竞争,依托创新的商业模式和技术应用,通过直连生产端与消费端,大幅降低社会资源损耗,聚焦用户增量和复购,推动农业和制造业的发展。经过五年多的发展,其成为汇聚5.85亿年活跃买家和400多万活跃商户,2019年成交额达1.0066万亿元的国内第二大综合型电商平台。拼多多在其市场竞争战略中,强化行业集中度,聚焦低成本和下沉市场;以微信流量为核心资源,强化智能终端技术开发,确立核心商业模式及运营策略。在上市之初,拼多多创始人黄峥提出的"Costco+迪士尼"商业模式,成为推动企业商业战略延承的重要文化价值理念。

五、零售企业制定经营战略的过程

零售企业制定经营战略,是一个根据经营环境状况和未来的变化趋势,考虑如何更好地利用内部现有的实力以及潜在的资源和能力优势,制定出能够满足目标市场需要,完成企业既定目标的过程。因此,零售企业在制定经营战略时,必须具有系统观念,把企业看成是一个开放的系统,不仅要考虑系统与系统环境的"动态平衡",而且要研究系统内部各子系统间的协调平衡;必须具有权变观念,对零售企业的经营环境和内部条件从发展、变化的角度看待、分析,并以企业经营环境和内部条件作为制定经营战略的依据;必须具有科学观念,运用现代科学方法和科学手段制定经营战略,使经营战略符合客观经济规律的要求,切合实际;必须以现代零售企业经营观念为指导,使经营战略体现现代企业的经营观念。

制定零售企业经营战略的过程大致包括以下几个步骤。

(一)明确零售企业的使命

就单个零售企业来讲,其使命目标是具体的,它的使命要通过企业具体的经营任务去实现。零售企业的使命可具体化为一个零售企业的经营任务,企业的经营任务是相对稳定的,一般不随时间或商品的变化而变化,因此,它可以为整个经营战略提供方向和指导。

(二)研究经营环境和经营能力

在明确了零售企业的经营任务之后,就需要进行经营环境和经营能力的分析,分析其现状和未来趋势,以便进一步确定零售企业的战略目标,收集各种有关的经营信息,为确定经营战略提供必要的资料和依据。要避免可能的威胁,寻找机会,发挥能力优势,克服劣势。

（三）确定战略目标

零售企业的经营战略目标是把零售企业的经营任务、经营环境和经营能力结合起来，将零售企业的经营任务具体化为一系列的经营目标。

（四）制定战略方针

零售企业的经营战略方针以零售企业的经营战略思想、经营环境、经营能力和经营目标为依据，使零售企业的经营战略思想具体化为指导的企业战略行动纲领。

（五）采取战略行动

当零售企业的使命、战略目标、战略方针确定以后，就要考虑如何来实现这些目标，使企业由小到大，由弱到强，不断成长壮大。

战略行动的确定，要依靠企业全体成员的共同努力。首先，要进行广泛讨论，让企业各级各类人员畅所欲言，提出自己的见解，使战略行动方案具有群众性、民主性。其次，由零售企业的智囊团（必要时外请一些专家）运用现代科学方法进行系统综合，提出可行的战略行动方案，并进行科学论证。最后，由零售企业领导集团抉择，确定企业的战略行动。

（六）经营战略的总结

评价与修正经营战略是主观思维活动的产物，它在实施中或多或少总会与客观现实产生分歧。因此，在经营战略的实施过程中，零售企业必须对经营战略进行总结、评价，并加以修正。企业要密切掌握外部环境和内部条件变化的动向，及时地修正战略中不适应的部分，使经营战略始终保持适宜性，保证经营战略对企业经营活动的指导作用。

13

第三节　商业企业布局战略

一、传统零售企业布局战略概述

随着互联网与信息技术的发展，电子商务模式随之产生，改变了传统的零售业态。我国传统零售业发展速度不断放缓。2003 年，我国传统零售业占据市场份额的比重约为 95％，但自 2013 年起，我国大部分零售卖场开始出现亏损，传统零售业的市场份额占比下降近 15％。相对应的，在 2010—2018 年，我国电子商务网络零售规模发展迅猛，网上零售额年均增幅超过 35％；2019 年全国网上零售额达到 10.63 万亿元，同比增长 16.5％。电子商务的出现极大地冲击了传统零售业发展，然而电子商务模式对传统零售业来说，不仅是挑战，更是机遇。

百货商店的集聚程度越来越低，与百货商店转型向多元化业态发展的方式相吻合，购物中心则表现出空间高度集聚。专业店的空间规模受网络零售的影响最大，该业态在电子商务发展的推动下空间规模扩张明显。超市业态的集聚区域、SKU(Stock Keeping Unit,存货单位) 规模效益与低成本的盈利模式，与电子商务产生重叠效应，网络零售的驱动力较低，已出现电子商务影响下的空间规模收缩的趋势。便利的创新性，使得网络零售这一业态正逐步代替大型超市和百货的部分功能，从服务商业区、居住区向服务综合体、商务区、干道等空间扩展。农贸市场、果蔬商店主要围绕居住区和街道分布，空间结构经历了从集聚到相对分散的演变过程，其标准化建设程度正在不断提升。休闲娱乐、餐饮业等与零售商业具有一定关系的服务业集聚特征明显，主要分布在城市商业热点地区，空间格局演化不明显，主要是低级圈层的向外扩展，但幅度不大，同时由于各类点评软件的发展，餐饮业的集聚效应正在减弱，空间的可识别性不再成为区位选择的重点。

商业发展带来城市空间发展新变革。商圈内部商业业态构成之间的生态共生效应将被进一步强化；供应链优势，数字化新基建的底层铺设对规模化商业载体布局发展起到关键的作用，城市商业空间将打造商业空间对其他空间渗透的"廊道"，使各个空间有机并且完美地结合。以移动互联技术的迭代驱动为主，带动城市产品服务层面更迭，从而重构包括城市建设在内的城市空间转型，城市空间的功能划分边界更加模糊，数字创新增加空间设计的弹性，创新产业集聚为城市商业空间带来新的极化中心的同时，消费行为的碎片化和扁平化又进一步推动商业服务空间向社区下沉，精细化、共享化、体验化、娱乐化成为商业空间特质，也更有利于传统零售商业向着数字化、连锁化、标准化、自有品牌化方向发展。

由此，传统零售企业的布局战略重心将围绕着提升数字商业渗透率来展开。在网络零售高渗透的业态中，以电子商业发展的推动作用实现空间规模扩张。城市商业的四大功能空间，即交易销售空间、展示空间、休闲服务空间、仓储空间，彼此之间的关联更加紧密。在企业布局战略中，越来越多的企业在思考交易销售空间集聚现象减弱的问题，商业空间不再是城市规划中的商业用地范围，而是通过线上线下零售活动向其他空间渗透和融合，通过与展示空间、休闲服务空间、仓储空间之间的贯通或者直接意义上的空间重叠，促进传统零售空间转型，向虚实融合的零售空间转化，服务于消费者出行优化和城市传统零售业发展转型。城市土地混合利用弹性机制的成熟度，成为企业布局战略中不可忽略的因素。

在商业社区化层面上，零售企业布局战略更多地将提升资源配置效率，并保障将资源配置的公平性等社会责任意识纳入其中，推动标准化水平的不断提升。在自足性区域（以社区内部空间为主）通过政府引导和市场淘汰双重牵引力，重点布局高频主导型可达性商业业态，保障基础服务品质，推进最后 500 米服务网络建设。在共享性区域（以多个社区生活圈交叠的区域为主），以促进社区商业资源共享和集中，建设补充生活圈体系为目标，推进社区商业综合体改造提升。同时基于社区生活圈进行多源数据集成分析，社区商业成为企业创新商业模式的重要承载空间。

二、传统零售企业布局原则

在日趋激烈的市场竞争中，零售企业要想只靠一家店就取得经营的成功越来越难，许多企业已认识到发展多家店铺的重要性。20 世纪 90 年代在我国发展起来的连锁企业正是适应了时代发展的要求，具有强大的生命力，对现代社会消费习惯和生活方式产生了深刻的影响。而连锁企业之所以能够迅速发展，是因为其拥有强大的"繁殖"力。它通过分店的快速复制，从无到有，由点到线，并汇集成面，由原有的国内单店辐射向世界各地。

通过对国外著名连锁企业的考察，可以看到多种分店开发方式：凯玛特的分店一般相对独立，周围没有什么辅助商店；西尔斯则主要在大型购物中心内租赁店铺；而有的专卖店连锁企业由于分店本身没有足够的能力吸引足够的客流，就将店址设在购物商城中或繁华的商业街上。若仅从表面上看，传统零售企业的布局方式令人眼花缭乱，但究其实质，就会发现其中有一定的原则可以遵循。

（一）方便顾客购买

无论哪种类型的零售企业，或哪一行的零售企业，贴近顾客都是基本要求。零售企业可以通过分店开发来扩大经营网点，从而增加企业与顾客联系的窗口，以更好地满足顾客的需要。"接近顾客就是赢家"，要实现该目的，零售企业分店布局的过程中必须满足方便顾客消费的原则。这主要体现在两个方面：一方面，所开分店应能最大限度地节省顾客的购物时间。例如，快餐店开在购物中心、车站、码头、公园内、办公区旁边、闹市口旁边等地,显然为顾客、游客、办公人员提供了就餐方便。又如以普通居民为目标的连锁店最好设在居民小区里,同时还要考虑居民工作的需要,适当调整营业时间,以方便居民上下班前后购买。这里的关键是要求零售企业在分店布局时能争取直接面对自己的目标顾客。另一方面,分店布局还应充分把握顾客的购物心理。例如,有的顾客在采购日用生活必需品时,常希望一次购齐,因此如果拟开设的分店只能满足其中的一部分要求,则不妨将分店设在经营其他商品的商店附近,实现优势互补。总之,站在顾客的角度规划分店布局是零售店经营的宗旨。

（二）有利于配送中心供货

一般连锁零售店在经营中设置配送中心,统一采购,集中供货。这样既可以获取批量折扣,降低采购成本,又能合理规划运输路线,降低运输成本,从而达到获取规模效益的目的。因此零售企业在布局分店时,必须充分考虑分店与配送中心之间的相互关系。首先要考虑配送中心是否有能力为分店供货。配送中心一方面要保证周围各家分店的货源供应,另一方面还要在各分店间调剂商品余缺,任务十分繁重。每开一家分店都会增加配送中心的工作量,因此,应考虑以配送中心的供货能力范围为半径,作一圆圈,所开分店应均匀散布于圆圈之内。其次要考虑配送中心向分店供货的运输路线是否合理。例如,分布在运输干线上的分店显然优于非干线沿线的分店,这不仅可以节约运输成本,还可以保证缺货的及时供应,甚至给相邻分店间余缺商品的调剂都带来方便。

（三）适应长期规划

零售企业的分店布局必须具有长期规划性。因为零售企业要不断地发展壮大,扩大市场占有率,必然需要不断在新区域开设新网点。如果新开分店布局杂乱无章,无统一规则,将不利于企业长期发展,甚至会削弱企业竞争力。例如,同一零售企业的成员在区域上不宜相距太近,否则容易引起分店之间的商圈重叠。如果下属各分店在同一地区内分布过于紧密,分店之间就会形成竞争,最终会对整个零售企业的发展产生不利影响。因此,为确保本身的利益,企业应在零售店发展规划中附加"不得在方圆××公里以内开设第二家分店"的条文。但对非同一零售企业的商店,尽管在新区域内已有同行业企业开设分店,同样也可以在该地区选择开店,开展竞争。只要自己经营有特色,同样能占领市场。

（四）配合业态类型

不同经营业态的零售店在布局分店时,各有不同的要求。零售企业应该结合自己的业态类型特点谨慎开店。例如,快餐店就需要开设在流动人口密集的地方;洗染店就需要开设在固定人口密集的地方等。再如,出售大众日用品和副食品的连锁超市就不宜开设在闹市区,而应开设在缺少商业网点的新村居民区内。另外,零售分店在保证连锁专业化、统一化的前提下,应结合本身业态类型、区域特色有所变通。如上海联华超市的"联华超市就在您身边",将其目标顾客定位于市区工薪阶层,以日用消费品为主要经营特色。但它并没有机械地选择工人新村,而是考虑到了日用消费品的层次之分。位于商品房聚集地田林新村的田林分店,与田林宾馆面对面而设,它适当开发了较高层次的消费品,如精装饼干、礼品饮料等以适应当地的高收入阶层。而在居民区新曲阳新村,则以尽可能多品种、多规格的日用消费品来吸引周围居民一次购齐消费。同样的连锁超市,由于具有不同的特色,均生意很好。

三、传统零售企业布局战略

零售经营企业为实现企业长期发展的目标,必须在对内外环境进行分析的基础上对零售企业发展的关键——分店布局进行较长期的基本设计,这就是分店布局战略。它是零售企业为谋求长期发展而进行的统筹规划,零售企业的经营管理者必须具有长远的眼光,为大局着想。

(一)区域集中的布局战略

区域集中的布局战略是指零售企业集中资源于某一特定地区内开店。这样,企业可以将有限的广告等其他宣传活动投入该区域内,节省广告费用,提高知名度,从而使本企业的店铺在该区域内站稳脚跟,并逐步占据更大的市场份额,直到稳定地占有该市场,获得地区范围内的竞争优势。

零售企业物流成本的控制主要是配送中心营运成本的控制,按照我国一些运转较正常的连锁超市公司的情况来看,配送中心的成本一般要占整个连锁超市公司销售额的4%,而占连锁超市公司总部的成本费用竟达90%以上。所以对配送中心的成本控制是连锁超市公司成本控制的重中之重。各店铺集中在一个区域内发展,可以根据需要在该区域内设置配送中心,在合理的时间组织配送,减少机会性损失,从而提高配送效率,降低成本。

店铺集中在一个区域内,总部可以节省人力、物力、财力,总部人员可以在同样的时间内,增加巡回的次数,使巡回效率提高,对每一个店铺的指导时间增加,便于总部对各店铺的管理。总部工作人员集中在一个区域内,工作跨度合理,便于各店铺之间调剂余缺。例如,如果某一店铺缺少店长或收银员,由于各店铺之间相对距离比较近,可以迅速地从附近店铺中调剂;如果某一店铺出现暂时缺货,则可以在很短的时间内从临近店铺调配。由此可见,店铺集中在一个区域内,可以有效优化总部的管理成本。

另外,店铺集中在一个区域内,有利于保持本企业在该区域内的绝对竞争优势,可以使其他的竞争者难以进入本区域,即使进入,也难以获得成功。

区域集中的布局策略还必须考虑零售企业各种业态的店铺规模大小的特点,考虑其商圈辐射的远近,考虑其店铺之间合理的距离跨度与衔接等。如大型综合超市可能在一个区域内只布局一家店,而便利店可能要布局近百家店。

(二)有效物流线延伸范围内的推进战略

所谓有效物流线,是指配送车辆以60千米/时—80千米/时的速度,在一个工作日内(12小时或24小时)可以返回配送中心的距离。零售企业的店铺在有效物流向延伸范围内布局,对配送中心来说,可以合理规划运输路线,统一运送,集中供货,在削减车辆台数的情况下,也能做到按时配送,从而降低物流成本。对店铺来说,可以使订货到送货的成本缩短,做到昨天订货,今天收货,提高送货的频率,防止缺货,提高商品的新鲜度,有效压缩库存。

在有效物流线延伸范围内布局店铺,总部督导人员可以随配送车辆在一个工作日内返回,使得管理人员的活动范围更加趋于合理,对每一个店铺的指导时间增加,提高了工作效率。同时,在沿线布店既可以节约运输成本,又可以及时组织所缺货物的供给,并在相邻店铺间进行相互调剂,平衡余缺。

另外,在有效物流线延伸范围内布局店铺,零售企业可以集中在该区域内投入广告宣传,则分摊在每一个店铺上的费用很少,效用却最大,从而获得整体优势,降低总部成本。

(三)弱竞争市场的先布局战略

零售企业应优先将店铺开设在商业网点相对不足的地区,或竞争力比较弱的区域,以满足当地居民的购买需求,避免过度竞争,即弱竞争市场先布局。同时,将店铺开设在偏远地区,也不失为一个良策。因为那里的网点相对不足,竞争很小,甚至没有竞争,企业很容易在该区域抢先占据优势,防止其他竞争者的加入。例如,山东威海的一家超市公司就是先在附近的一个渔村设店,再向城市发展,那个渔村的渔民由于各种渔业收入,相当富有,而该地区远离城市,附近又几乎没有什么商业网点,渔民购物十分不方便,因此该公司抢先选择在该地区开设网点,而没有在竞争相对激烈的威海市开设店铺。

一般来说,零售企业开设店铺的跨度不可太大。一方面,跨度太大,企业的物流配送跟不上,难以满足各店铺的配送要求;另一方面,由于不同地区的市场差异性太大,企业难以根据不同市场的需求选择适销对路的产品,满足消费者的需要。企业应根据自己的情况,在某一区域推出自己最具吸引力的营业项目,以集团的优势在该地区保持商圈高占有率、高销售额的同时,逐步向其他地区扩展。随着企业的发展,电脑信息系统的逐步完善,人流、物流等方面设施的成熟,企业才有可能进入其他的市场。

(四)预设店抢先型排他性布局战略

预设店抢先型排他性布局,是指零售企业先发制人,对有较大发展前途的地区,先入为主,以抑制其他公司的进入。这实际上是对未来行为的一种提前布局。对于这些地区,企业以后一定会进入,而由于各种竞争关系,未来的进入成本必然高于目前。如果现在就进入该区域,竞争对手少,市场竞争相对较弱,企业可以以较少的投入就在该地区获得绝对竞争优势。因此,企业应尽可能在该地区布局店铺,这样不仅可以防止其他竞争者的加入,而且也有利于零售企业的配送等各项成本的降低。随着该地区经济的发展,企业将获得更大的利润。

总的来说,分店布局一般有两种基本战略:一是地区头号大店战略,即在一个商业地段开设该地区最大的店铺,实现小商圈高市场占有率;二是集中成片开发战略,即在一个区域密集开店,在该地区形成绝对优势,由面上展开。前一种战略,往往为较大规模的店铺所采用,通常是在一个商业中心或购物中心当作该中心的核心店铺定位。大型百货、综合超市、家居中心等规模较大的业态多采取这种战略。此类业态需要较大商圈范围,具有不宜在一地密集开设店铺的特点。店铺规模较小的业态,如果经营的是大众日常生活用品,则适合采用第二种战略。因为集中成片开发企业可以形成在该地区的绝对优势,提高配送效率。如果在大范围内像撒芝麻一样均匀开店,则单独店铺力量有限,容易被其他竞争企业挤垮,物流配送、信息传递和管理上都会带来一系列困难。大店可以自成气候,小店只能依靠群体的力量。有时也可以两种战略综合起来使用。

低成本也是零售企业开发新店时经常采用的策略。连锁店之所以能够兴起,必然有其优势之处,能够实现低成本开店就是其一。这里的低成本是指在分店开发中努力紧缩开支,降低营业成本。美国的赛夫威公司被称为超级市场中的巨人,是一个在世界范围内以经营食品为主的零售集团。近些年来,美国能源费用持续上涨,电费每年平均上涨 15%,而经营各种易腐食品的超级市场单冷藏一项就要占 50% 的能源费用。基于这种情况,赛夫威公司从 1982 年起就开始在新开分店中依靠计算机辅助来管理和控制能源的使用。由于出售食品的敞开式冷藏柜所耗能源较多,新开分店安装有玻璃门的冷藏柜也成了降低能耗的措施。对于照明设计,赛夫威公司除了降低灯泡瓦数及电子控制光源外,还采用商店屋顶开天窗的办法,不仅节省了电费,还可以使陈列商品处于自然光中而更受顾客青睐。

四、新零售企业布局战略

在网络时代发展的背景下,零售业,特别是新零售企业、智慧型零售企业发展布局战略演化的新趋势主要集中在以下几个方面:一是新零售企业 O2O 模式广泛应用,特别是随着相关政策的出台以及市场监管的升级,O2O 平台将会成为零售业未来发展的重要核心,也会成为消费升级的重要匹配对象,零售企业的战略布局也应结合这些变革进行调整。二是抖音、快手、微信群等融媒体营销模式的介入，以及直播商业的发展，新零售业将进一步推动C2B反向定制、宅配众筹、社交拼团等新模式发展；流量获客成本优势逐步高于门店选址，企业布局战略逐步向快销时尚品牌企业倾斜。三是新零售企业的平台技术发展重心从前段向后台转移，具有系统集成优势的大中台服务系统架构可能成为未来的核心竞争力；在供应链、城市配送体系建设中进一步强化技术支撑。四是社区化新型智慧商业模式创新成为未来商业企业布局战略中重要的竞争领域，虚拟与现实消费功能、实物与服务消费，在社区层面具有更高的融合度，以此推动社区商业新基建建设。

在新形势下，零售企业通过不断进行企业布局战略调整，将逐步形成新的零售生态体系；共享、共赢、共生的开放合作精神进一步强化。例如，盒马鲜生的布局战略。从"货—场—人"到"人—货—场"，盒马鲜生网络布局服务于实现全时段、全渠道、数字化运营；重构商业逻辑，以全渠道布局、场景聚焦、体验为先为获客手段；重构商品结构，使整体品类组合更加扁平化，追求为顾客提供一种生活方式的经营理念，实现"零售＋餐饮"的融合；重构零售形式，线上线下融合，到店体验消费与到家送货上门并行发展；重构店仓结构，仓库前置，实现卖场与仓库统一；重构终端配送，采取"前场库存＋后场物流"的形式，自建物流，实行零门槛免费配送，以合理成本建立客户忠诚度。单店选址形成一定规模效应，以满足不同场景消费需求，做大流量池。

18

知识活页　　　　　　　　　新零售发展

新零售，英文是 New Retailing，即个人、企业以互联网为依托，通过运用大数据、人工智能等先进技术手段，对商品的生产、流通与销售过程进行升级改造，进而重塑业态结构与生态圈，并对线上服务、线下体验以及现代物流进行深度融合的零售新模式。

2016 年 11 月 11 日，国务院办公厅印发《关于推动实体零售创新转型的意见》（国办发〔2016〕78 号），明确了推动我国实体零售创新转型的指导思想和基本原则。同时，在调整商业结构、创新发展方式、促进跨界融合、优化发展环境、强化政策支持等方面做出具体部署。《关于推动实体零售创新转型的意见》在促进线上线下融合的问题上强调："建立适应融合发展的标准规范、竞争规则，引导实体零售企业逐步提高信息化水平，将线下物流、服务、体验等优势与线上商流、资金流、信息流融合，拓展智能化、网络化的全渠道布局。"

一方面，经过近年来网购的全速发展，传统电商由于互联网和移动互联网终端大范围普及所带来的用户增长以及流量红利正逐渐萎缩，传统电商所面临的增长"瓶颈"开始显现。国家统计局的数据显示：2014—2016 年，全国网上零售额的增速已经连续三年下滑，2014 年 1—9 月的全国网上零售额为 18238 亿元，同比增长达到49.9％；2015 年 1—9 月的全国网上零售额为 25914 亿元，同比增长降到 36.2％，而在 2016 年的 1—9 月，全国网上零售额是 34651 亿元，增速仅为 26.1％。此外，从2016 年天猫、淘宝的"双十一"总成交额 1207 亿元来看，GMV 增速也从 2013 年超过60％下降到了 2016 年的 24％。根据艾瑞咨询的预测：国内网购增速的放缓仍将以每年下降8—10个百分点的趋势延续。传统电商发展的"天花板"已经依稀可见,对于电商企业而言,唯有变革才有出路。

另一方面,传统的线上电商从诞生之日起就存在着难以补平的明显短板,线上购物的体验始终不及线下购物是不争的事实。相对线下实体店给顾客提供商品或服务时所具备的可视性、可听性、可触性、可感性、可用性等直观属性,线上电商始终没有找到能够提供真实场景和良好购物体验的现实路径。因此,线上电商在用户的消费过程体验方面要远逊于实体店面。不能满足人们日益增长的对高品质、异质化、体验式消费的需求将成为阻碍传统线上电商企业实现可持续发展的"硬伤"。特别是在我国居民人均可支配收入不断提高的情况下,人们对购物的关注点已经不再仅仅局限于价格低廉等线上电商曾经引以为傲的优势方面,而是愈发注重对消费过程的体验和感受。因此,探索运用"新零售"模式来启动消费购物体验的升级,推进消费购物方式的变革,构建零售业的全渠道生态格局,必将成为传统电子商务企业实现自我创新发展的又一次有益尝试。

(资料来源:根据百度百科整理。)

 ## 本章小结

(1)商业的概念和内涵是动态变化的,随着社会和时代的发展,其内涵不断丰富。"新零售"商业模式的核心内涵在于通过推动线上线下的一体化进程,使线上的互联网流量和线下的实体终端形成真正意义上的发展合力,从而完成现代商业模式的优化升级。

(2)企业经营战略是企业从全局出发制定的经营行动的总谋划、总方针和总体部署。经营战略是要解决企业未来经营的方向问题,而不是对经营环境短期波动做出的反应,更不是解决企业日常的事务问题。商业经营战略包括竞争战略和事业范围选择战略。

(3)零售经营企业为实现企业长期发展的目标,必须在对内外环境进行分析的基础上对零售企业发展的关键——分店布局进行较长期的基本设计,这就是分店布局战略。传统零售企业的布局战略包括区域集中的布局战略、有效物流线延伸范围内的推进战略、弱竞争市场的先布局战略、预设店抢先型排他性布局战略。

 ## 思考与练习

1. 简述现代商业的分类。
2. 简述企业经营战略模式。
3. 简述零售企业制定经营战略的过程。
4. 结合企业案例,阐述传统零售企业的布局战略。

案例分析

争议的拼多多

拼多多的奇迹表现：一是破千亿 GMV 只花了 2 年，相比之下京东用了 10 年，淘宝用了 5 年；二是成立三年就上市，IPO 市值达 288 亿美元。

小公司在起步时的机会点在哪里？第一步，关注大众市场，即所谓的低端市场。然后产生一个颠覆式创新，即使这个创新是一个比较差的技术但在低端市场里是有优点的，是有巨大优势的，因为它更方便、更便宜、更简单。第二步，用一个新的低端的技术满足低端用户的需求。这实际上是要我们先从需求出发，关注未被满足的大众市场，然后引入新技术和新供给，而技术是可以不断进步的，之后的主导力量就变成了供给端的主导力量了，从而形成自己的"护城河"。

如果从低端切入，永远待在低端的话，不叫颠覆式创新，一定要有一个右上角迁移力。只有完成了第二步，从需求主导变成供给主导，颠覆式创新才完成。

其实，淘宝最开始形成时也是一种低端颠覆性创新。只是淘宝颠覆的是线下商业。在淘宝出现之前，市场上客户的需求端和线下的供给端达到了一个平衡。但此时却有一个被忽略的市场，即低端的大众市场，对于这个大众市场来说，线下的供给"过度了"，此时淘宝看到了商机，采取了一个低端的颠覆式创新，它从供给端入手，大大降低了供给端的成本，从而使大众市场上的供给和需求达到一种平衡。

淘宝采取这样的模式会产生什么样的问题呢？

无品牌、假冒伪劣等问题随之出现，之后淘宝开始严厉打假，在买家和卖家之间搭建一个平台，即天猫。此时你想到了什么？没错，就是之前提到过的"右上角迁移力"，这说明从低端切入不意味着永远低端，淘宝通过自己的"多、快、好、省"实现了自身的技术进步，最终促使其供给端往右上角迁移。

此时淘宝的供给端升级也达到了一个平衡，满足了高端市场上客户的需求，但它的价格只有线下供给的 1/10，此时会如何呢？毋庸置疑，线下供给端会被淘汰掉，会给线下商业带来一个致命的颠覆。最终的结果是线下巨头也无法应对，即使它们后来开始了线上业务，也影响较弱，比如苏宁易购、国美在线、万达电商。与此同时线上企业：京东、美团等也无法超越淘宝。淘宝成功地完成了第一仗。

那么，淘宝是否会永远无敌呢？淘宝加大了对假货的打击力度，低质低价的商品在淘宝越来越没有流量了，此时会发现所谓的低段客户群体在淘宝上越来越难买到自己想要的东西，即淘宝已经是一个回不去的低端，它的性能对于低端市场已经"性能过度了"，那么此时一定会给后者带来颠覆自己的机会。

此时，拼多多的机会来了……

拼多多从低端切入，但是它技术的进步要比原来的巨头快，这也说明它未来的进步速度一定是非常快的。

现在让我们来好好看看拼多多的创新组合：

（1）新需求：低消费人群；

（2）新供给：低端供应链；

（3）新链接：微信拼团。

人们总说拼多多好多假货，劣质得很。但黄峥认为，这不是低端市场，是大众市场。这不是五环以内的人心目中的低端市场,这是整个中国社会群体的大众市场。所以他说,拼多多的核心竞争力是五环以内的人根本看不到的。这是一个在美国留过学,在 Google 工作过,回国创业以后的黄峥看到的一个新型市场。

伴随着淘宝对打假力度的加大,在其升级的过程中,20 几万家"低端商家"被淘汰出局,他们去了哪? 梁宁一句话总结得到位,她认为,拼多多成建制地接受了那些被淘宝和京东抛弃的商家。这些商家都是一些低端供应链,质量较差,价格较低,且有丰富的电商运营经验,非常了解低消费用户。在拼多多上,好多都是厂家把货直接给到用户,没有供应商,所以价格超级低。

所以现在左边有低端用户,右边有低端供应,此时拼多多做了件什么神奇的事呢? 微信拼团。拼多多成功地运用了微信流量,把这个左和右连接在了一起,而且这个流量还是不用花钱的。2018 年,微信 MAU9.3 亿,淘宝 MAU5.5 亿,差距是 3.8 亿。拼多多不依靠自己的流量,也不做自己的流量,它利用用户自己的流量来运营。拼多多没有购物车,一开始连 App 也没有,一开始直接在 H5 上操作,没有像淘宝那样复杂的功能,要知道这些复杂的功能对于那 3.8 亿的用户来说,真的是"性能过度了",而拼多多把单品销售,把拼团做到了极简单……

所以拼多多更多是拼团的工具,是一个非常简单的模式,在拼多多之前,这是前所未有的模式。微信拼团就是一种社交电商,微信好友关系就是拼多多"起飞的燃料"。绝大多数人是不愿意做选择的,但是看到身边的朋友做了此选择,且这个商品很便宜,即使不是刚需,人们也愿意购买。

所以这真的是个神奇的低端颠覆式创新。

(资料来源:根据李善友《争议拼多多:如何在饱和竞争领域实现神奇的增长》整理。)

问题:

1. 拼多多与淘宝在目标顾客群的定位上有何差异?
2. 拼多多未来会走上淘宝的道路吗?

第二章 →

区位与商业区位理论

学习导引

说起购物，谈到去商场、超市等场所购物，脑海中一定会涌现很多场景，你是否观察过这些商店的地理位置特点呢？为什么要建设在这些地方？商业区位选取需要重点考虑哪些因素？本章我们将一起对这些问题进行学习讨论。

学习重点

通过本章学习，我们重点掌握以下知识：
1. 区位基础理论；
2. 农业、工业、商业区位基础理论；
3. 商业区位选择基础理论；
4. 商业空间组织与效应基础理论。

第一节 区 位 理 论

一般来说，人类社会每一个经济社会活动必然发生在特定的地理空间，为什么这项活动发生在特定地理位置而非其他位置？当我们要开展某项活动时，究竟应该如何选择其实施地点？这就是对区位问题的一般化理解。

一、区位的内涵与特征

（一）区位内涵

"区位"一词最早可以追溯到德语中的"Standort"，由德国地理学家高茨在 1882 年首次提出，后来被英译为"Location"，日语一般翻译为"立地"，而我国则将其称为"区位"。关于区位的内涵有多种理解，有学者认为区位就是事物所在的位置和场所，也有学者认为区位是一个活动的开展场所，但这个场所不仅仅是指一般意义下的场所，它还可以是某事物占据的场所和空间。

从词语的组成看,"区位"是由"区"和"位"复合而成的,其中既有"区"的含义,同时也具备"位"的客观要求,从这一点来说,单纯的地理坐标或许就不能代表其全部含义了,尤其是经济含义。从地理学的角度看,地理位置代表了一种相对的空间布局,具有相对其他地方的详细方位指示,如吉林省位于我国东北,湖南省位于我国中部,而海南省则位于我国的南部等。从历史的角度看,地理位置差异对经济发展有相当大的影响,甚至基于特定位置会占有发展的先机和有利条件,然而随着生产力水平的提高,尤其是科技革命的发展,人类经济活动的空间已经大为拓展,并且还在不断延伸,传统地理条件不佳的地方随着交通设施等的改善也在不断发展。

总的来说,区位可以被理解为某一个事物占有且同时有位置、布局和分布等综合属性的特定空间场所。在经济学意义上,区位不仅表示一个特定场所或者位置,更可以体现基于特定目标、规划而设立的特定功能区。选择合适的区位开展相关活动既反映了相应的预期,也反映了资源配置的基本要求。

(二) 区位特征

很多学者认为,区位含义中某事物所表达的是人类的特定活动,这种人类活动是为生存和发展所开展的,从这个角度上看,区位不单单是空间的内容特征,更有主动、能动、积极的特征,是为人类活动所用的一种特定场所。由于不同地方自然条件的差异,区位对活动开展和成本计算将产生重大影响,不少学者认为区位最早是从经济学意义上被提出的,具有较强的经济属性,换句话说,区位的选择体现了较强的经济活动考量特征。

不同时期、不同地域的人们基于活动要求,结合地理场所的客观自然属性,主动在空间上进行差异化区位选择,展现了不同层次和多元化的丰富世界,如房地产开发中位置的选择与谋划、城市不同功能区的定位与设计、大型基础设施与民生工程的布局等。区位具备"区"的含义,也就是包含区域意思的地区范围;区位还具备"位"的属性,也就是所占的位置的意思;另外还包含一层被设计的内涵,也就是根据要求和目标所设计。区位含义中所包含的"区"表达的是不限制于行政区规划的一种开放的经济系统;区位含义中所包含的"位"是相关的由空间关系来说明的其他事物;区位含义中的被设计所表达的是人面对区位所表现出来的能动性。

二、区位理论的形成与发展

那么,什么是区位理论呢?讨论经济活动的区位选择理论基本上可以理解区位理论,其主要聚焦人类经济活动开展时的区域空间选择及相关问题,同时,它研究如何优化和组合空间内的经济活动,可以从两个角度理解:一是对社会经济活动空间的客观分析和积极选择,二是空间内具体活动的有效开展与资源组合。其中,前者是在已知区位主体对象的情况下,针对性地分析区位主体本身拥有的特征,然后挑选恰当且最佳的可能性空间来匹配区位主体;后者是在知道区位空间的情况下,从区域各方面的特点出发,制定和规划出适合该区域主体的最佳空间形式和组合方式。简而言之,区位理论是研究经济行为与空间关系之间问题的基本理论,是区域经济学研究的核心内容之一。如果按照行业性质和研究对象划分,可以具体细分为农业、工业和商业等不同角度进行讨论。根据其产生和发展的时间顺序,区位理论可分为传统区位理论和现代区位理论两部分。

(一) 传统区位理论

传统区位理论主要采用新古典经济学中的抽象方法,研究微观区位和工厂地址选择的各种影响要素,但其研究对象一般是处于完全竞争的市场机制下抽象的理想小厂商及其聚集体——城市,并且一般目标是追求成本最小化和利润最大化,它可以分为古典区位理论和新古典区位理论两个发展阶段。

1. 古典区位理论

19世纪初的古典区位理论主要包括农业和工业两个领域。生产成本极小化是决定企业经济活动和工业布局的目标函数,这是古典区位理论的观点,这一学派的代表人物有杜能、韦伯等。区位理论最开始应用于农业领域,杜能对城镇周边农业生产选址的问题进行分析,结果表明生产决策依赖于市场之间间隔的距离;之后研究的重心由农业转向工业,韦伯提出运输成本、集聚、总体因素和劳动力等都在很大程度上影响区位的选择。20世纪30年代初,中心地理论最初是由克里斯塔勒提出,他将城市聚落作为中心,对各种中心地区进行网络方面和市场区域方面的分析。霍特林模型则进一步拓展了传统的分析框架——单个主体区位选择,提出将竞争约束加入研究范畴,从而具体讨论企业如何选择区位。

农业区位论和工业区位论是以完全竞争市场为基础的,并通过局部和静态的分析方法来选择最佳的企业位置。尽管空间竞争理论和中心地理论都是基于不完全竞争的市场结构,基于一般均衡分析等方法,集中对市场扩张、市场优化等进行具体分析,但总的来说,还是以局部静态均衡分析为主要分析方法来讨论区位选择,而很少采用相对静态或动态分析方法进行区位选择。

2. 新古典区位理论

第二次世界大战后,逐渐出现了新古典区位理论,首先是古典微观区位理论,现实目标并不能通过一般的线性区位选择方法得到满足,拉伯和蒂斯认为任意网络中互相联系的终端点之间的最短途径决定任意两个位置点之间的距离,因此他们的区位模型是以构建拓扑网络为基础的。莱希特和赫特采用的研究方法则是博弈论,他们认定空间竞争中存在计划价格。客观上说,无论是研究方法,还是具体内容,新古典宏观区位理论都进行了较大幅度的扩展与丰富,其中,艾萨德运用宏观均衡的分析方法,通过动态化、综合化来丰富阐释微观区位理论,另外还运用区域整体的空间模式,进而对区域整体平衡和其影响因素进行重点研究。

总的来看,新古典区位理论在宏观和微观两个方面均对古典区位理论的假设条件、研究方法和内容进行了拓展与扩充,尤其是研究方法上实现了从局部均衡向一般均衡的有效转变。新古典区位理论认为企业经济活动的最佳位置会受到资源禀赋和地理位置的影响而分散,因此,他们通过将价格理论引入分析框架的方式进一步放宽假设条件,而古典区位理论的整体框架仍然以规模报酬不变和完全竞争假设为前提,该理论很大程度上影响着现实区位选择的对应范围和解释说服力。

(二)现代区位理论

现代区位理论始于行为主义,将组织行为理论和心理学作为它的基础,并对地理学和行为主义的结合十分重视,突破了新古典区位理论的一系列假设。德伊认为在非完全信息条件和非完全竞争的条件下,经济主体可以进行区位选择。戈林赫特则认为有很大的差异存在于个人选择行为中,指出成本、收益和需求等应属于区位因素。赛默恩认为根据限制条件进行取舍,可能会选择次优的区位。结构主义学派的代表人物主要有布儒德尔、麻斯、默德尔斯克和沃兰斯坦,他们将区位看作经济结构的产物,认为社会系统和社会结构能够影响区位选择,例如,资本主义市场经济结构在很大程度上能够决定企业的区位选择。20世纪80年代,弗农和梅尔起克认为生产方式也在很大程度上影响着区位选择,因此提出了产品生命周期理论。萨塞尼安、斯科特等甚至以制度经济学和新产业空间理论为理论基础,将企业的制度形态、地域文化网络以及网络效应等纳入区位因素内。20世纪90年代，以克鲁格曼和阿德尔等为代表的经济学家通过构建规模递增和不完全竞争模型，深入分析了企业和产业地位，表明中心区位既由自然条件抉择，也由多个区位的均衡抉择，并将区位理论研究加入主流经济学研究中。

从区位理论的演变来看，现代区位理论在两个方面取得了深化和发展，其一是理论假设条件更加宽松，其二是区位因素的范围更加广泛。现代区位理论是在新古典区位理论的基础上发展起来的，它打破了对因素进行分析的思路，将体系研究和整体分析作为其研究的重点，同时，对影响区位选择的非经济因素进行了积极考虑，在加强区位选择分析的同时，特别注重加强对区位创造的讨论，同时，积极融入了发展经济学等相关理论，使之逐步丰富为集区域经济增长和发展、区位选择等于一体且不断拓展的综合理论。

三、农业区位论

（一）主要背景

普鲁士地区在19世纪初对农业制度进行了改革，打破农民依赖土地所有者的依附关系，从法制的角度保障了农民自由，使其可以拥有自己的农场并进行相应的处置。这种改革在很大程度上削弱了原本属于贵族的诸多特权，然而不可否认的是，很多贵族依然占有大量土地，为其演变为农业企业家或农场主提供了可能。此外，允许土地自由买卖在很大程度上推动了农业劳动者的出现，逐步形成了由农业企业家和农业劳动者构成的农业企业式经营。

著名农业科学家泰尔所提出的合理农业论在普鲁士地区农业领域占主导地位。泰尔认为普鲁士地区应该用轮作式农业生产方式全面取代三圃式农业生产方式，以改变普鲁士农业的落后状态，而杜能（见图2-1）则认为当时盛行的泰尔轮作式农业生产方式并不是合理的农业经营生产方式。杜能从"孤立国"的假想空间出发，想要寻找适合企业型农业时代的更为科学的农业生产方式并深入分析其内含的配置原则，为此，杜能将特洛农场购买

图2-1　约翰·海因里希·冯·杜能
（Johann Heinrich von Thünen）

下来，1810年之后的十多年都在农场进行研究，详细记录这期间的经营数据，以此对他自己所提出的假说进行检验。1826年，杜能所写的《孤立国同农业和国民经济的关系》正式出版，他提出了合理经营农业的一般地域配置原则，并对农业区位论的思想进行了系统阐述，成为研究农业区位论的重要文献。

（二）理论概要

1. 理论前提

杜能对其假想的"孤立国"提出了相应的假设条件：马车是仅有的交通工具且不存在能够通航的运河和河流；在平原中央只存在一个城市；拥有能够在任何地方进行耕作的土质条件和其他自然条件；供应人工产品的只能是中央城市，而城市的粮食供应只能来自周围平原；城市为中心之外80千米（50英里）是荒野，隔离于其他地区；矿山和盐区都在城市附近。

杜能认为企业投资农业的主要目标是追求尽可能多的利益,通过"孤立的方法"来排除其他因素(土地肥力、土质条件、河川等)的干扰,单独考虑市场距离这个单独要素,即抛开一切自然条件之间存在的差异,考察在均质的虚拟空间中农业生产方式的部署和与中心城市的距离之间的紧密关系。

2. 形成机制

运费率会因为产品种类和差异而不同,获取最高的地租收入是在生产农产品时的首要条件,杜能所给出的一般地租收入的公式如下:

$$R = PQ - CQ - KtQ = (P - C - Kt)Q \qquad (2.1)$$

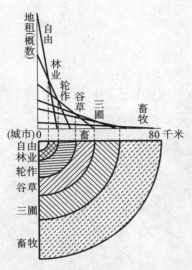

图 2-2 杜能圈形成机制与圈层结构示意图

其中,R 表示地租;P 表示农产品当时的单位市场价格;Q 表示农产品的产量,即销量;C 表示单位农产品生产花费的费用;K 表示与城市或者市场的距离;t 表示农产品的运费率。

对于同一作物,地租收入 R 与市场距离呈反比,因此即使在没有任何收入的情况下也可以进行耕作,但由于不能满足经济方面的合理性,就成为耕作作物的极限。耕作极限和运费为零的市场点所对应的地租收入连接而形成的曲线是地租曲线,不同的农作物都存在差异化的地租曲线,运费率决定该曲线的斜率,斜率较大的一般是较难运输的农作物,斜率较小的则是容易运输的农作物。杜能计算了多块土地,这些土地都运用了不同的生产方式,从而得到这些不同方式生产的地租曲线相关数据(见图 2-2 上部),追求最大化地租收入是农产品生产活动的根本目标,即拥有最高地租收入的农作物会被农场主优先选择生产,从而形成了经典的圈层式农业用地结构(见图 2-2 下部)。

(三)配置原则

图 2-3 所示为杜能圈层结构示意图,体现了农业生产方式的空间配置法则,即与农产品价格相比,运费较低的作物一般种在离城市较远的地方,而对于容易腐烂、必须在新鲜时消费和体积庞大而笨重的产品一般在城市的近处进行种植。不同距离种植不同的农作物,将带动农业的整体形态发生变化,因此城市周围形成了每个圈层都以某类作物为主的同心圆结构,在各个圈层中可以观察多种不同的农业组织形态,以城市为中心,组成自由式农业圈、林业圈、轮作式农业圈、谷草式农业圈、三圃式农业圈、畜牧业圈等由里到外的同心圆结构。

(1)第一轮——自由式农业圈。由于当时马车是仅有的交通运输方式,保鲜时长较短的蔬菜、容易腐烂的产品和容易损坏的果品等就种植在离城市最近的农业圈层,由此形成了自由式农业圈。

(2)第二轮——林业圈。木质材料产品体积较大,重量较重,考虑到经济合理性,在此圈进行种植生产。

(3)第三轮——轮作式农业圈。此圈可以在任何可以耕地的地方种植农作物,不存在休闲地区,其主要特色是谷物和饲料作物轮作种植,其中种植谷物的面积占总耕地面积的一半。

(4)第四轮——谷草式农业圈。牧草和谷物(麦类)是本圈主要种植物。此圈的土地会进行七区轮作,其中黑麦、大麦和燕麦分别为三个区的种植物,还有三个区种植牧草,剩下的一个

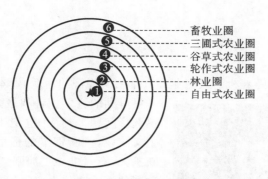

图 2-3　杜能圈层结构示意图

区则作为荒芜休闲地,其中谷物种植面积占全部耕地面积的 43%。

（5）第五轮——三圃式农业圈。该圈将距离农家较近的每块地分为三个区,分别种植大麦和黑麦,另外一个区作为休闲区域,形成三圃式轮作制度而进行三个区的轮作,离农家较远的地区则当作永久牧场,这是离城市最远且最粗放的谷物农业圈,谷物种植面积在本农业圈内全部耕地面积中仅占 24%。

（6）第六轮——畜牧业圈。据杜能计算,该层距离城市约 51 千米—80 千米,是杜能圈中距离中心最远的一圈,本圈之外的地租为零,是无人利用的荒地。本圈只生产用于自给的谷麦作物,它生产的牧草用作养畜,但其生产的如黄油和奶酪等畜产品则运送到城市供应市场。

（四）主要评价

1. 理论意义

杜能提出的农业区位论,由于消费区和生产区之间的距离不同,农业的空间分异在同一自然条件下也能体现出来,各种农业生产方式在空间上呈现出一个有层次的同心圆结构。这体现了两个很有意义的原理:一是只存在农业生产方式的相对优越性,而不存在万能的绝对优越的农业生产方式;二是合适的农业生产方式分布是在距离市场近的区域种植单位面积收益高的农作物。总之,杜能农业区位论最大的贡献就在于其系统、理论地总结概括了农业地域空间的分异现象。

此外,对于经济区位的研究来说,杜能的农业区位论首次用实证研究和规范研究相结合的方法探讨了农业资源空间配置问题,其利用孤立化的思维方法研究了市场因子对农业资源空间配置的影响,首次提出了农业资源配置的距离决定模型,这种方法不仅说明了农业土地的应用,而且对其他土地同样有参考价值,可以作为土地应用的一般理论基础,为后续区位理论研究者带来很大的影响和启发。特别是农业区位模型使古典经济学步入模型化表达阶段,对后面古典区位论的发展产生了深远影响。

2. 主要局限

一般来说,现实表现与理论预期之间存在一定差异。杜能圈形成的前提是追求最大地租收入,同时也是建立在商品农业基础之上的。现实中,大部分农业是自给性经营而非商品性经营,自给性经营一般追求产量最大化而非利润最大化。杜能理论没有充分考虑到自给性农业经营的空间问题,也没有考虑到城郊的城乡土地利用可能出现的矛盾问题,而且追求最大地租收入的行为动机与现实也不完全吻合。此外,理论中提到的地租取决于运费大小,在一定程度上掩盖了资本主义剥削关系。技术与交通的发展使得杜能理论中距离因素的决定性作用制约变得越来越小。此外,农业区位理论中含有较多的假设条件,对生产者决策差异等考虑不够周全。

四、工业区位论

（一）主要背景

英国工业革命以后，随着机器大工业和资本主义经济的活跃，资本家为了在自由竞争中获得更有利的竞争优势和最大利润，开始提出工业区位选择问题。到 19 世纪末，资本主义发展到帝国主义阶段，垄断资本的形成和发展，使生产规模不断扩大，竞争进一步加剧。工业区位的合理选择在激烈的资本竞争中变得越来越具有重要价值。

韦伯（见图 2-4）是德国人，他处在产业革命之后快速发展的近代工业时代，当时大规模的人口和产业开始比较明显地移向大都市，此时，韦伯试图从经济地位的视角来探索人口和资本聚集到大都市背后的空间机制。他把生产、流通和消费等经济活动中的工业生产活动当作其研究对象，试图以工业生产活动中的区位原理来解释该现象。因此，韦伯详尽调查了 1860 年以后德国的工业区位，并撰写了《工业分布论》这篇重要文章，为他工业区位论的提出奠定了基础。1909 年，韦伯的《工业区位论：区位的纯理论》一书出版，对工业区位论进行了全面而系统的论述。

图 2-4　阿尔弗雷德·韦伯（Alfred Weber）

（二）理论概要

如果想要选择一个理想的工业区位，就应该在生产和运输成本都最小的点上进行选择，这就是最小成本原理。韦伯由这一思想出发，对当时的德国鲁尔区进行了全面系统的数学方法和因子分析法方面的研究，他认为工业区位理论的核心内容是生产区位由区位因子决定。

1. 基本概念

（1）区位因子及其分类。

在某特定地点进行经济活动时所获得的利益就是区位因子，也就是说相比在其他地点进行生产，在特定地区进行特定的生产可以节省花费。区位因子主要有特殊因子和一般因子。特殊因子只是就特定工业而言的，如空气湿度等，而一般因子是如运费、地租和劳动力等与所有工业相关的因子，根据作用和影响大小可以划分为区域性因子和集聚因子。区域性因子是一种可以推动企业布局于特定地点的区位因子，如若由于运费的影响，工业向某一特定地点集中，那运费就是区域性因子；如若为了集聚利益而集聚在一起，或向其他地点分散以减少集聚损失，则为集聚因子。

（2）一般区位因子的确定。

将所有与工业相关的区域性因子从全部区位因子中筛选出来的过程就是一般区位因子的确认过程，为了筛选影响工业生产和分配的成本因素，需要用孤立的方法分析生产和分配过程，以找出一些影响工业生产和分配的成本要素。土地费、固定资产费、加工原料费、动力燃料费和物品运输费都是属于工业产品从生产到分配过程中的主要成本。资本和劳动是整个生产和分配过程中必不可少的要素，因而在生产和分配成本中也必须加入利率、固定资产折旧率和劳动费。因此,一般成本要素包括劳动成本、物品运输费、资本利率、固定资产折旧率、土地费、固定资产(房地产和设备)费、加工原料费和动力燃料费。在这些成本要素中,固定资产折旧率和利率一般没有地区意义,主要反映在进口价格上的固定资产费与区位并没有直接的相关关系,不管是否考虑聚集和分散因素,土地费都不会受到影响,所以土地费也不适合。因此,只有劳动成本、动力燃料费、物品运输费和加工原料费可以确定为一般区位因子。

由于各地区生活水准和劳动力供给状况之间存在巨大差异,劳动成本变化很大,这直接关系到工厂的区位选择,因此,劳动成本可以看作一个区域性区位因子;同样由于生产地区的差异,获得同种同质原料和同质燃料的价格也会存在差别,因此,区域性区位因子中应该包含物品运输费、加工原料费和动力燃料费。劳动成本、动力燃料费和物品运输费及加工原料费都能够很大程度上影响所有工业,它们属于一般区位因子。为了研究的方便,通常用物品运输费差异间接替代加工原料、动力燃料价格的地域差异,因此,劳动成本和物品运输费成为影响产业区位的一般区位因子。

2. 理论前提

韦伯的工业区位理论存在三个基本假设条件:产品的消费地与规模都是已知的;已经清楚原料供给地的地理分布情况;很多已知地点都存在劳动力,但劳动力的位置和成本固定,在该种消费水平下,可以无限量地供应劳动力。

3. 理论构建步骤

基于以上三个假定条件,韦伯对其工业区位论分三个阶段进行构建。

第一阶段:假定前提是只存在影响工业区位的因子——物品运输费,其最低点是通过物品运输费的指向来进行确定的,从而形成工业布局的初优区位。

第二阶段:在第一阶段的基础上,将劳动成本因子考虑进来,综合考虑物品运输费和劳动成本之和最小的区位,这将使由物品运输费指向确定的初优区位发生偏移,形成工业布局的较优区位。

第三阶段:以第二阶段为基础,加入集聚因子,对劳动成本指向所决定的较优区位发生第二次偏移,此时形成工业布局的最优区位。

(三)主要思想

1. 运费指向论

(1)主要观点。

运费指向论是研究如何选择运费支出最少的区位问题的理论。重量和运输距离是决定运费的关键要素,而其他运输方式和货物的性质等要素都可以转换成重量和运输距离。对于工业生产和流通而言,原材料和最终产品的重量决定了运输重量。

(2)工业原料的性质和重量。

根据空间分布情况可将原材料分为局地原料和遍地原料。局地原料是指石油、煤炭和铁矿石等这类只在特殊场所才能找到的原料。按照生产时不同的质量转换状况,局地原料可以分为损重原料和纯原料。损重原料是指最终产品中只含有部分原料的重量,纯原料则是指局地原料的所有重量都被包含在最终产品中。遍地原料是向普通砂石一样存在于任何地方的原料。

一般来说,使用原料指数对工业区位进行选择的方法就是运用了运费指向论,将局地原料与产品的重量进行比值,计算得出的数就是原料指数,表示生产一个单位产品所需要的局地原料的重量,理论上的工厂区位取决于原料指数的大小。

（3）最小运费原理。

在生产过程不能分开进行，且局地原料和消费地只有一个的情况下，只单独使用遍地原料、损重原料和纯原料以符合最小运费原理，这分别属于消费地区位、原料地区位和自由区位。如果用原料指数来表达：当原料指数小于 1 时，消费地就是工厂区位；当原料指数大于 1 时，原料地就是工厂区位；当原料指数等于 1 时，消费地和原料地都可以作为工厂区位。

在存在两个原料地而生产过程又不可分割的情况下，就会形成三角形状的区位图形，也称为区位三角形；而在存在多个原料地且不和市场在一起的情况下，则会形成多边形的区位图形，也叫作区位多边形（见图 2-5）。韦伯构建了"范力农构架"（见图 2-6），运用力学方法来推导区位。即需要 1 吨产品供应市场 C，生产该产品则需要分别用到 3 吨和 2 吨由原料产地 1 （M_1）和原料产地 2（M_2）所提供的原料，这就形成了一个区位三角形，那么，应该选择将工厂区位建设在哪里呢？由于韦伯所提出的运费指向论表明运费最小地点就是工厂区位的最佳地点。根据韦伯距离和重量决定运费的假定，M_1、M_2 和 C 的重力中心应该是运费最小点，即最佳工厂区位。

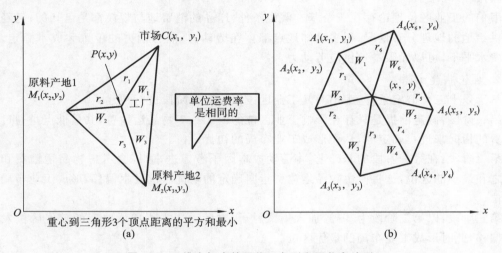

图 2-5　二维坐标中的区位三角形和区位多边形

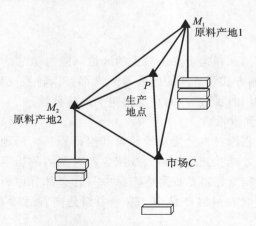

图 2-6　范力农构架图解

30

（4）最小运费指向的图示分析。

相等运费点之间的连线被称为综合等费用线，它可以形象地说明最小运费指向。如图2-7所示，当在只有1个原材料M和1个市场N的条件下，运送1个单位重量原料1千米需要花费1个单位货币，而运送产品只需要0.5个单位货币。等费用线将会形成以N和M分别为圆心的同心圆。对于N而言，每间隔2千米就相差1个货币单位；对于M来说，每间隔1千米就相差1个货币单位。而将运费相等的所有点都进行连接的线就是综合等费用线，例如，将图中A、B、C、D、E、F各点连接所形成的线是综合等费用线，这条线代表的是7个货币单位运费。A点是5个单位N市场和2个单位M原料的等费用线交点，同理，4个单位N市场和3个单位M原料形成等费用线交点B。

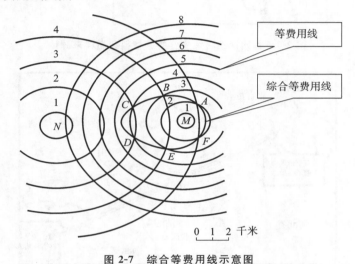

图2-7 综合等费用线示意图

知识活页　　　运费指向论——"首钢搬迁"案例

根据相关资料显示，首钢前身是1919年成立的龙烟铁矿股份公司石景山炼厂。中华人民共和国成立后，首钢获得迅速发展，河北张家口宣化龙烟铁矿（见图2-8中A点）及门头沟西山优质的无烟煤（见图2-8中B点）是首钢钢铁冶炼主要的原材料和燃料来源地，永定河自门头沟区三家店流入石景山区后，为炼钢提供了所需水源。附近铁路和公路线路交错，钢铁厂生产钢材大多用于京津地区的城市建设。

随着企业的发展，首钢每年排放大量有害气体、粉尘、废水和矿渣，对首都的环境造成了较大的负面影响，同时，地下水、煤炭和铁矿资源也逐步无法再满足企业发展的需要。庞大的采购和远离沿海的深水码头，使物流成本不断增加。

根据新华网2005年3月4日的消息，国家发展和改革委员会批准首钢集团将其钢铁冶炼部分全部从北京迁到河北唐山地区的曹妃甸（见图2-9），在那里建设一个具有国际水准的钢铁联合企业。曹妃甸位于塘沽新港及秦皇岛之间，被誉为"钻石级港址"，地处河北省唐山市滦南县南堡地区，西北距北京约225千米，距唐山市85千米，甸头向前延伸500米，水深达25米，甸前深槽水深36米，是渤海最深点，天然海沟直通渤海海峡。可以说，这个选址较好地解决了困扰企业发展的难题。

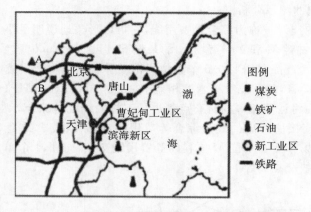

图 2-8　首钢钢铁冶炼主要的原材料和燃料来源地

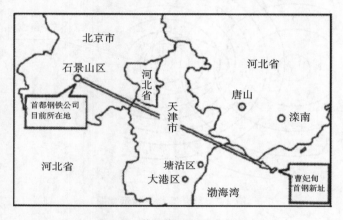

图 2-9　首钢搬迁新址曹妃甸

32

2. 劳动费指向论

（1）主要观点。

劳动费不具备伴随空间距离变化而变化的空间规律特征。这里的劳动费是指产品的每个单位重量中所包含的工资,它既可以反映工资水平和劳动力之间的差距,还可以改变运费所决定的区位格局的地区差异因子。只有在节约的人工费大于增加的运费的情况下,工业区位才会由劳动费指向来代替运费指向。

（2）劳动费指数和劳动系数。

为了确定工业区位在多大程度上受劳动费指向影响,韦伯提出一个新的劳动费指数概念。即由最小运费区位移向廉价劳动费区位的可能性取决于劳动费指数的大小,但劳动费指数也只能用来判断这种可能性,并不能起到决定性的作用。因为如果某种产品拥有很高的劳动费指数,但同时也有很大区位重量,那么人们也不会选择劳动费最小区位来替代运费最小区位。之后,他又提出了一个新的劳动系数概念,即能够支付 1 个单位区位重量所需花费的劳动费。劳动系数与指向运费最小区位的可能性呈反比关系。

（3）最小劳动费原理。

如图 2-10 所示，韦伯对临界等费用线进行分析，图中的每一环的闭合线上的点的综合费用是相同的，从点 P 向外，越外环的其综合费用越大。此图中运费最低的地方是点 P，L_1 和 L_2 是最廉价的劳动力地点，工厂布局在 L_1 和 L_2 所花费的劳动费要分别比点 P 低 3 个和 4 个单位。若将标记 S_3 的综合等费用线作为临界等费用线，因为 L_2 位于临界等费用线外侧也就代表着运费的增加超过了劳动费的节约，所以工厂的区位不会移动到 L_2。相反，L_1 在内侧，因此会移动到 L_1。

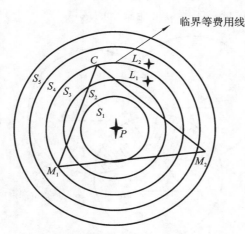

图 2-10 劳动费最低区位的图解

劳动费指向实际上会受到很多因素影响，这些条件统一被韦伯看作环境方面的条件。对劳动费指向有较大影响的因素主要有人口密度和运费，地区人口密度向某个方向变化，劳动密度也会发生相同方向的变化。另外，劳动费指向和人口密度也存在相关性，地区劳动费之间的差距会随着人口密度从低到高而发生从小到大的改变。因此，人口密度高的区域工业区位更加偏向于劳动费指向，相反则会偏向于运费指向。运费的增加程度决定了工业区位能否从运费最便宜的地方转移到劳动力最便宜的地方，在较低的运费率情况下，工业区位更可能集中在特定的劳动供给地，因为运费增长不超过劳动费的节约的可能性很大。韦伯还从区位指向和技术进步两者之间的关系进行分析，认为技术的进步会产生两种相反的作用，一是运输手段改善带来的运费率降低会增强劳动供给的方向性，二是机械化所带来的劳动系数下降会促使劳动供给地的工业区位向消费地转移。

3．集聚指向论

（1）主要观点。

集聚产生的前提是集聚所带来的节约超过了劳动费指向或者运费指向，集聚大多会在大多数工厂互相临近的区域发生。

（2）集聚相关的概念。

集聚因子是指为了集聚利益而积聚在一起，或向其他地点分散以减少集聚损失的作用力，集聚的程度决定了该反作用的强度和方式。集聚因子有两种不同作用方式：一种集聚产生于经营规模的扩大，另一种集聚是在企业之间共用的利益驱动下而产生的。换个角度看，集聚又包含纯粹集聚和偶然集聚，纯粹集聚是在经济方面或者技术方面的利益驱动下所引发的集聚，而纯粹集聚以外的集聚就是偶然集聚。

（3）集聚指向的判断。

韦伯认为在集聚所节省的费用超过运费或者劳动费指向所节省的费用时,在多数工厂相互临近的区域发生集聚指向的可能性比较大。如图 2-11 所示,在不考虑集聚的情况下,图中含有 3 个工厂的最小费用点 A、B、C,如果集聚利益可以使每个单位产品的成本降低 2 个单位货币时,同时工厂移动所增加的运费小于 2 个货币单位,工厂则会舍弃原来的费用最小点而增加运费和追求集聚利益。图中各工厂周围的封闭曲线是临界等费用线,其增加额与集聚利益所带来的成本节约是相等的。3 个工厂在阴影部分集聚可以降低 2 个单位成本,且都处于临界等费用线之内,因此阴影区域是工厂最可能集聚的区域。

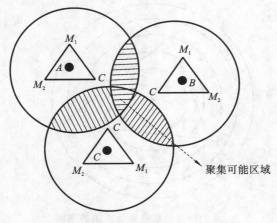

图 2-11　集聚指向图解

（四）主要评价

1. 理论意义

工业区位论至今都是西方区域科学和工业布局的基本理论,工业区位论是首次把工业区位系统化、理论化的理论,产生了重大影响。他第一次在工业区位研究中运用抽象的演绎方法,重点分析研究运费、劳动费和集聚等区位因子,建立了工业区位理论体系,对工业布局有着积极合理的指导作用。工业区位论不仅对工业具有指导意义,对其他产业也具有重要意义。工业区位论不只是理论研究方面的经典著作,同时也为经济区位论打下了坚实的基础,另外也给现实工业布局提供了非常重要的指导。

2. 主要局限

韦伯的理论对三个主导因子的作用给予了过高的估计,即使是个别企业的区位分析,也忽视了很多经济和非经济因子的分析。没有充分考虑,完全竞争条件不存在,只追求成本的最小化,并没有利润和其他因素的影响,也没有考虑地域政策及技术进步对区位选择的影响。假定的条件是非现实的,现实中运费受到很多因素影响,并非成比例增加,还会受到物品、交通方式和地形条件等的影响。

第二节　商业区位理论

一般认为,商业区位理论主要是基于美国弗兰克·费特尔为代表的经济学家所提出的贸易理论发展而来,他们认为生产和运输成本与贸易区域之间存在比较明显的相关关系,商业中心的实力或者潜力能够较大程度影响商业销售范围,两者之间为正比关系。

一、商业区位特征

(一)单一的消费指向性

商业和其他产业最大的区别在于它的消费指向,其中,流动人口的数量和购买力尤其受到关注。商业区位应该尽可能靠近消费者、方便消费者,更多考虑商业设施与消费者的关系。消费者特定的购买动机和共同爱好一般取决于其年龄、性别、职业和文化程度等因素,这些因素会影响商品的需求、供应方式和发展趋势,从而间接地影响着商业区位选择。此外,消费者的收入也在很大程度上影响着商业区位选择。

1. 消费者的数量指向性

要想追求商业利润的最大化,商业就应最大限度地满足消费者所需要的物质消费。按照商圈理论的说法,较大规模的商业区需要庞大的消费需求来支撑,而较大的消费者需求则依赖于庞大的人口规模,因此,商业区位一般选择在人口规模较大的地方。服务门槛小的商业与需求者的分布空间相对应,呈分散分布;服务门槛大的商业等级相应也较高,布局数量有限。人口密度大的区域消费者数量自然增加,拥有较大的消费需求,商业区位也较大。如一线城市的商业企业的区位规模和数量明显大于二、三线城市,而远郊的别墅区、高级住宅区因人口密度较小,一般不适合布局较大的商业中心或者商业街。在一些大型城市中心商业区、旅游城市的景区,虽然常住人口很少,但流动人口量巨大,这些地区依然是商业发展的繁华地区。

2. 消费者收入指向性

在市场上,消费者收入是和消费者数量同样重要的因素。决定消费者消费能力的终极影响因素就是消费者收入。价格是影响和衡量消费的标志,因此居民购买意愿的实现与否都取决于收入的高低,从宏观意义来看,商业的结构、种类和发展水平都取决于区域内的消费者收入水平。通常高收入的市场区域内的每个家庭的平均消费量大、消费档次高,因而一般会在此处布局高级购物中心。旧市区的密集棚户区虽然人口密度较高,但是人均收入水平却很低,因而总体消费水平也比较低,除了日用品消费,对高级品的需求很有限。如果缺乏整体改造和规划,促进商业布局提质,不仅要承受高额的地价成本、搬迁补偿费用,还要承受长期的等待成本。外来打工人口集聚的城乡接合部主要居住的是郊区农民和外来打工人员,其消费能力较低,而实现大型商业设施的门槛人口需要巨大的空间范围,如果城市交通不够便利,城市郊区化速度又较慢,商业经营就会变得非常艰难。

(二)空间关系的外部特征

商业设施之间的关系是一种外部性关系,它是以消费者为纽带的一种关系。从空间的外部性出发,空间关系的外部特征主要有商业空间集聚、商业空间关联和商业空间竞争。

1. 商业空间集聚

商业空间集聚是指商业设施相对集中于某个空间的状态。集聚可以分为不同的层次,先进且高档的商业设施一般都在市中心集聚,而相对落后和低级的商业设施则集聚于区级、社区级的区域中心。商业在空间上的集聚有利于满足消费者货比三家的需求,而孤零零的商店则缺乏这种基础。商业在空间上的集聚还能满足消费者一次性和批量性购物的需求,商业设施的集聚能够让消费者用最低的成本将所想要购买的商品全部买齐;商业在空间上的集聚还能够满足消费者休闲娱乐和随机购物的需求,现代消费者逛商场的目标不再局限于购物,更多是为了休闲娱乐,而商店集聚所形成的商业景观在很大程度上也可以服务于消费者的休闲娱乐需要,在这种情况下,商品也会顺带被消费。此外,商业空间集聚的另一个优势是能够充分集约利用城市土地和基础设施,大、中、小商家的错位经营也可形成互补效应,提高商业的规模经济和商业知名度,吸引资本加入,扩大商业集聚区的规模效应。

2. 商业空间关联

商业设施之间或者商业设施与其他相关设施间所形成的空间关系就是商业空间关联,例如,药店、鲜花店和水果店等的经营效果会因为医院的存在而变得更好,而餐饮店的经营效益则会因为农药化肥店的存在而变得更差。关联根据角度的不同可以分为服务主体主导型关联、商品主导型关联和结构主导型关联等类型。以所服务的消费者为纽带打造的相关商业设施的关联称为服务主体主导型关联,这些设施之间的关系十分弱,但却都和服务主体有很强的关系,如围绕高校开设的书店、小吃店、文具店和理发店等。以商品间的关系为主导的关联就是商品主导型关联,一种是根据专门性和专业性用途而相关联的商业集群,如专业化的商业街,另一种是综合关联,如商城和商业中心等。内部存在多个结构关系的关联就是结构主导型关联,一种是庇附型关联,主要是以名店为中心所形成的商业集群,另一种是互补型关联,如服装店和鞋帽店、书店和文具店、餐饮店和娱乐店。经济学研究集聚会重点考虑规模效应和产业联系,而商业空间关联则还会更多考虑空间位置关系带来的外部性效应。

3. 商业空间竞争

商业空间竞争分为几种类型。在市场不饱和情况下所形成的竞争称为剩余竞争,通常是由于市场旺盛而仍有剩余市场份额,原来商家所剩余的市场份额会被新进入的商家所占据和分享,这也会和原来的商家形成激烈的竞争;而在市场饱和的背景下,新商家靠争夺原商家的市场份额进入市场竞争的方式就是非剩余竞争。非剩余竞争又可以分为两种:一种是新商家在各方面都强于原商家的竞争,称为袭夺覆盖式竞争,这也就是旧业态被新业态所取代的过程;另一种是均势瓜分型竞争,是指新商家与原商家的规模、行业和经营水平都十分接近的情况下的竞争,这种竞争不存在取而代之的情况。经营同类商品的商业为了避免恶性竞争而错开商品等级、档次,加大产业特色的竞争是错位竞争,这种竞争关系有助于互补互利并实现共同发展。

(三)地价是商业区位的重要因素

用来购买土地效用或者说获得预期经济收益所付出的经济代价可以被理解为地价,它在一定程度上反映了土地价值。地价的高低会受到空间关联性、交通便利程度和周边环境满意度等土地区位条件因素的影响。城市中重要、高级的商业都集中于城市中心,越是区位条件好的地方商业效益越高。同时,越是区位条件好的地方,地价也越高。两者的博弈决定了商业的利润和效益。一般来说,由于交通的便捷性和可通达性,以及极佳的空间关联性,市中心的地价十分高。选择一个区位,租用布局商业的前提条件就是在该地的地价成本要低于在该地的商业总收益减去其他经营成本的剩余收益。因此,在高地价城市商业中心区布局的商业一般是大量的销售行业(服装业、特色食品、特色地方产品、餐饮娱乐业等)、高额利润行业(珠宝、工艺品、钟表、乐器等高级品、奢侈品等)或者专业店、专卖店、名店、老字号等。反之,则应该选择低地价区位进行商业活动,以减少地价成本,实现剩余收益的提高。

(四)商业区位选择的理性目标

商业区位选择要充分考虑与消费者交易关系的便利,因此,要以服务对象为本,将经营者的最大利润追求和消费者的最大剩余效用之间的平衡作为最现实和最合理的目标是需要重点考虑的。消费者在除去其获取该效用的成本后所获得的效用就是消费者剩余效用,即消费者剩余效用＝（购物效用＋体验效用＋服务效用）－（购物成本＋时间机会成本＋交通费用成本）。上式中的购物效用就是经济学中所说的"消费者剩余"；体验效用是购买商品时所获得的服务以外的由环境和氛围所带来的效用；服务效用是指心理上对货币换取的服务的满意程度的价值衡量。服务对象所付出的成本包括实际为购物和接受服务所付出的货币量即购物成本，以及时间机会成本和交通费用成本。

类似于消费者追求最大剩余效应，经营者追求利益最大化。一方面，经营者创造的消费者剩余效应越大，生意就会变得越好；另一方面，低价销售会造成经营者利润降低，因此，目标只能是平衡消费者最大剩余效应和经营者利益最大化目标。这一理性目标告诉我们在进行区位布局时，有形的可见要素（如消费能力、交通位置、地价成本等）和外部环境的有效利用（如周边环境、氛围）都需要高度重视，以实现利润目标和消费者剩余效应目标两者之间的高位平衡。

二、商业区位因素理论

（一）经济因素

1. 地价因素

地价是衡量区位条件的关键因素。区位会由于其便利的交通、关联性的空间和良好的周边环境而变为高地价。市中心通常具备便捷且通达的交通、良好关联性的空间，因此其地价最高，城市中重要、高级的商业也都集中于城市中心。一般来说，地价会随着与市中心距离的增加而有所降低，但同时商业也会随之变少。当然如果某些地段虽离市中心较远但却拥有高满意度的环境，那么其地价也可能会上升。最高地价的区位仍是商业企业追求收入最大化的最佳选择，当然过高的地价也阻碍了部分企业对该区位的选择。

2. 劳动力成本因素

劳动力是商业运行的实现者。伴随着现代商业活动的加大，劳动力成本已经成为影响商业活动区位选择的重要因素之一。一个地区的劳动力资源和劳动力的文化水平、劳动技能、工资水平对商业区位选择有着重要的影响。若一个商业集团中所需要的劳动力较多，则劳动力成本在企业支出中会占有很大的比例，因此，在其他条件相同的情况下，企业会倾向在工资水平相对较低的地方进行更多投资，以减少企业劳动力成本的支出，实现商业利润的最大化，这也是许多跨国公司加大在发展中国家投资的原因之一。

3. 经济发展水平因素

城市经济的发展与规划建设是商业生存发展的重要源泉，只有繁荣的经济才能出现优良的商业发展。纵观世界商业的发展历程，经济发展所处阶段决定了商业业态发展的形式。从发展轨迹来看，我国大型商业一般优先设立在北京、上海、广州、深圳等一线超大型城市的商业中心，随后选择扩张至全国的二、三线城市。之所以这样，是因为这些商业对当地的经济发展水平具有相当大的依赖性，大型商业需要发达的城市经济作为客流量支撑。

（二）空间因素

对空间地理位置进行分析是建设商业中心、商品集散地、商品加工地，或者商品仓库建设所必不可少的环节。空间位置的好坏很大程度上取决于该位置的交通条件，通常消费者在选择购物消费地点时都会考虑为到达消费地点所需要付出的费用，在该地消费的家庭数量会随着购物地距离的增加而减少，特别是在日常生活用品的消费方面。交通设施条件好的市场一般能够有效降低购物者的时间成本，从而降低空间费用。便利的交通不仅便于商业物资的集散，也便于顾客的购物。越是交通便利的商业中心，其客源越是广阔，商品销售的范围越会扩大,从而也会扩大其商业规模的等级。因此,大型的商业中心在重要的交通枢纽出现的概率更高。

从宏观视角分析,地区的整体交通状况可从通达程度、枢纽程度、道路密度三个方面来衡量,以上三个条件越好,吸引和集聚的常住人口及企业单位通常越多,换句话说,人口和经济密度的扩大,为各种商业生存和发展提供了尽可能多的市场需求可能。从微观视角看,地区的具体交通状况主要包括道路性质和道路结构两个方面。道路性质分为轨道交通、干路、支路、居民区内部道路四级。轨道交通是商业地区的首选之地。轨道交通沿线地价飙升,经济密度提高,购买能力也随之提高,有助于提升周边地区的商业价值。非站点的地面轨道交通沿线附近,并非商业理想之地,因为它在一定程度阻隔了步行和其他交通工具的往来,反而对商业发展不利。城市交通干道主要是用来运输人流和货物流,并不能创造商业机会,快速通过的车流还可能给步行的人带来不安全因素。商业街选址的理想区位一般建立在靠近干路和与干路或者交通枢纽链接便利的支路上。区民区内的道路则适合小型商业,缺乏发展商业街和商业区的有效空间条件。

（三）信息因素

作为生产力中最重要的因素,科学信息技术能够应用于商品的包装、加工、装卸、运输、储存等一系列的过程,因此,商品流通的网络布局也会受到科学技术进步的影响而使布局发生变革。如信息技术的进步和交通的改善使得荷兰的鲜花可以在短时间运送到世界各个国家和城市,电子信息技术发展背景下电子商务的出现和无人售货机的推广改变了传统的交易方式,又如存储信息技术的改进使季节性商品（水果、蔬菜等）能够集中储存之后再供应上市,实现供需时间的有效对接。信息技术推动了商业模式创新、收入模式创新和企业模式创新,并对企业的管理模式带来了革新,提高了工作效率。为了得到更好的信息技术资源,选择的区位应该具有能够提供有效充分信息技术资源的环境。

（四）人文因素

商业是在一定的人文环境中演变发展起来的。历史因素在很大程度上影响着商业活动和其区位的选择,尤其是对于久负盛名的老商号而言,历史环境因素显得尤为重要。例如,在封建社会背景下,上海优越的地理位置并未得到充分有效的利用,而在中华人民共和国成立后,通过对其历史基础的充分利用,最终发展为国内最大的商业中心和商品生产中心。由此可见,商业区位深受历史条件影响。

商业活动及其区位在很大程度上也受到地区文化的影响。商业活动以商业活动所在地的消费者为对象,不同的商业区位伴随不同的文化,这对消费者的消费观念、消费习惯和消费者偏好都有着巨大影响。消费观念与商业文化之间相互影响,消费习惯直接决定着商业运行的模式,消费者偏好直接影响着产品和服务的方向,因此,当地社会文化氛围对商业活动的进行会产生千丝万缕的密切联系,有助于资源与活力的联结。

（五）自然因素

自然环境不断影响着人类社会的再生产过程,也对作为商业经济活动重要因素的商业区位布局有着较大影响。总体来看,这种影响体现在多个方面。

一是商业发展与布局需要以自然因素为前提。一方面,自然条件为商品流通网络的区位选择提供了必要的场所和空间;另一方面,自然因素有助于劳动地域分工的实现,从而为商品在各国、各地区之间形成流通网络奠定基础。

二是商品流通网络在地区分布范围内的宽广度受到自然条件的影响和制约。在一定的生产力水平条件下,拥有严酷、恶劣自然环境的地区往往人烟稀少且交通闭塞,商品流通出现很大障碍,其他地区的商品流通网络也很难延伸到那里,因此商业活动也相对较少。

三是商业区位的布局形式在很大程度上受到自然环境的影响。如人口稀疏的山区的固定商业网点不能设置得过于密集,像货郎担、大篷车之类的灵活流动服务型的经营方式反而更加方便群众的消费,人口密集且交通便利的平原地区则可以采取相应规模的固定布局来设置商业网点,渔业活动频繁的江河湖海水域宽阔地区则应该采取水上流动式的商业网点布局形式来为渔民买卖提供方便。

三、商业区位选择理论

商业区位选择理论内容日益丰富,主要有竞租理论、集聚经济理论、"集体学习过程"与服务业集聚和区位模式。

知识关联

德国经济学家约翰·海因里希·冯·杜能(Johann Heinrich von Thünen)是边际生产率说的先驱,被誉为经济地理学和农业地理学的创始人。

(一)竞租理论

竞租(Bid Rent)是指土地使用者(居民或企业)在获得一块城市土地时愿意支付的最高租金,它是城市经济学的基本概念,也是一种虚拟概念。若土地市场是完全竞争的,土地使用者实际支付的地租就代表了竞租。杜能在其著作中最早提出了竞租理论。1964年,单中心城市地价的竞租模型被美国哈佛大学教授威廉·阿朗索提出,他指出市中心区的土地使用权会由那些支付地租能力较强,且对区位较敏感的人(如商业、服务业)拥有,而依次外推是其他活动的土地利用。从市中心向郊外的用地功能顺序依次为中心商业区、工业区、住宅区、城市边缘区和农业区(见图2-12),地价也会逐渐下降。以住宅用地为例,设 $k(t)$ 为距离市中心 t 处的交通成本,其随 t 的增大而增加;$P(t)$ 为地租,其随 t 的增大而减小;对 t 处土地的消费量是 q;P_z 是一般商品的价格,模型中假定为常数;z 是对一般商品的消费量。则收入为 y 的预算约束如下:

$$y = P_z z + P(t)q + k(t) \tag{2.2}$$

则其效用函数如下:

$$u = U(z, q, t) \tag{2.3}$$

该效用函数依赖于对一般商品的消费量、土地的消费量和交通距离,是前两个因素的增函数,最后一个的减函数(随交通距离的增加,住户效用在减少)。

在这种情况下,城市住宅用地的竞租模型如下:

$$P(t) = [y - k(t) - P_z z]/q \tag{2.4}$$

于是,在保证式(2.3)给定的效用水平下,在 z 和 q 之间选择,使式(2.4)的值最大,就变成一个精确的经济学问题。

(二)集聚经济理论

1909年,集聚经济的概念由经济学家韦伯在他出版的《工业区位论:区位的纯理论》中最早提出,书中把区域因素和集聚因素视为区位因素的两个方面,并研究了产业集聚的因素和集

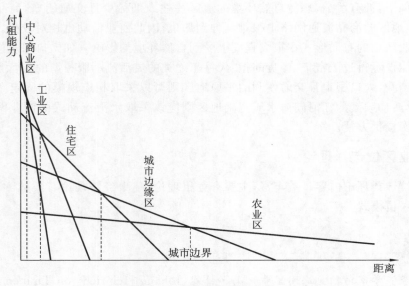

图 2-12　阿朗索的竞租曲线

聚形成的规则。韦伯认为企业成本和运费最小化来源于区位因子的合理组合,从而企业按照这样的思路就会将其场所放在生产和流通最节省的地点。

知识关联

集聚经济在不同阶段对厂商的经济活动产生的作用有何不同?

集聚经济是指经济活动集中在某些特定的有限的范围,并带来厂商成本降低的现象。形成集聚经济的前提是在特定地点按一定规模把存在种种内外联系的产业集中布局,才能使成本降到最低,而过渡性的并且完全无任何联系的偶然集结,可能不会有集聚利益,一些恶性集结还可能给地区经济发展造成恶果。集聚有两个阶段:企业经营规模扩大形成的一般性生产集聚是发展的初级阶段,也就是所有大规模经营都具有自足完整的组织;同类或不同类企业的集中构成的总生产规模的扩大和规模经营的效益提升则是发展的高级阶段。

商业在空间上的集聚趋势比在工业生产活动的空间集聚更明显,特别是一些核心事务部门大都高度集中于大都市中央商务区。集聚的类型也类似于工业,既有同种行业的集聚也有异种行业的集聚。追求企业间合作的便利性和互补性,商务交流以及高度熟练的劳动市场是商业在空间上集聚的主要原因。因此,商业在空间上集聚的原则,从区位指向理论来看,一是集聚指向,二是劳动费指向。集聚经济理论上有两种度量方法:一是城市边际收益大于零,二是城市的规模收益增加。

(三)"集体学习过程"与服务业集聚

Keeble 和 Wilkinson 提出与"创新环境"有关的"集体学习过程",这对于成功的知识型集群而言是比较重要的。随后,在分析了英国 300 家中小型管理和工程咨询服务企业调查结果的基础上,他们探讨了促使这些企业在伦敦实现集群和在英国南部非集群化发展的动力,指出促进服务业集聚的重要原因是集体学习过程。

（四）区位模式

经济主体在一定空间范围内的布局类型，可以称为区位模式。区位模式可以根据不同的标准来划分和定义。按照不同行业在不同地理空间的集聚，可以称为功能性区位模式，如中央商务区、工业区、农业区、高新技术产业区等。按照经济主体在某一地理空间上集聚的疏密程度，可以划分为分散型和集中型。分散型区位模式主要存在区域垄断倾向和避免竞争者相互靠近的情形，这存在于所有行业中；以原料为指向的行业围绕资源的竞争，存在于矿业、木材加工业和食品工业等；对要素价格反应敏感，寻找要素方面存在过剩供给的区位，主要集中于农业、旅游业、纺织业、电子工业等；经济活动集中带来的聚集负效应，促使空间分散化。集中型区位模式主要集中在那些有较大需求的地区，从而保证具有较大盈利的供给，满足最低需求量的要求，如文化产业、银行和咨询机构等都具有这种经济活动的特性，聚集效应有利于规模经济实现，如汽车工业和配套产品等经济活动之间相互联系，通过专业化降低成本，良好的基础设施也将增加其吸引力，这些都有利于区域经济活动的集中。

四、商业区空间组织与效用理论

（一）克里斯塔勒中心地理论

在20世纪，发达的资本主义经济使得经济活动更加集中，第三产业和城市逐渐主导了整个社会经济。基于韦伯工业区位论和杜能农业区位论，克里斯塔勒（见图2-13）把两种理论结合起来，讨论城市分布以及规模数量的规律。

知识关联

沃尔特·克里斯塔勒是德国经济地理学家，政治经济学博士。

有人认为，没有克里斯塔勒的中心地学说，便没有城市地理学，没有居民点的问题研究。由于克里斯塔勒中心地理论比学术界当时的一般认知水平先进，他的论文曾被国际地理学大会拒绝，因此刚开始时并没有被普遍理解和接受。他的成果在美国、荷兰、瑞典从20世纪40年代特别是第二次世界大战后才得到重视，1960年，在隆德大学召开的城市地理专题讨论会上，该理论受到高度赞扬。中心地理论被广泛应用于实践当中，并且在许多学者的研究下得到不断深化。克里斯塔勒中心地理论对后续人文地理学的研究也具有重大参考价值。

1. 中心地理论的有关基本概念

（1）中心地。

中心地是指一个镇、一个城市以及居民的

图2-13 沃尔特·克里斯塔勒（Walter Christaller）

大型聚合点，或是商业和服务部门的中心，是指可以提供各种商品和服务给该地区消费者的地方。

（2）中心性。

中心地提供商品和服务给其周围区域的总量称为中心性。对于其周围区域而言，中心地执行中心功能的程度就是中心地的相对重要性，通常可用下式表示中心性：

$$Y = X_1 - X_2 \qquad (2.6)$$

其中，Y 为中心性；X_1 为中心地供给中心商品的总数量；X_2 为中心地供给中心地自身的中心商品的数量。

（3）商品服务范围。

商品服务范围有上限和下限两种，具体图如 2-14 所示。货物供给范围的最大极限是商品服务范围的上限，也就是能够到达消费者手中的中心地的某种中心商品的空间边界，对中心商品的需求决定了商品服务范围的上限。

如学生的早餐费为 50 元/周，面包单价为 10 元/个，交通费：5 元/千米；考虑一次性购买的情况下，如果是 0 距离，交通费为 0，可购买 5 个面包；距离 1 千米处的学生，来回交通费为 10 元，可购买 4 个面包；距离 4 千米处的学生，来回交通费为 40 元，可购买 1 个面包；大于 4 千米处的学生就无法购买该面包店的面包，这里的 4 千米就是商品服务范围的上限。

供给货物的商店获得正常利润所需要的最低限度的消费者范围是商品服务范围的下限，也称为门槛值。

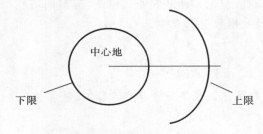

图 2-14　商品服务范围

（4）中心商品与中心地职能。

商品服务范围的上限和下限都很大的中心商品是高级中心商品，而商品服务范围的上限和下限都很小的中心商品则是低级中心商品。

高级中心地职能是指供给高级中心商品的中心地职能，低级中心地职能则相反。

（5）中心地等级。

中心地等级的确定一般受中心地能够提供货物和服务能力的影响。通常能够提供高级货物和服务（汽车 4S 店、婚礼大厦）的中心地等级较高，反之则较低。高档家具、贵重物品和大的商业中心等是高级中心商品和服务，其提供的商品和服务种类多、数量少且服务范围广。而低级中心商品和服务如副食品店和加油站提供的商品和服务种类少、数量多且服务范围小。

（6）经济距离。

各级中心地服务和商品范围大小在很大程度上受到经济距离的影响，而经济距离又主要由费用、时间和劳动力所决定，并且消费者行为也会影响经济距离的大小。

2. 主要思想

克里斯塔勒认为行政因素、交通因素和市场因素影响着中心地的空间分布形态，不同的中心地原则与中心地系统的空间模型因此而形成。

（1）市场原则与中心地系统。

　　中心地系统的基础是由市场原则形成的中心地的空间均衡。其前提条件包括以下六点：一是自然条件和资源相同且均匀分布的平原才是中心地分布的区域。中心地在区域内的任何地方都可布局，人口分布均匀且居民有相同的收入和消费方式；二是交通条件相同。交通便利程度在同一规模的所有城市中都是相同的，并且运费随着距离的增加而增加；三是消费者就近购买，都利用离自己最近的中心地以减少交通费；四是在任何一个中心地，相同的商品和服务拥有相同的价格和质量，且销售价格加上交通费用就是消费者购买商品和享受服务的实际价格；五是供给中心商品的职能，满足供给所有空间（所有居民）的配置形式，且尽量布局于少数的中心地；六是同一中心地集聚中心地职能。

　　如图 2-15 所示，中心地系统呈六边形结构，是仅次于圆的最优结构，以使中心地能够达到空间均衡。

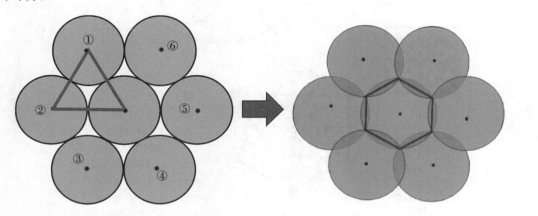

聚落分布呈三角形　　　　　　　　　　　　　　　市场区域呈六边形

图 2-15　中心地系统

　　由图 2-15 可以看出，在上述前提假定条件下，中心地均匀地分布在平原上；同类中心地间有相同的距离；每个中心地的市场区域都与半径相等的中心地为邻；任何一个中心地都与 6 个和自己相同等级的中心地为邻。

　　市场原则基础下中心地系统的均衡过程如图 2-16 所示。中心地各等级间竞争激烈，导致重复区域会出现在每两个中心地的市场区域，并且 3 个中心地的市场地域相交处是新产生的中心地的位置。如图 2-16(a) 所示，每一个中心地周围都有 6 个与自己相同等级的中心地。图 2-16(b) 说明，会有一个空白区存在于每 3 个相邻中心地的市场区域之间，一个低于 B 级中心地的次一级中心地（K 级）出现在空白区，从而满足空白区居民的消费。同样每 3 个相邻的 K 级中心地之间，也会存在一个空白区，也就是说会在此布局一个比 K 级中心地低一级的中心地 A。同理逐渐形成不同等级的中心地。图 2-16(c) 中阴影区内的消费者考虑到运费最低化的原则，将选择接近自己的中心地，因此阴影最终会由相邻的两中心地平分，从而中心地的市场区域由圆变为了六边形结构，如图 2-16(d) 所示。图 2-16(e) 中，每 1 个中心地就成为比自己高一级的中心地所组成的六边形的一个顶点。

　　各等级中心地的市场区域数有多少？如图 2-17 所示，B 级中心地有 1 个完整的市场区域，其是由 K 级中心地形成的，还有 6 个 1/3 的 K 级中心地的市场区域在其周围，所以各等级中心地的市场区域数的数量关系为 1,3,9,27,81,……由此可以发现，其是递增的，并且以 3 的整数倍数为规则，因此形成 $K=3(1+(1/3×6)=3)$ 的中心地系统，也就是在市场原则基础上

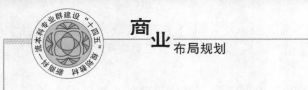

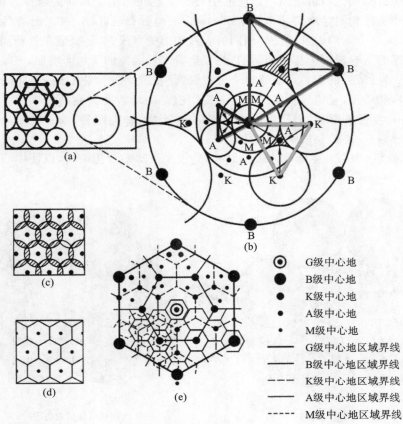

图 2-16　市场原则基础下中心地系统的均衡过程

形成的中心地系统。

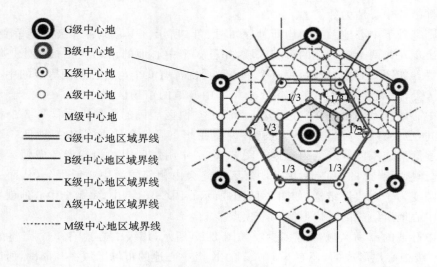

图 2-17　K＝3 的中心地系统

中心地各等级间的数量关系,也就是一个 n 级中心地包括几个 $n-1,n-2,n-3,\cdots$ 级中心地;每个 $n-1$ 级中心地(如 K 级中心地)包含在 3 个等距离的 n 级中心地中(如 B 级中心地);这样,每个 n 级中心地(如 G 级中心地)共包含 6 个类似的 $n-1$ 级中心地(如 B 级中心地)。也就是说,n 级中心地在自己的市场区域内包含着 $1/3\times6=2$ 个 $n-1$ 级中心地。

G 级中心地包含的各级中心地数目:

B 级:$1/3\times6=2$;

K 级:6;

A 级:$12+1/2\times12=18$;

M 级:54。

有一个高一级的中心地,就有 2 个次一级的中心地,有 6 个更次一级的中心地……从次一级中心地开始,低级中心地数目是上一级的 3 倍。

克里斯塔勒中心地级别划分如表 2-1 所示。

表 2-1 克里斯塔勒中心地级别划分

级 别	名 称	名 称 含 义
M	Marktlecken	基本市场区位,最低一级的中心地
A	Amtsstadchen	设有镇级官方机构的村镇
K	Kreisstadtchen	县级镇
B	Bezirkshauptorte	地区主要中心
G	Gaubezirkshauptorte	地区高级中心,地位超过 B 级中心
P	Provinzialhauptorte	省首府
L	Lendeszentralen	跨区域首要城市中心

市场原则系统有很多特点,首先,中心职能与各级的中心地一一对应;其次,通常低一级中心地布局的区位点是由三个中心地构成的三角形的重心,中心地是按此规则分布的,而且各等级间的中心地数量和市场区域的面积按几何数变化。

(2)交通原则下的中心地系统。

交通原则下的中心地系统(见图 2-18)以最有效的建设(规划)交通网为前提,从而尽可能使重要的中心地位于同一条交通干线上。每个中心设置在其上方两条中心交通线路的中间,如果在同一级别的中心之间铺设交通线路,则交通线路的所有中心都低于其级别。

从图 2-18 中可以发现,一个完整的 $n-1$ 级中心地和 6 个 $1/2$ 的 $n-1$ 级中心地的市场区域组成 1 个 n 级中心地的市场区域,则 1 个 n 级中心地的市场区域内包含着 $1+(1/2\times6)=4$ 个 $n-1$ 级中心地的市场区域。

各等级中心地的市场区域关系为 $1,4,16,64,256,\cdots$ 因此,$K=4$ 的中心地系统就是在交通原则基础下形成的中心地系统。

每个 $n-1$ 级中心地包含着 2 个等距离的 n 级中心地,而每个 n 级中心地共包含着 6 个类似的 $n-1$ 级中心地。也就是说,每个 n 级中心地的市场区域内包含着 $1/2\times6=3$ 个 $n-1$ 级中心地。且每个 n 级中心地的市场区域拥有 12 个 $n-2$ 级中心地(小黑点),以及 48 个 $n-3$ 级中心地。这样在交通原则基础下形成的中心地系统的中心地的数量关系为 $1,3,12,48,192,\cdots$

从市场区范围来看,高一级中心地是低一级中心地的 4 倍,市场区序列为 $1,4,16,64,\cdots$;

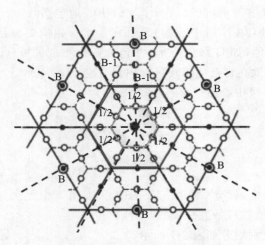

图 2-18　交通原则下的中心地系统

从中心地的数量关系来看,有一个高一级的中心地,就有三个次一级的中心地,有 12 个更次一级的中心地,形成序列 1,3,12,48,… 即 $K=4$ 的中心地系统。

（3）行政原则下的中心地系统。

在行政原则下形成的中心地系统与前两类不同,具有以下特点。

中央政府下属从属于中央政府上级,在划分行政区域时,下属行政区域完全从属于行政区域,所以尽量不要将低层次的行政区域划分开。

从图 2-19 可以看出,有 7 个 $n-1$ 级中心地的市场区域组成了 n 级中心地的市场区域,而且 n 级中心地的市场区域内包含 6 个 $n-1$ 级中心地。因此,在以行政原则为基础的中央系统中,各级中心地市场区域按 1,7,49,343,… 递增,即 $K=7$ 的中心地系统。

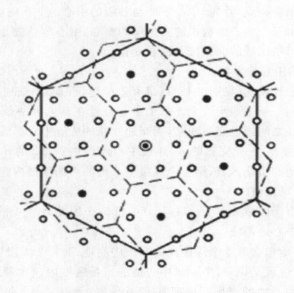

图 2-19　行政原则下的中心地系统

（4）不同的中心原则可以适用的条件。

市场原则适用于由市场及其市场区域所构成的中世纪的中心地的商品供给。交通原则适用于 19 世纪交通发展的时代,同样适用于新兴殖民地国家、新兴开发区、中转区或聚落呈线状分布的区域。交通运输原则在教育水平高、工业人口众多的地区,比市场原则更有效。在具有强大统治机构的专制时代,或在以社会主义国家等行政组织为基础的社会生活中,行政原则则更适用。

3. 主要评价

中心地理论研究划分城市等级,城市与腹地之间的相互作用,城市的经济和社会空间模型,城市的范围和功能以及零售和服务业的布局、规模和空间模型,它是城市地理学和商业地理学的理论基础。中心地理论探讨中心土地与市场空间的关系对区域结构的影响具有参考价值,是区域经济研究的理论基础之一。公共服务设施和其他经济与社会职能在区域规划中,可以根据中心地理论进行适当规划和安排。此外,中心地理论在实践中也得到了证明。如在莱茵河谷,有许多位于不同等级的中心地,它们呈线状分布并显示出交通原则的形态;在慕尼黑南部的均质农业区,根据市场原则形成的中心地系统特征十分明显。克里斯塔勒利用中心地理论对德国南部城市进行了实证研究,将德国南部的中心地分为 7 个类别,测量了全部级别的中心地之间的距离,可以看出最低级别的中心地之间距离 7 千米,而高级中心地之间距离为第一级中心地间距离的 $3^{1/2}$ 倍,如图 2-20 和图 2-21 所示。

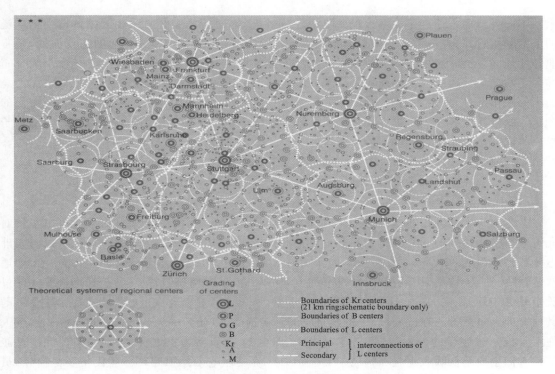

图 2-20　德国南部的城市、城镇和村庄分布

(资料来源:Haggett P. Geography:A Modern Synthesis[M]. New York:Harper & Row Publishers,1991.)

克里斯塔勒中心地理论也存在着很多问题,比如缺乏对供给下限的详细分析,只注重商品供给范围的上限研究;在一个系统中 K 值固定不变;假定消费者优先利用离自己最近的中心地,满足"经济人"的假设;不重视集聚利益;需求增加、交通发展和人口移动可能使得中心地系统发生变化,但克里斯塔勒中心地理论缺乏对这方面的研究。

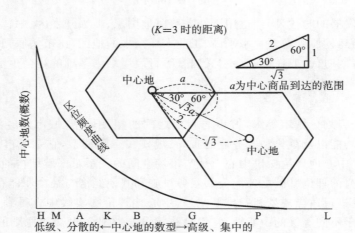

图 2-21　德国南部的中心地的数量和距离

（资料来源：胁田武光.立地读本Ⅱ［M］.东京：大明堂，1990.）

（二）城市空间结构理论

1. 基本概念

不同类型的土地利用在城市里的集中，就形成了不同的功能区。居住区是城市中最广泛的土地利用方式，是城市的一项最基本职能，形成居住区及推动居住区分化的重要原因，是工业和交通的发展。区域内部工业相互聚集形成成片的工业区，其趋向于沿主要交通干线分布并会不断向市区边缘移动。商业区大多分布于城市街道两侧，呈点状或条状，只占城市用地总面积的一小部分，经济活动最为繁忙，人口数量昼夜变化大，建筑物高大稠密，内部存在明显的分区。城市功能区受到历史、经济、交通和社会等因素的共同影响，在空间分布和组合上趋于形成不同的空间结构。

2. 主要思想

这里主要介绍三种城市空间结构模式。

（1）同心圆模式。

在芝加哥土地利用和社会经济构成分异特征的基础上，美国社会学家伯吉斯提出了针对北美城市空间结构的同心圆模式。其主要特征是城市各功能用地以中心区为核心，由内向外做环状拓展（见图 2-22），可划分成 5 个环状的区域：①中央商务区是第一环，位于市中心，四通八达，寸土寸金，这里只有利润丰厚且节约土地的职能机构，例如银行、百货公司和剧院。②过渡带是第二环，住宅、仓库、工厂等都集中在这里，居民通常是新移民、无家可归者和社会上的其他穷人。过渡带正在改变，周围的建筑物经常被拆除，以便为中央商务区腾出空间。③工人住宅带位于过渡带的外围，是第三环，与过渡带相比，建筑多为家庭住宅，设备条件优于过渡带。人们主要是低收入工人和移民子女。④中产阶层住宅带是第四环。居民主要是白领、员工和小商贩，该地区有单户住宅和高品质公寓。⑤超出都市边界以外的往返区是最外一环，为通勤带，即第五环。这是社会中上阶层的郊区住所，住在这里的大多数人都在市中心工作，往返于两地上下班。

（2）扇形模式。

由于同心圆模式提出的均质性平面的假设在现实中并不存在，随后同样在对美国的实证研究基础上，霍伊特于 1939 年提出扇形模式（见图 2-23），该模式中保留了同心圆模式的地租机制，即受到定向惯性和线性可达性的影响，因此城市向外扩张的方向是不规则的。该中心的

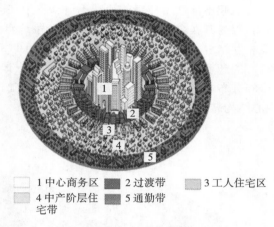

1 中心商务区　2 过渡带　3 工人住宅区

4 中产阶层住宅带　5 通勤带

图 2-22　同心圆模式

无障碍环境是基本的无障碍环境,增加了沿辐射运输路线的无障碍环境,并创造了额外的无障碍环境。批发业和轻工业对增加运输路线的可及性最为敏感,所以是一个可左右隆起的楔形。在居住方面,穷人居住在工业和商业用地区域,而中产阶层和富人沿着交通道路或河流或湖泊或高地发展,并形成了一个不与穷人混合的地区。如果人口增长,而贫民区无法向中产阶层和高端居民区发展,那么它们也将沿着障碍最少的方向呈放射状发展,因此,城市土地利用功能区被定义为部门或角落。霍伊特的扇形模式中开始反映出城市交通对城市布局的影响,特别是连接中央商务区和外部交通设施的线路。

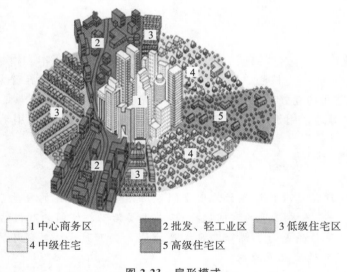

1 中心商务区　2 批发、轻工业区　3 低级住宅区

4 中级住宅　5 高级住宅区

图 2-23　扇形模式

（3）多核心模式。

同心圆模式与扇形模式都是基于单中心城市空间模式,这两种模式的共同缺点是它们忽略了城市内部结构会受到重工业的影响,且低估了人口郊区化对商业中心的分隔效应。美国社会地理学者哈里斯和乌尔曼于 1945 年提出城市内部空间结构的多核心模式,这种模式指出,中心区一般不是圆形的,一个城市的商业不仅有多核心,而且住宅也有多核心。其中主要的商业区为城市核心,其余为次核心,城市围绕不同点同时期发展起来形成多核心模式(见图 2-24)。构成这一城市空间结构的四个多核心因素包括:某些需要特殊设施或资源的活动;同

一活动往往集中在同一地点;引起不同性质冲突的活动不适合集中在同一地点;有些活动只能选择在都市边际处进行活动,因为其在金钱上无力与某些活动争地盘。由于这些因素的相互作用,不同中心的协调功能相互结合,而不协调的功能机构在空间上相互分离,导致同一城市出现商业多核心、住宅多核心的产业现象。在多核心模式中,城市土地价格的变化不是从中心到外围的下降趋势,而是多峰分布的。多核心模式以地租理论为基础,该模式表明了城市空间结构可能从以前的一个中心结构转变为几个中心结构。

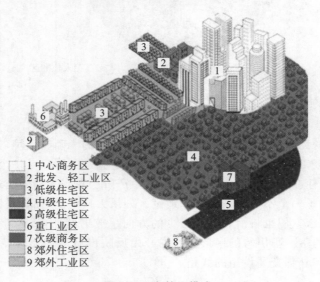

1 中心商务区
2 批发、轻工业区
3 低级住宅区
4 中级住宅区
5 高级住宅区
6 重工业区
7 次级商务区
8 郊外住宅区
9 郊外工业区

图 2-24 多核心模式

3. 主要评价

西方进入工业社会后,这些类型的城市空间结构模式主要由资本和市场决定。当时的城市区域结构以中心商务区为核心。以上三大城市结构模式已被学术界誉为经典生态区位理论,对理解城市的空间功能分异规律和城市社区的社会经济结构发挥了重要的贡献,尽管没有哪种单一模式能很好地适用于所有城市,但这三种模式在不同程度上适用于不同地区。

本章小结

（1）区位理论是人类经济行为中空间经济活动组合优化的重要理论,其包括两个基本内涵:一是人类活动的空间选择;二是人类活动在空间的有机结合。

（2）农业区位论是为了解释农业生产为什么在不同地域呈现不同的分布,探索农业生产方式的地域配置原则。

（3）韦伯提出区位因子、原料指数概念和基本假定,得出了运费指向论、劳动费指向论和集聚指向论三种工业区位模式。

（4）与农业区位论和工业区位论相比,商业区位论有四个显著特征:单一的消费指向性;空间关系的外部特征;地价是商业区位的重要因素;消费者最大剩余效用与经营者最大利润之间的平衡是商业区位选择的理性目标。

（5）商业区位选择理论内容丰富,主要有竞租理论、集聚经济理论、"集体学习过程"与服务业集聚和区位模式。

（6）克里斯塔勒中心地理论是城市地理学和商业地理学的理论基础，且关于中心地与市场空间之间关系的讨论对研究区域结构具有重要的参考价值，但中心地理论也存在着很多问题。

（7）城市功能区在空间分布和组合上，由于历史、经济、交通和社会等因素的共同作用，往往形成不同的空间结构格局，主要包括同心圆模式、扇形模式和多核心模式。

思考与练习

1. 简述区位理论在现代经济中的作用和局限性。
2. 简述杜能农业区位论基本思想。
3. 试析中心地的三个主要原则及中心地空间系统。

案例分析

沃尔玛的选址策略

沃尔玛在全球零售业中排名第一，其初始选址方案对我国大型购物中心的选址决策具有重要的参考价值。在短短几十年的时间里，沃尔玛已经从一个不知名的小杂货店发展成为全球最大的零售企业。沃尔玛的成功取决于许多独特的管理实践，独特的选址原则就是其中之一。一是选择经济发达的城市，资料显示，拥有沃尔玛连锁店的城市通常比没有沃尔玛的城市更发达；二是链条开发，沃尔玛商店以发展战略为基础，考虑连锁发展规划，这样商店的位置就不会太分散；三是独立调整门店，沃尔玛通常不会与其他大型零售店聚集在一起，选择地点时，至少在核心商圈不能重叠，确保与其他仓库型超市、大型超市和批发市场保持一定距离，以免造成恶性竞争；四是选择城乡接合部，沃尔玛山姆俱乐部主要以中小零售店和居民为目标市场，通常选择在市中心、次商业区或新开业的居民区以外的城乡交叉口建设购物中心，周边居民20万—30万人，地价和房屋租金明显低于市中心，交通便利，符合城市发展规划。

进入我国市场二十多年来，沃尔玛（中国）共有400多家门店，2019年，沃尔玛（中国）在其一年一度的发展商大会上宣布，未来5—7年计划在我国新开设500家门店和云仓，包括沃尔玛购物广场（大卖场）、山姆会员商店、沃尔玛社区店等多个业态，满足消费者不同的需求。除了开设新店，未来3年还将对200家现有门店进行升级改造，重点突出其鲜食和自有品牌的差异化优势以及全渠道数字化体验。

（资料来源：根据相关资料整理。）

问题：

沃尔玛选址的特点是什么？体现了什么样的区位选择思想？

第三章

零售业区位理论

学习导引

零售业要想得到生存和发展,与其区位选址有着很大的联系。本章主要介绍零售业区位及其相关理论,通过本章的学习,我们能了解决定零售业区位的相关因素,学习零售业的空间模型和理论模型,同时加深对中心地理论的认识。

学习重点

通过本章学习,重点掌握以下知识要点:

1. 零售业区位决策因素;
2. 零售业空间模型;
3. 中心地理论及其发展。

零售企业经营的成败很大程度上取决于零售区位的选址,因为其是影响客流量的重要因素之一。区位选择作为一项固定且长期的投资决策,并不能像人力、财力等要素一样可以随着外部环境做出随时的调整。同时,不同的经营地点有着不同的地理条件、社会交通条件和人口状况,这些条件制约着经营地区顾客的来源、店铺商品的种类以及促销战略的选择。如果零售店铺选址得当,则意味着其与同业竞争者相比有着良好的地理区位优势,当两者经营规模、服务质量和产品质量相当时,会给其带来更多的经营效益。相反,如果选址不当,使得顾客花费大量时间和交通费用购买商品,久而久之就会损失更多的客源。因此,店铺选址要做好深入细致的调查,在符合城市整体规划的前提下合理安排区位分布,为顾客提供更多可供选择的机会,这样才能实现最佳的社会效益。

⌾ 第一节　零售业区位决策

一、零售业区位决策原则

（一）目标市场原则

在选择零售业区位时，要充分考虑目标市场的需求。大型零售企业一般选择在大型商业中心、居民聚集区或者交通便利的地点，规模比较小的零售企业则要考虑店铺盈亏状况、租金成本等因素来选择合适的区位。

（二）便于接近原则

在进行区位选址时，应尽量选择在交通便利的商业区、经济区、文化区等人流量比较大的区域，还需要尽可能存在相当规模的临近公交站点、地铁站和停车场等配套设施，以便顾客往来。

（三）可见度原则

商业区核心地理位置的选址决定了自身的可见程度。区位可见度对零售企业的盈利状况有很大的影响。在进行区位选址时，要尽量选择可见度比较大的区位，能够让顾客对零售企业店铺的规模和外观有着更为强烈的感知。

（四）预期目标原则

各类零售企业在区位选择时，除了考虑外部因素外，还应充分考虑自身经营商品种类、企业规模等条件，要在实现预期投资目标的前提下对区位进行筛选，这样才能够给企业带来更多经济效益。

二、零售业区位决策因素

随着信息技术的快速发展和经济全球化步伐加快，国内外市场规模迅速扩大，新兴的功能区不断涌现，这就要求零售业区位选址要与企业的长远发展规划相适应。一般来说，零售业区位选择受消费市场状况、空间距离和交通条件、零售业间的竞争、地价等多种因素的影响和制约。

（一）消费市场状况

1. 消费者指向

消费者指向是指零售业区位分布与其人口分布有着密切的联系。消费者指向对零售业区位的选择有着重要的影响。在人口大量聚集的区域，零售行业数量和种类也随之增多，相反，在人口稀少的地区，零售行业也相应减少。例如，城市人口相对密集，因此商店、商场和超市的数量和规模就远远大于乡村地区。

2. 消费者收入差距

收入差距会在很多方面影响消费者的行为，这些行为也在一定程度上影响和决定了商业区位的特征。一般来说，收入比较高的地区对比收入中等或以下区域，不但人均消费总量有着大幅度的提升，而且消费档次也相应地提高。例如，在很多城市，当地的高档大型购物广场大多分布在高租金的商业繁华地带，而很多的小型商超和便民商店则分布在居民区域。

3. 消费者需求偏好

零售业布局同时还受到消费者偏好的影响。在生活中,不同的阶层可以根据消费者的收入水平进行划定。相同阶层的消费者需求有很多相同之处,不同阶层的消费者则相反。根据马斯洛需求层次理论,低收入人群首先要满足自己的生理需求,才有余力去追求更高一层的需求,而高收入人群的基本生理需求已经得到满足,他们更加看中归属感和认同感,追求更多精神层面的生活。因此,高收入人群会更加倾向消费一些价格昂贵、能代表自身身份地位的高档产品。所以零售企业在进行商业区位选择时,消费者需求偏好也是应该考虑的因素之一。

(二)空间距离和交通条件

消费者为购物距离所承担的费用也会影响零售企业的零售区位选择。消费者的商品购买量与零售区位的距离呈反方向变动,如果因距离太大引起交通费用过高时,购买量就会随之下降。

根据零售企业所在的方位,魁恩(J. A. Quinn)提出了中心区位理论。他指出,很多零售企业在进行区位选择时,都应该遵循以下中心区位原则。

第一,如图 3-1 所示,当消费者呈均匀或不均匀的线状分布时,最有利的商业区位应该在 A 点中心位置,此时消费者交通成本最小。

第二,如图 3-2 所示,当消费者呈面状分布时,最有利的商业区位分布在 G 点,此时消费者承担的交通费用最小。

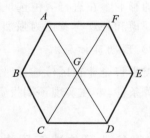

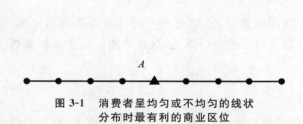

图 3-1　消费者呈均匀或不均匀的线状
分布时最有利的商业区位

图 3-2　消费者呈面状分布时
最有利的商业区位

第三,如图 3-3 所示,人口沿交叉的交通线以任意单位距离分布时,商业区位要选择交汇点 A,此时的地理位置最为有利。

第四,如图 3-4 所示,在人口任意分布的相互交错的交通线上,其集汇点 A 是最佳的商业区位,此点消费者的交通成本最小。

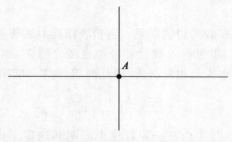

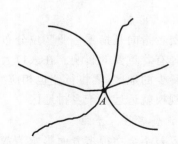

图 3-3　人口沿交叉的交通线以任意单位
距离分布时最有利的商业区位

图 3-4　人口任意分布的相互交错的
交通线上最有利的商业区位

然而,魁恩的中心区位理论也存在一些缺陷。一方面,零售区位的选择是由多方面决定的,交通成本只是其中的一个因素,还需要将其他因素考虑进来。另一方面,人口和聚落的分布还存在着很多形态,以上四种分布形态也并未包括所有聚落的分布状况,而且这些布局只是适合处于低发展阶段的初级商业区位分布。此外,魁恩的模型是抽象出来的,实际的情况通常更为复杂。首先,消费者是可以随意移动的,其消费区域可能分布在城市中多处地点。例如,人们可能在工作区域附近购物,也可以在上下班路上购物。其次,一些换乘车站、火车站和地铁站等区域也是零售区域聚集地。所以对于商业区域而言,要研究其众多商区商品的最大销售范围以及其销售临界值。

(三)零售业间的竞争

在零售企业进行区位选择时,与当地同行业竞争者的数目、经营产品类别及整体实力有着很大的联系。很多同业竞争者往往最终会出现竞争之后的联合或者相互排斥趋于分散两种结果。在现实中,通常更倾向前一种结果,即由于外部规模经济而形成专业化商业中心。

零售业间的竞争常引入霍特林模型进行分析。

知识关联

哈罗德·霍特林(见图3-5),是统计学界、经济学界、数学界公认的大师。哈罗德·霍特林于1895年9月29日出生在美国明尼苏达的福达,他原本在华盛顿大学主修新闻学,但后来转向数学进行拓扑领域的相关研究,并于1924年获得博士学位。

霍特林起初服务于斯坦福大学,他对统计理论最重要的贡献是多变量分析及或然率,最重要的论文则是《The generalization of student's ratio》,即著称的霍特林T方。

(1)主要内容。

1929年,哈罗德·霍特林提出了霍特林模型。在这个模型中,每个厂家的商品对于消费者来说在产品特征或地理空间中都有其特殊位置。如果产品在特征和地理位置特征上接近,就称它们为好的替代品。相邻且具有一定市场力量的厂商之间会形成竞争,其竞争力来自消费者对临近厂商产品的购物偏好。假设一市场内消费者偏好平均分布在间距为1的线段内,同时,在模型中引入企业在市场中的竞争,且霍特林线段模型(见图3-6)满足以下假设:两家企业生产的产品同质;市场上同时存在两种品牌,均具有一定的市场竞争力;在

图3-5 哈罗德·霍特林(Harold Hotelling)
(资料来源:根据搜狗百科整理。)

连续的生产条件下,两家企业生产商品的单位和边际成本保持不变,同时两者没有明显的差异;消费者均匀分布在一条线性市场线段上,市场总长度为 L 千米,每千米有一个顾客,且每人购买一件产品;单位距离的交通成本为 t,且消费者购买商品的交通成本与离商店的距离成比例;垄断者1的位置位于 B 点,垄断者2的位置位于 D 点,则 $|BA|=a$ 为垄断者1固有的经营地点;$|DE|=b$ 为垄断者2固有的经营地点,$|BD|$ 为垄断者1和垄断者2需竞争的地区,若

最终垄断者 1 争夺到的地盘为 $|BC|=x$;垄断者 2 争夺到的地盘为 $|CD|=y$。则有:

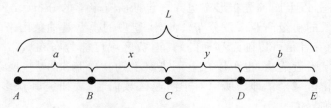

图 3-6　霍特林线段模型

$$S = a + x + y + b \tag{3.1}$$

$$p_1 + t \times x = p_2 + t \times y \tag{3.2}$$

其中,p_1,p_2 分别代表寡头 1 和寡头 2 的价格,解方程组可得:

$$x = \frac{1}{2}\left(S - a - b + \frac{p_2 - p_1}{t}\right)$$

$$y = \frac{1}{2}\left(S - a - b - \frac{p_2 - p_1}{t}\right)$$

由此可知,在霍特林模型中,各寡头的利润函数满足以下公式:

寡头 1:

$$max\,\pi_1 = p_1(a + x) - c_0(a + x) = (p_1 - c_0)\left[a + \frac{1}{2}\left(S - a - b + \frac{p_2 - p_1}{t}\right)\right] \tag{3.3}$$

寡头 2:

$$max\,\pi_2 = p_1(b + y) - c_0(b + y) = (p_1 - c_0)\left[b + \frac{1}{2}\left(S - a - b - \frac{p_2 - p_1}{t}\right)\right] \tag{3.4}$$

若要计算厂商的最优决策值,则要通过偏导数来计算(c_0 为厂商的边际生产成本)。

由 $\frac{\partial \pi_1}{\partial p_1} = 0$,可得寡头 1 的价格反应函数:

$$p_1 = \frac{t}{2}(S + a - b) + \frac{p_2 + c_0}{2} \tag{3.5}$$

由 $\frac{\partial \pi_2}{\partial p_2} = 0$,可得寡头 2 的价格反应函数:

$$p_2 = \frac{t}{2}(S - a + b) + \frac{p_1 + c_0}{2} \tag{3.6}$$

由此可知,当消费者均匀地分布在一条长度固定的线段上时,如果两个企业所提供的产品的价格和品质都没有明显的差异,消费者会更加趋向于到交通距离较近的地点购物,也就是说,在零售企业不用考虑单位和边际成本、企业之间忽略价格竞争的前提下,为了追求最佳盈利率,如何在这条固定的线段上寻找最佳的定位成为企业之间的竞争关键。同时,企业占有的线段长度也决定了企业所吸引的消费者数量。霍特林正是从各企业到消费者之间的距离差异这一独特的角度,将同质企业在线段上定位的差异当作企业在出售无明显差异产品时的差异。

（2）主要评价。

霍特林以空间地理区位这个创新的视角为出发点,首次探析了一个线性市场上存在双垄断企业的模型,此理论为空间区位竞争中确定企业的位置及其空间均衡状态的性质提供了一个十分有意义的分析框架。尽管霍特林成为研究空间区位竞争理论的先驱,但由于该模型存在着多方面的严苛假设,从而使其结论与现实相差甚远,降低了该理论对现实情况的解释力。

(四)地价

地价是指土地所有者让渡土地使用权,进而从土地使用者处所获得的收入。在我国,法律规定不能买卖土地,所以通常所讲的地价是指出让或转让国有建设用地使用权的价格,是国家一次性出让国有建设用地的使用权或者土地使用权或者转让国有建设用地使用权所获得的收入,其本质是在固定时间获取的地租。

任何经济活动都需要在一定的地理范围内进行。地价作为土地价值的代表和影响经济活动的重要因素,不仅代表了零售企业进行经济活动时所付出的成本,也在一定程度上决定了企业未来的经济收益和发展前景。企业通常会根据地理位置的价格、所处区位和发展预期对投资地区进行筛选。同时,周边环境的好坏、交通的便利性以及空间的关联性都是影响投资者愿意支付地价的参考标准。在很多城市,都有若干个中心商业区,这些商业区空间关联性较好,交通网络四通八达,因此也成为地价较高的地点之一。相反,在城市的边缘地区,由于居住人群稀少,交通不便,地价也会相应降低。但是,也有一些边缘地带由于环境优良,发展前景广阔,也存在着地价上升的可能。

1961年,格蒂斯通过研究杜能的位置级差地租的思想,对城市的内部结构进行了分析。他认为,零售企业离高地价区位距离越远,其吸引力就越小,商品销售量也随之减少。因此,如果企业想要追求更高的利润,就要将选址定在地价比较高的区位,同时,这也意味着零售企业要承担更多的成本,因此,不同零售企业支付地价的能力也是决定其区位选择的重要因素。

纳斯通过一系列的研究,描述了城市中一购物中心某个方向地价的变化与零售企业类型分布之间的关系(见图3-7)。在图中,综合性商店布局在最大交通流量的区位,此处的地价较高,倾斜线几乎接近于垂直;接着倾斜度较缓和的分布了妇女服装店、宝石店、家具店和食品店,鞋店分布在街道的街角处。在较远的街角,因为男装店比家具店能支付较高的地价,因此此处分布男装店。由于特殊的潜能,街道拐角表现出类似于城市中心区的地价模式以及地价空间分布的分形结构。

三、零售业区位选址

零售区位选址作为一个复杂的决策过程,是很多零售企业经营前的必要步骤。这就要求企业将企业的长期可持续发展考虑进来,从战略角度做出选址决策。零售企业选择店铺位置时做出的具体决策要经过三个步骤:市场区域分析、商圈分析,以及具体位置分析。

(一)市场区域分析

市场区域分析是零售企业店址选择的第一步,也是至关重要的一步。市场区位的选择意味着零售企业未来在该区域的盈利状况。为了更好地吸引客流量,零售企业应该将店址选择在城市的核心商业区、地处交通枢纽的商业区、城市居民区商业街和边沿区商业中心,以及郊区购物中心等地点。在进行实际选址操作时,要对不同顾客的需求差异有所了解,以便运用合适的营销策略。比如,顾客需求量高的日常生活必需品,经营这类商品的店铺应最大限度地接近顾客的居住地区。对于顾客需求频繁的商品来说,店铺适宜选择在商业网点相对集中的地区。对于耐用消费品及顾客特殊性需求的商品来说,由于顾客购买频率低、偶然性大的特点,应将店铺选址在人群集中或者具有专业性的商区,从而获得更多的客流量。零售企业可以通

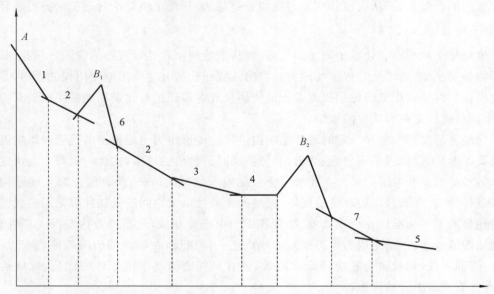

图 3-7 城市中一购物中心某个方向地价的变化与零售企业类型分布之间的关系

（1 为高级商品店，2 为妇女服装店，3 为宝石店，4 为家具店，5 为食品店，6 为鞋店，7 为男装店，
A 为最高地价店，B_1、B_2 为街角。）

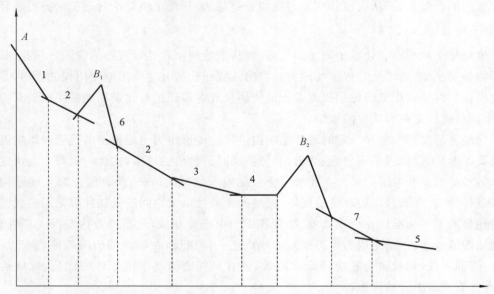

过对一个地区人口的性别、年龄、人均收入、人口结构、受教育程度等情况进行分析，从而大致判断出这一地区的购买力状况以及这一地区的需求状况；除此之外，还要分析该地区的宏观经济条件、文化背景以及基础设施状况。

（二）商圈分析

商圈（Trade Area）通常指以某购物商场为中心，沿一定距离和方向向外扩展，吸引消费者的辐射范围。商圈具有层次性、重叠性、不规则性以及动态性的特点。商圈理论对于零售企业管理者来说有着重要的意义。很多的零售企业根据其市场定位的不同，在进行商圈地理分析时也有不同的侧重点。例如，汽车零售企业在进行商圈分析时就会更加看重道路的通达性和停车场的面积，旅游服务相关零售企业就会侧重考虑店址与旅游设施的距离远近等。在确定商圈时，还要考虑诸多因素。首先是城市设施，学校、公园、旅游景点等能吸引更多消费者，因此要了解这些设施在城市中的分布；其次是竞争者状况，要充分了解现有店铺的规模和构成、竞争者的优劣势、新店开张率以及饱和状况等；最后还要考虑店铺销售潜力。与区域地理分析相似，在进一步缩小的商圈范围内，综合考虑经济因素、人口状况和竞争程度等，以市场定位作为企业发展战略的核心，在此基础上评估店铺未来的增长潜力和销售情况。除了依据有关资料和数据外，零售企业在做商圈地理分析时，还要通过调查问卷和市场调查等方式对消费者市场进行细致的分析，从而充分了解消费者的消费倾向和习惯，以便进行更加合理的区位选址。

（三）具体位置分析

在同一区域内，一处零售店铺可能会有多处开设地点可供选择，但就店铺的区位选择而言，也存在着"甲之蜜糖，乙之砒霜"的情况。因此，仅仅做出了店址的区域位置选择还远远不够，店铺在选址完毕以后还要对其他制约因素进行充分的考虑。交通条件是影响零售企业店址选择的一个重要因素，要考虑在开设地点或其附近是否有足够的停车场可以利用，还要考虑

58

商品运至商店是否便利,以及顾客是否方便购买等。城市未来规划也是进行选址的重要影响因子。有些地点从当前分析是极佳区位,但随着城市商业规划的发展和变化,在未来可能会失去优势。因此,零售企业经营者必须具有长远的眼光,在了解地区内的建设和商业规划的前提下,做出最佳地点的选择。成本分析也是不可缺少的一步,某一地区的潜在利润不仅取决于消费者未满足的需求,还取决于该地区的经营成本。店铺要承担高昂的店铺租金以及税收,还要承担经营店铺的风险。因此,要充分权衡经营利润和运营成本之间的关系,避免店铺承受过重的损失。

 案例分析

沃尔玛与家乐福的"纷纷扰扰"

我国自加入 WTO 以来,对服务业跨国公司投资的业务限制和地域限制不断放松。许多大型跨国零售企业多年来已经在中国深深扎根、大放异彩,其中,沃尔玛与家乐福属于比较典型的企业。家乐福和沃尔玛分别于 1995 年和 1996 年先后进入中国市场,截止到 2019 年,沃尔玛已经在我国 170 多个城市拥有 400 多家门店,家乐福则拥有 300 多家门店。

分析表明,家乐福更重视本地化零售业市场规模与潜力偏好,对城市的制度环境、零售业开放时间等十分注意。相比之下,沃尔玛则更加重视利用零售业的集聚和规模效应。中国加入 WTO 之前,由于对业务和地域的严格限制,家乐福和沃尔玛扩张的步伐受到限制,零售业全面开放后,两者明显加快了扩张步伐。总体上,在 1995—2008 年,家乐福扩张速度快于沃尔玛。尤其在 2001 年之前,家乐福扩张速度显著快于沃尔玛。家乐福在 2001 年没有新增门店,这与我国在 2001 年对外资零售类企业进行整顿清理有关,家乐福是被整顿的对象,而沃尔玛比较遵守中国的法律与政策,这也是 2004 年前沃尔玛在中国布局迟缓的原因之一。另一原因是沃尔玛最初进入中国时坚持复制本国门店选址模式,选择在城郊开设门店,经营效果很不理想。后来沃尔玛调整了在中国的微观区位选择,倾向在城市中心地带开设门店。2007 年 2 月 27 日,沃尔玛宣布收购中国"好又多"超市 35% 的股权。2009 年,随着收购案"循序渐进"推动,沃尔玛在门店数量和新增门店数上均超过了家乐福。

家乐福在进入中国市场以来一直扮演强势圈地的角色,其门店总数一直遥遥领先于循规蹈矩的沃尔玛,虽然在政策试水区受到过有形之手干预其扩张战略,但是 2004 年零售业全面放开管制之后,其总数仍在稳定持续增长,年均新开门店约 20 家,发展态势迅速而稳定。2019 年 6 月,苏宁易购称,其全资子公司拟出资人民币 40 多亿元收购家乐福中国的 4/5 的股份。而沃尔玛后来居上,成为国内一众商家学习模仿的对象。两者发展现状背后,充分说明了选址策略对于大型零售企业的重要性。

(资料来源:贺灿飞,李燕,尹薇.跨国零售企业在华区位研究——以沃尔玛和家乐福为例[J].世界地理研究,2011(01).)

第二节 零售业空间模型

零售业发展至今,前后已经完成四次革命,第五次零售革命正在进行中(见表 3-1)。每次革命都推动了零售业空间选择理论的进步和改变。

表 3-1　五次零售革命基本情况表

零售革命	时　间	特　征	评　价
第一次零售革命	1852 年	百货商店	顺应当时经济发展需要,推动产生了一批在当今仍很有影响力的百货商店,对零售革新具有划时代意义
第二次零售革命	1884 年	连锁商店	打破零售业小店"单打独斗"的经营模式,连锁商店的出现创新了商业发展路径,提高了零售业商店运行效率,有利于增强行业竞争力
第三次零售革命	1930 年	超级市场	真正实现了当代零售业自行开架、自行服务、收银台结算的购物模式,是当代零售业发展的雏形,提高了结算效率,降低了运营成本
第四次零售革命	20 世纪 90 年代中期	网络零售	运用互联网最新技术,拓宽零售业销售场景,实现更加便捷、高效、低成本的零售。同时,催生零售新业态竞争,带动零售业经济发展
第五次零售革命（进行中）	2020 年以后	多渠道、多模式、多形态	以技术为引领,以便利为中心,以消费者体验为标准,打造规模化、品质化的智慧零售格局

　　第一次零售革命是 1852 年诞生了世界第一家百货商店,创始人布西哥以崭新的经营方式对旧的零售业进行了重大改革。摆脱了小店的经营方式,消除了旧零售店的许多恶习,适应了当时经济发展的需要。随后百货商店在全世界流行,如美国的梅西百货、德国的古洛米亚百货。零售业零散布局状态逐渐被百货商店打破,开始以百货商店为中心进行布局转变。

　　第二次零售革命由美国人首先发明连锁商店,建立统一化管理和规模化运作的体系,提高门店运营的效率。连锁商店经营的形式主要有三种,第一种是正规连锁商店。正规连锁商店的特点是整体规模较大,并且由总部对分店铺进行统一运作管理。此时总部不仅对所有的连锁店铺拥有经营权、所有权、监督权,并且还要对物流、资金流等方面进行统一管理。第二种是自由连锁。自由连锁作为一种由零售商店自由联合形成的组织,其协同性低于正规连锁商店。这种连锁形成的原因主要是中小零售企业为保护自己的利益,通过协同合作,努力争取与大零售商同等的竞争条件和待遇。由于自由连锁店各成员无隶属关系,总店对零售商店进行契约式经营,整体运行以合同为基础。第三种是特许连锁,通俗来讲就是加盟。总部与加盟店签订合同,特别授权其使用自己的商标、商号和所独有的经营技术,本着弱化内部之间竞争的原则,连锁商店的布局由企业统一安排,在同样的形象下进行商品销售并提供附加服务。

　　第三次零售革命带来"超级市场",开创了开架销售、自我服务模式。这一场零售革命的爆发,打破了传统的柜台售货方式,实行自行开架选择、自主服务,避免了传统柜台售货一对一接待的低效率方式。超级市场采用的自选购物方式,冲击了原有的零售形态,而且影响了新型的零售业态,后来出现的仓储式商店、折扣商店、便利店等都采取了这种服务方式。由于自选购物方式出现,零售业的便利性特征逐渐凸显,消费者对零售形式的追捧带给了零售业更多的发展契机,空间布局也更加活跃地展开。

　　第四次零售革命诞生了网络零售,并且不断引入"新零售"概念,融入大数据、人工智能等新技术,重塑业态结构与生态圈,目前已产生的新业态形式有连锁超市、特许经营、商业街、购物中心、自动售货机、多媒体售货（网上购物、邮购）等。网络零售给线下零售业带来了一定的冲击，同时，零售业开启了网络空间布局的新形式。

第五次零售革命的重点无论是新零售的开发还是传统零售的区位争夺，多场景的消费体验已经成了经营者增强客户黏性的支撑点，空间布局规划依然是商业竞争不可缺少的板块。纵观零售业乃至商业发展史，线下实地消费体验不会被抛弃，那么围绕区位产生的零售业竞争模式就仍然具有持续研究的价值。

一、零售业空间分布类型

零售活动对消费者的吸引力大小的决定性因素是区位，因为对于零售业来说，几十米的区位差距就可能造成效益上盈利与亏损的不同。经济活动区位是影响经济活动的一个重要方面，经济活动区位存在于地理空间中，由于地理空间的有限性和空间移动的制约，经济活动受到相应的拘束。因此，零售业空间分布也基于以上条件，产生了如下的理论。

（一）普劳德福特划分法

普劳德福特是最早从事零售业空间类型研究的学者之一，1937 年他以美国为例具体研究了零售业空间布局，他重点研究了零售业活动的位置条件并总结位置特征，最终将美国的零售业空间布局归纳划分为五种类型，分别为中心商业区、外围商业区、主要商业街、近邻商业街和孤立商店群。

（二）贝利划分法

1963 年贝利以芝加哥为例，结合美国学者普劳德福特和迈耶研究的经验，运用多变量分析法研究了芝加哥的零售业空间类型。经过研究，他把零售业空间分为如下三大类型。

1. 同心圆分布类型

贝利根据研究对中心地的等级进行划分，在中心部存在一个核心的商业设施，以此商业设施为中心可划分出呈同心圆分布的各级商业职能，按照商业集聚的规模，各层级从高到低可分为中心商业区（CBD）、区域中心地、社区中心地和近邻中心地。

2. 带状分布类型

由于位置和规模的差异，空间布局可以分为两类，一是市区沿道路和街道呈带状分布的零售业空间，如传统的购物街以及分布在学校路段的商业聚集区；二是在郊区形成的呈带状分布的全新零售业空间和沿高速公路分布的零售业活动聚集空间。

3. 专业化空间

在某一特定区域，由于追求集聚带来的利益而形成的专业化空间，按照零售业分类标准可分为印刷区、汽车街、输入品市场、娱乐区、家具区和医疗中心等。

知识关联

你认为带状和特殊功能商业区在现代城市中存在吗？请举例说明。

贝利除了划分零售业空间类型，还分析得出在一定区域内，上述三种零售业分布类型并非独立存在的结论。比如，在带状商业街和近邻中心地能看到专业化空间集聚区，沿干线分布的空间也有专业化空间存在。贝利模型在提出具有带状和特殊功能的商业区的同时，还对城市内部商业空间的构成要素进行了细致的分析。贝利是第一个将商业区位空间建立起空间层次的学者,他的理论为后来的学者研究城市商业空间结构产生了深远的影响。虽然贝利在进行研究时尽量减少了对中心地理论的依赖所带来的负面影响,但是他的模型仍然遭受到很多质疑的声音。首先,有些研究者认为城市商业结构的组成中并不包括带状及特殊功能型商业区,它们仅可以作为核心商业区的一种延伸;其次,这个模型还存在着一个漏洞,就是将商业区的功能性质作为划分依据,忽略了交通条件、功能性质、发展规模、发展时期以及社会经济性质对区位划分的影响。

二、中心商业区的内部结构

(一)霍伍德和博伊斯的中心-边缘模型

学者霍伍德和博伊斯以中心商业区为代表,具体研究其内部的空间结构,他们提出的中心-边缘模型在中心商业区内部结构研究理论中最具代表性。中心商业区的核心部除具有商业职能外,通常也是各种金融业机构、企业办公机构和政府行政机关的主要选择地。如图 3-8 所示,核心部和边缘部两部分组成了中心商业区的空间结构。核心部通常具有人口集中、土地利用率高、空间呈垂直发展、经济发展快、特殊职能复合布局等特征。

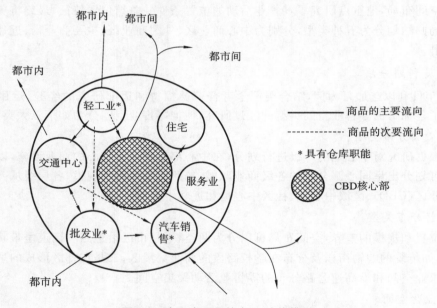

图 3-8 中心商业区的中心-边缘模型

围绕核心部的边缘部具有土地面积广、土地利用率低下的特点,霍伍德和博伊斯通过研究认为该区域的最大特征是体现了职能的空间分化。比如,周边分布着汽车销售和修理业、交通中心、轻工业、具有仓库职能的批发业、特殊服务业(如医疗)以及住宅区,内部既互相联系又跟其核心部和城市内部的其他商业分布区域有着职能上的密切关联。总的来看,霍伍德和博伊斯所提出的中心-边缘模型不仅在地理学界,而且在城市规划和区域政策等领域也被认为十分具有指导意义。

(二)戴维斯的商业区空间融合模型

戴维斯充分吸收贝利关于零售业空间布局划分的研究经验,提出了中心商业区空间融合模型(见图 3-9)。该模型的主要内容是,第一步在中心商业区的核心部,以其为中心各职能呈同心圆布局,这一步基本等于贝利划分法的第一种同心圆分布类型。第二步在此基础上重叠着沿交通线呈带状分布的零售业区,不同于贝利划分法的是这些零售业区是按照等级职能的高低由内侧依次向外侧布局。第三步在同心圆和带状相互重叠的模型上,再叠加上特殊专业化职能空间,就形成一个空间融合模型。该模型可以解释为什么种类相同的零售店铺,只是等级不同最终选择的区位也不同,因此其更具现实意义。

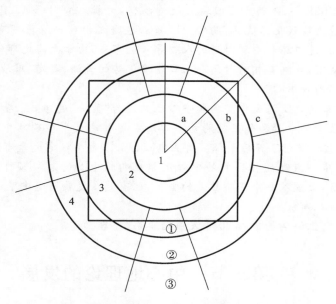

图 3-9 中心商业区空间融合模型

如图 3-9 所示,1、2、3、4 分别代表呈 4 级同心圆分布的中心地域、地域中心地、社区中心地和近邻中心地。①、②、③分别代表与交通线相邻的呈带状分布的零售业区,依次为传统购物街、干线带、郊区带三类。a、b、c 为特殊专业化职能空间,靠近中心地域的 a 为高级专业化职能空间,b 为社区中心地附近的中级职能空间,c 为低级职能空间。

戴维斯不只考虑了城市内部中心商业区与城市其他区域的联系,还考虑到了城市和外部的联系,因此赋予了此模型更深的现实意义,对商业区位分布模式的解读也更加全面,即城市的中心商业区按照"同心圆+带状分布的零售业区+特殊专业化职能空间"的模式按等级职能高低由内向外依次布局。

案例分析

上海零售业空间布局发展简史

上海这座城市不仅有数百年历史的城隍庙豫园和七宝老街、南翔老街,还有 20 世纪初就成立的南京东路四大百货公司(先施、永安、新新、大新),以及各种海内外知名百货商场形成的商圈。20 世纪 90 年代初,借着改革开放的东风,现代化购物中心云集上海并迅速扩大规模,形成上海零售业空间布局的新格局。

积极谋划,抢占布局。1990 年,上海第一个现代化城市综合体波特曼上海商城在南京西路竣工。1992 年,我国的零售行业对外开放,首家中外合资大型零售商业企业同时也是 1949 年后上海第一家高端百货——东方商厦建成开业,其为上海首家带有购物中心含义的商业项目,并且吹响了上海外资品牌百货商场发展的序曲。此后零售业稳步扩张,并从 2004 年之后进入快速发展轨道。不仅社区型和区域型购物中心继续蓬勃发展,奢侈品定位的高档购物中心和都会型购物中心项目也开始抓住契机,挺过了艰难的培育期并成功扭转战局,购物中心的种类也愈加丰富。

抓住机遇,转变布局。由最初的市中心和内环及中环市区开始向城乡接合部的中环、外环及郊区延伸,"跑马圈地"的发展商也由香港专业房地产大鳄扩展到民营房地产企业和部分百货企业。2004年至2008年,跟随上海旧城区改造步伐,大批人口外移至内环和中环区域,原先的镇村陆续被改造为现代化居民区,购物中心布点也随之由前一阶段密布中心城区传统核心商圈,改变为积极抢进内环和中环附近的人口导入区布点,由于上海远郊的老城区相当于华东地区发达的三线城市,故拥有相对封闭和人口密度优势的青浦、嘉定、川沙、宝山的老城区先于各自的新城拥有了购物中心。

竞争激烈,优化布局。上海大中型购物中心已然成为"蓝海"竞争,在这种格局下4万平方米以下的小微型社区购物中心和邻里型购物中心则发挥补足大中型购物中心空缺地的职能。2014年至2018年,上海规划了百余个社区商业中心,此外,每个住宅大盘有3%面积的社区商业配套指标,因此全市小微型的社区购物中心及邻里购物中心的总数预计可达500家左右。在品牌资源渐趋丰富,大盘入驻率不断攀升的当下,已有更多发展商看中了社区型购物中心和邻里型购物中心的潜在商机。

(资料来源:根据《上海购物中心20年发展蓝皮书》整理。)

第三节 中心地理论的发展

64

一、廖什的中心地理论

德国学者廖什对中心地理论的发展也做出了巨大的贡献,他独立的研究出了中心地系统,比较学习廖什与克里斯塔勒理论的异同对掌握中心地理论有着十分重要的意义。从著作发表的时间上来看,他的著作《经济的空间秩序》发表于1940年,比克里斯塔勒晚了7年,但在许多学者心中,廖什与克里斯塔勒都可以被认为是中心地理论的开创者与奠基人。

(一) 主要内容

1. 假设条件

廖什在建立供给多种职能的中心地系统时进行了如下前提条件假设:

(1) 最小聚落 A_1,A_2,A_3……呈类似蜂窝状分散分布,其间隔为 a 千米;

(2) 生产工业产品的最小中心地 B_1,B_2,B_3……之间的间隔为 b 千米;

(3) B_1 供给的聚落包括自身共有 n 个;

(4) 使商品销售能够获利的最短距离(相当于克里斯塔勒中心地理论中的商品服务的下限)为必要运输距离,符号表示为 nV;

(5) 正六边形市场区域的面积设定为 F。

2. 中心地系统的构建

(1) 基本原则。

一是基础聚落既是消费者居住的住宅区,也是承载消费功能的商业区。二是基础聚落在提供低等级的自给性商品的同时,也能向周围临近的6个聚落提供等级稍高的商品。

(2) 市场区域的形成机制。

随着商品的门槛值增大,市场区域规模进一步扩大,同时基础聚落的数量也会不断增加。

低级市场区以区域中心为圆心按一定的角度进行旋转得到高级市场区，通过不断地旋转和扩大，并进行叠加，就可形成所有市场区域。

（二）克里斯塔勒理论与廖什理论的差异

表 3-2 所示为克里斯塔勒与廖什理论的差异。

表 3-2　克里斯塔勒与廖什理论的差异

差　异	克里斯塔勒	廖　什
前提条件不同	人口有规律地分布	人口和需求均等
市场区体系的构建方式不同	根据商品销售范围的上限，由上而下地进行布局，高级中心地先行布局，再是低级中心地	按照各种商品销售的必要运输距离，即商品销售的下限，由下而上构建中心地的市场系统
模型结构不同	明显的等级结构系统，市场区域的大小是很不连续的，但呈等级变化，如 $K=3$ 的系统，是以 $1,3,9,27,91,\cdots$ 的规律变化	属于非等级系统。在廖什的模型中，市场区域大小是比较连续地变化，即以 $1,3,4,7,9,12,13,\cdots$ 的规律变化
中心地的等级与所供给商品的种类间的关系不同	两者具有明确的对应关系，即同一等级中心地的中心职能相同，所供给的商品的种类也相同，一般高级中心地具有低级中心地的所有职能	同一等级的中心地所供给的商品种类也不相同，高级中心地不一定具有低级中心地的所有职能
中心地的规模不同	中心地的职能规模和人口规模完全相对应，具有高级职能的中心地人口规模也大	没有明确论述中心地的规模

第一，两种理论模型建立的前提条件不同。

第二，市场区体系的构建方式有差异。

第三，克里斯塔勒的模型是明显的等级结构系统，而廖什的模型属于非等级系统。

第四，中心地的等级与供给商品的种类间的关系并不是相同的。两类模型对于中心地的等级性质解释的不同，导致了中心地间商品的流动情况也大为不同。克里斯塔勒给出的模型中，全部的商品流动趋势都是由高向低，绝不产生相反情况，并且在同等级中心地间，相同商品绝不会互相流动。但在廖什的模型中，不同的是除中央大城市外，在同一等级的中心地间商品是互相流动的，并且存在一定种类的商品由低级中心流入高级中心。产生这一情况的原因是因为廖什模型兼顾供给与生产，而克里斯塔勒给出的模型只考虑中心性质商品供给，很明显前者相对后者更趋向于现实。

第五，中心地的规模不同。在廖什给出的模型中，虽然没有很明确地阐述中心地规模的大小，但从分析中明显可以得出中心地的职能大小与其人口并不一定是同比正相关的，其论述中指出存在职能相同、人口却不一定相同的中心地，同样也存在职能多但是人口少的中心地，所以在廖什模型中，中心地的职能等级和规模等级未必相同。

二、贝利与加里森对中心地理论的发展

克里斯塔勒与廖什为中心地理论奠定了系统理论和实验研究的优良基础，他们的中心地理论为地理学、经济学、区位学都提供了研究的理论基础，可谓是做出了巨大贡献。但由于二人的中心地系统理论不管是假设条件，还是内容推导都有不完善之处，因此，贝利与加里森等

人在前人的中心地模型研究的基础上对中心地理论的发展和应用做出了进一步的研究和贡献。

20 世纪 50 年代末,贝利和加里森首创采用计量方法来研究中心地理论,他们先后发表了三篇论文,首次介绍了门槛人口这一全新概念,阐述了与中心地的等级性、商品的供给范围和中心职能有关的理论,并进一步发展和完善了中心地理论。

(一)核心内容

门槛人口(Threshold Population)是指某种中心职能在中心地布局能够得到正常利润时的最低限度的人口,换句话说,即某中心职能在中心地布局成立的最低限度人口。为了更好地理解门槛人口的概念,可以将门槛人口与克里斯塔勒中心地理论中商品供给范围的下限进行类比,但是门槛人口是指被供给的人口,强调的是人口数,而商品供给范围的下限强调的是距离的范围。门槛人口的表达式如下:

$$P = A \times BN \tag{3.8}$$

式中,A 和 B 为回归曲线中的参数,N 为中心地职能的设施数,P 为中心地的人口。

贝利和加里森门槛人口研究结果如表 3-3 所示。

表 3-3　贝利和加里森门槛人口研究结果

职　能　地	门槛人口数
加油站	200 人
小学	300 人
教堂	250 人
理发店	400 人
牙医诊所	410 人
律所	510 人

(二)结论

1. 门槛人口与中心地等级的关系

贝利和加里森进一步得出门槛人口与中心地分布等级的关系:一般门槛人口数大的中心职能,供给的市场区域范围也大,通常在等级高的中心地布局;而门槛人口数小的中心职能,通常在等级较低的中心地分布。他们根据上述门槛人口的表达式求出各中心职能对应的门槛人口数,然后再按照门槛人口数划分对应的中心地等级。由此可得门槛人口的作用:帮助中心地划分等级,中心地规模的等级性可以由中心职能的等级性反映。

2. 中心地与中心职能布局的关系

贝利和加里森在动态角度的分析中进一步得出中心地规模扩大与中心职能布局的关系。首先,他们认为中心地规模扩大与中心职能数是正向相关的,与中心职能获得超额利润的可能性呈负相关,即中心地规模扩大中心职能数就增加,同时每个中心职能得到超额利润的可能性趋于下降。其次,他们还得出了中心职能扩大的一般规律,即中心地人口增加使市场机会增加,中心地市场区域规模进一步扩大,各中心职能达到规模经济后,会最终形成适当合理的规模,而不是一再扩张。

除以上结论外,贝利和加里森还探讨了有关中心地的布局过程。在有关廖什和克里斯塔勒的研究方面,贝利和加里森也提出了意见。首先,他们指出克里斯塔勒和廖什的理论中模型假定与现实有差距,比如,人口和需求均等或有规律分布在现实中难以存在。因为按照他们的模型,结合门槛人口的概念和商品到达范围的上限,中心地的划分和布局规律都不需要这些假设条件就可成立。在总结该模型作用时,他们提出这种等级结构不止可以用于区域范围中心地系统研究,还可以用在更广阔的城市内部中心地系统研究中。

（三）评价

就模型的假设条件方面来看,贝利和加里森的模型建立的前提条件中不包含克里斯塔勒和廖什理论中的人口和需求均等分布的假定条件,因此比克里斯塔勒和廖什的中心地理论更符合实际,也更好运用。另外,贝利和加里森的模型还具有便于操作的优点,例如,门槛人口通过中心职能地和回归分析比较容易求得。但贝利和加里森模型也存在着一定的问题,如门槛人口的概念不太明确,并不能完全等同于克里斯塔勒中心地理论中的商品供给范围的下限,同时现实中的许多经济条件的细微变动都能削弱该模型的解释力。

三、中心地理论的应用

（一）在集市研究上的应用

1. 集市的特征

集市是一种有周期性的、在固定的场所或地点进行交易的商业活动聚集形式。集市是指定期市场。定期的含义是一定量的时间间隔。市场体系是指在一定的空间中遵循一定的时间周期发挥作用的具体表现形式。同时,相邻的两个或几个市场为了避免相互竞争,集市日尽量不重复在一起,特别是相对高等级集市与相对低等级集市。各地区经济状况发展情况、人口密集度与交通的便捷程度等大为不同,导致集市的职能存在着很明显的区域差别。有关集市等级性的情况可以参考中心地等级性去理解。不相同等级集市的职能类型、周期性质、市场的地域等也大不相同。集市的特征如表3-4所示。

表 3-4　集市的特征

周期性	农民、手艺人和商人等的巡回性主要受其影响。当手艺人的产品和农民的多余产品在市场上出售时,他们还将选择附近的其他市场进行出售。与商人相比,他们的流动非常有限。集市日的不重叠为商人提供了巡回的机会,由于单个集市的消费者需求无法维持商人升级,所以他必须去几个集市才能获得利益
地区性	交易者主要是地区农民,包括专业、兼业商人和手艺人等。交易的内容通常是商人向该地区的消费者出售各种工业产品,该地区农民生产的过剩产品,以及手艺人向农民出售的手工艺品。交易方式由物物交换发展到以货币为媒介的交易形式
职能性	集市是农民出售剩余农产品和购买日用品的地方。它在商品的集中和分散中发挥作用,尤其是区域之间的产品通常通过集市进行交易,所以起着农业剩余产品的集散中心的作用。城市生产的工业产品也通过集市出售给农村消费者,并且在农村扩散中心发挥工业产品的作用

2. 斯坦的集市区位理论

美国学者斯坦运用古典中心地模型从理论上对集市形成的过程进行进一步研究。斯坦的模型主要研究商品在聚落外生产后,再由商品供给者通过巡回供给各聚落的一种集市形式。斯坦的集市模型主要围绕两个重要的概念,即商品到达范围的上限和下限。

斯坦的集市模型成立的假设条件:

（1）交通运输条件改善后,商品运费成本会降低,进而推动商品到达范围的上限进一步

扩大;

（2）经济条件改善，区域人口数攀升和收入增加，消费者需求提高，商品到达范围的下限缩小，上限与下限的变化关系影响着集市的数量变化。

店铺经营的底线是必须要能维持经营的收入与利润，而在聚落发展的初期，人口少、收入水平不高、消费需求小、交通运输成本高的情况下，规模的店铺难以形成。斯坦以集市发展过程为切入点，结合克里斯塔勒和贝利对商品到达范围的下限和门槛人口的相关研究，以消费者的消费需求、收入水平、交通状况等作为考虑因素，详细论述了四种形态下的商品到达范围上限和下限的特征，并推导出店铺产生的过程。

斯坦将商品到达范围的上限和下限的组合分为四种类型。图 3-10 中实线表示商品到达范围的上限，虚线表示商品到达范围的下限。

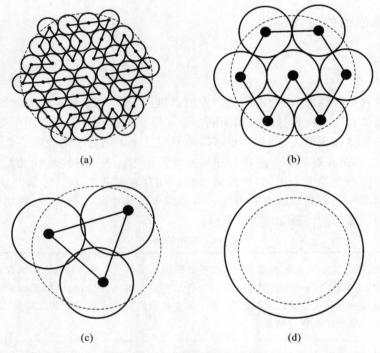

图 3-10　集市的发展阶段

图 3-10(a)的特征是商品到达范围的下限比上限大很多，由于此时消费者对商品的消费需求极小，为获得商品进行移动的能力十分有限，因此商品供给方为提高销售量会采取巡回销售的手段。商品供给方将会选择在商品到达范围的下限包括的地区内进行巡回销售的方式。巡回点数取决于商品到达范围的上限和下限的大小，它们的范围差距越大，巡回点数就会随之增加。消费者购买的时间与商品供给方巡回销售的时间重合时，商品交易就产生了。

图 3-10(b)代表的是商品到达范围的下限缩小，上限扩大，此时随着经济快速发展，消费者对商品的消费需求进一步扩大，由于收入提高，人口密度增加，交通条件逐渐改善，消费者为满足对商品的需求所进行的活动范围也随之扩大。但商品到达范围的下限仍然大于上限，商品供给方仍会采取巡回销售的方法。由于上限和下限间的差距缩小，巡回点数下降，商品供给方节省巡回次数后，为维持一定的销售量所需要花费的时间也相应缩短。

图 3-10(c)表明商品到达范围的上限和下限间的差距进一步缩小，消费者为获得商品进行移动的距离也大幅度缩短。当商品到达范围的下限和上限接近重合时，商品供应者的巡回销

售行为也就相应停止。商品到达范围的上限和下限接近重合时会推进门店的产生,如果销售量达到店铺门槛值,固定的店铺就可进行正常经营。

图 3-10(d)是商品到达范围的上限超过下限的情况,消费者需求进一步增加,随着需求增加或交通条件进一步改善,商品供给者就可得到超额利润。上限和下限差距减少,巡回点数也减少。为了获取更多的超额利润,其他商人也被吸引到此地开设店铺,这种店铺的集聚过程与廖什中心地理论是一致的。

知识活页　　　　　　　跳蚤市场的来源

有关 Flea Market(跳蚤市场)的来源有两种说法:据语言学家克丽丝汀·安默儿所说,Flea Market 最初源于纽约的 Fly Market,Fly Market 是纽约曼哈顿地区的一个固定市场,这一市场从美国独立战争(1775 年)之后一直延续到大约 1816 年。Fly 这个词源于该市场的荷兰语名称 Vly 或 Vlie,这个词在荷兰语中的意思是"山谷",很巧的是,它在荷兰语中的发音正好和英语中的 Flea 一样,所以就形成了英语中的 Flea Market。

另一种说法是 Flea Market 源于 19 世纪末的法国,Le Marche aux Puces(法语,字面意思相当于英语中的 Market of The Fleas)是巴黎专门卖便宜货的地方。早期的英国人经常将自己的旧衣服、旧东西在街上卖,而那些旧的东西里时常会有跳蚤、虱子等小虫子。逐渐地,人们就将这样卖旧货的地方叫作 Flea Market。

中国的跳蚤市场并没有小虫子,但还是被人们直译为跳蚤市场,这是因为人们半开玩笑地说市场内的旧物里很可能到处都是跳蚤。在许多学校里,特别是在读书月,都会组织学生们拿出自己的旧书在学校里摆摊来卖,这样既培养了孩子们爱惜书的习惯,也培养了孩子们多看书的好习惯。在中国大学的毕业季,学校里面也会组织跳蚤市场,让学生们卖旧书、学习用品、生活用品,这样学生们回远方的老家就能轻装上阵。

(资料来源:根据《旧货市场的别称》整理。)

(二)在国土规划与整治中的应用

1. 西德的空间整治与中心地理论

西德在国土与区域规划中积极地应用了中心地理论。在类似于西德的联邦制国家中,州是国家中拥有很高权利的地区。受制于联邦体制,区域规划实际上是各个州在实行,每个州都根据自身特点制定规划开发,联邦政府在这个过程中担任着协调者的角色,即各州不得与联邦计划背道而驰。

20 世纪 60 年代,西德颁布了《联邦空间整治法》,此举的目标是实现全国各地区居民享受"同等的生活条件"。西德采用中心地理论对中心地进行了等级划分,并列举了三种等级中心地包括的较为具体的行业,详细情况如表 3-5 所示。

知识关联

第二次世界大战后,根据雅尔塔协定,苏、美、英、法分区占领德国,柏林作为特殊单位由4国共同管理。1949年5月,美、英、法3国占领区合并,成立德意志联邦共和国,简称联邦德国或西德。

表3-5　西德不同中心地等级划分的情况

中心地等级	商业、金融	休闲与体育	保健方面	教育、文化方面	划分标准
高级中心地	大型百货店、银行、保险公司等	动物园、营业到深夜的酒馆、室内大型球场、50米长的室内游泳馆等	大学医院、有专门科目的主要医院等	大学、图书馆、无闭馆日博物馆、剧场等	域内人口50万人以上,中心地人口10万人以上,公交距离在90分钟以内,驾驶小汽车在60分钟以内
中级中心地	百货店、超市、多数专卖店等	400米跑道的体育场、多目的室内游泳池等	有三个科目的急救医院、外科医师等	升学辅导学校、职业学校、成人教育设施、市民大学、公共图书馆	域内人口2万人以上,公交距离在60分钟以内
低级中心地	零售、手工业、服务设施	游艺场、体育场	医院、药房	基础学校	域内人口0.5万人以上,从居住地到中心地的公交距离在30分钟以内

(资料来源:李小建.经济地理学[M].北京:高等教育出版社,1999.)

积极推动"点轴开发"策略。"点"指的是各个级别的中心地区和开发的着重点,"轴"指城市开发轴。联邦政府在关于空间整治问题的内阁会议中明确指出,进行空间整治过程中的中心地带是指明显具备着中心开发意义的市、镇、村,开发轴是聚落轴和连接中心地的结合轴。

运用"点轴开发"进行空间整治的特点是结合不同的区域特点制定不同的措施。政策实施的步骤:第一步,区域划分。在西德空间整治中,各州一般分为稠密区域、农村区域、落后区域和东部国境周边区域等类型。第二步,网状结构划定。为了贯彻使各地居民获得同等生活条件的目标,确保农村地区的居民为获取生活资料到达中心地的距离保持在合理的范围内,最终可以达到农村地区生活水平上升的目标,要采取中心地和开发轴构成一个网状结构的措施。根据联邦政府的政策措施规定,各州按照中心地理论都规定了各级中心地和服务圈的人口和范围。为更好地了解其政策,表3-6以西德巴登-符腾堡州中心地为例展示其中心地相关规定。

表 3-6　西德巴登-符腾堡州中心地相关规定

中心地等级	人　口	服务圈人口	服 务 范 围
小中心地	0.1 万—0.5 万人	1 万人	7 千米
低级中心地	0.6 万人以上	1 万人以上	乘车最多需要 15 分钟
中级中心地	1.5 万人以上	3.5 万人以上	乘车需要 30 分钟
高级中心地	10 万人以上	数十万人	

(资料来源:李小建.经济地理学[M].北京:高等教育出版社,1999.)

在上述各级中心地中,从空间整治要实现的目标来看,最受重视的是中级中心地,因为它不仅担当各种行政设施和社会福利设施的布局中心的角色,同时也是企业区位热门选择的地点。

2. 中心地理论在日本的区域规划中的应用

日本建设省曾经按照聚落和公共设施等级进行过区域规划。从 20 世纪 60 年代末开始,除大城市圈外,在全国共设定了 179 个地方生活圈。这些生活圈与行政、通勤、医疗、上学、购物等日常生活行为范围的大小和公共设备的配置相对应,由四个等级的圈域组成,各个圈域具有不同中心职能的城市,规划出了应该整治的设施(见表 3-7)。

表 3-7　日本四个圈域规划基本情况

圈 域 等 级	范　围	中 心 部 特 征
基本聚落圈	以 1 千米—2 千米为半径所形成的圈域,以幼儿或者老人徒步 15—30 分钟的距离为界限	人口规模为 1000 人以上; 拥有老人福利院和保育院等建筑设施
低级生活圈	以 4 千米—6 千米为半径所形成的圈域,以骑自行车 30 分钟或者乘汽车 15 分钟的距离为界限	人口规模为 5000 人以上; 布置有诊疗所、中小学校和集聚场所等基础公共设施
中级生活圈	以 6 千米—10 千米为半径所形成的圈域,以乘汽车 1 小时的距离为界限	人口规模为 10000 人以上; 布局有专门医院、商店街和高等学校等设施
地方生活圈	以 20 千米—30 千米为半径所形成的圈域,以乘汽车 1—1.5 小时的距离为界限	人口规模为 15000 人以上; 布局有各种学校、综合医院和大型市场等利用范围较广的设施

(资料来源:李小建.经济地理学[M].北京:高等教育出版社,1999.)

之后,日本的第三次全国综合开发计划(1977 年)与第四次综合开发计划(1987 年)中的定住圈思想和多极分散型国土形成的构想与上述思路基本相同,后期提出超越定住圈的大范围的圈域与多重功能区域的结构也能在上述措施中找到相似的对照。

（三）在城市体系规划中的应用

总的来看,中外学者应用中心地理论研究城市体系规划的文献非常丰富。城市空间数量、等级规模、分布规律等特征与中心地理论中的论述呈现高度的一致性。

中心地理论虽然在城市研究运用中起到了很大的作用,但也应该看到其存在的局限性。从产业经济学的角度来看,中心地理论对第三产业的研究较为详细,而对第一、第二产业却鲜少涉及,在今天的实际应用中具有较大的局限性。尽管如此,中心地理论对第三产业和城市研究的有效性,以及对实现国土与区域的均衡发展具有重大意义。

 案例分析

中心地理论在天津 CBD 建设中的应用

我国 CBD 发展较国外迟缓,并且多数是从城市历史悠久的中心商业街发展而来,这样发展起来的商务区的商业、居住功能较强,办公功能较弱,而在新的经济形势的影响下,大部分城市选择了新址规划建设 CBD。如上海浦东新区的陆家嘴中央商务区、深圳中央商务区、天津滨海新区中心商务区。

天津 CBD 意在突出其城市的港口特色、传统文化特色、中西交汇特色和区域经济中心特色,将保护与开发协调发展,形成新旧两种 CBD 模式,强调文化的传承与创新。故天津的 CBD 发展模式定位于扩展式发展模式,即通过引导使资源产生集聚效应,然后向周边地区和全球扩散。

基于以上定位,天津中心商务区的发展着眼于中心带动周边的泛中心区的打造,即从 CBD 发展为 CBR 形式,这符合克里斯塔勒中心地理论。

（1）拓扑式网络城市中心地理论使城市发展更有活力。如天津主城区外的卫星城市——滨海新区,使城市生命力提高。

（2）克里斯塔勒中心地理论的核心——交通。天津的发展依海河而延伸,利用海港作为对外交通的主要形式,能使物流成为城市的经济命脉。

（3）到达的便捷性:重视地面交通的顺畅、快捷。尤其是天津与北京,津塘之间交通问题的解决,会把人们领入广阔的未开发市场。

由此,天津 CBD 未来的发展体现在以下两个方面。

（1）市中心中心商务区:海河作为天津市中心脉络,市中心中心商务区位居海河两岸,在由六纬路、张自忠路、吉林路、营口道、大沽北路、曲阜道、南京路、浦口道、台儿庄路和十三经路合围的 1.8 平方千米的范围内。这一范围拥有良好的历史基础、活跃的发展现状、地铁的可达性以及濒临宽阔水面的自然环境等多种有利因素。并且以小白楼、南京路、解放北路为重点地段,采用保护与改造相结合的方式,发挥城市核心的聚集效应,形成解放北路地区金融中心和以南京路、海河东岸为主的商贸办公区。

（2）滨海新区中心商务区:天津是依海而兴的城市,故而依海而兴是天津今天必然的选择,也是最大的优势。伴随着天津 CBD 功能定义的转变,向外拓展物流是天津发展的一个新渠道,故在滨海作为天津向外延伸的港口,地理优势明显、交通可达性强,主要有于家堡中心区、天津东疆保税港区。

（资料来源:董洁,林吴国.中心地理论对城市中心商务区(CBD)发展的影响——天津中心商务区的探讨[J].四川建筑,2009(02).)

本章小结

（1）在发展零售业过程中，区位选址决策是零售业能否长远发展的重要决定因素。零售业区位选择受多种因素的影响和制约，其中主要包括消费市场状况、空间距离和交通条件、零售业间的竞争以及地价。

（2）零售活动必须考虑空间布局的重要性。目前主要有两种主流的零售业空间布局划分方法，普劳德福特重点研究了零售业活动的位置条件并总结位置特征，将其划分为中心商业区、外围商业区、主要商业街、近邻商业街、孤立商业群。贝利侧重于商业区的地理形状并将其划分为三种类型。霍伍德和博伊斯的中心-边缘模型认为中心商业区的空间结构由核心部和边缘部两部分组成。戴维斯的商业区空间融合模型认为以核心部为中心，各职能呈同心圆布局，在此基础上重叠着沿交通线呈带状分布的零售业区。

（3）廖什构建了不同于克里斯塔勒的中心地系统，得到新的市场区域大小变化。贝利与加里森等人继续对中心地理论进行发展，提出门槛人口的概念，对中心地理论赋予新的解释。中心地理论揭示了集市的等级性，不同等级的集市其市场地域、职能类型和周期性等不同。斯坦运用中心地理论进一步建立集市模型，阐述集市的四个阶段形式。西德和日本运用中心地理论结合自身情况，进行了相应的城市规划。

 思考与练习

1. 简述影响零售业区位选择的因素。
2. 结合实际商业区，谈谈其零售业空间分布类型。
3. 试析中心地理论的发展历程。
4. 结合生活中的案例，说说中心地理论的现实应用。

 案例分析

麦当劳的选址智慧

麦当劳是中国西式快餐市场占有率第二的餐饮品牌，仅次于百胜集团的肯德基。麦当劳于1990年进入中国市场，第一家麦当劳餐厅于深圳开业，与全球市场的麦当劳餐厅提供一致的产品，是主要提供以汉堡、薯条、炸鸡、汽水为主的西式快餐连锁店。截止到2019年年底，中国地区共有3000余家麦当劳餐厅，年营业额达210.7亿美元。

每个国家、每个地区的消费者有不同的消费习惯，因此在开店选址时也应因地制宜，制定适合此地区的选址策略。麦当劳（中国）的选址策略主要分为构建频密网络、地区评估、可见度及方位、优势互动四个方面。

（1）构建频密网络。

人流是影响店址选定最重要的因素，餐厅选择开设地点皆力图处在最集中且潜在人流最多的地点。麦当劳在中国地区的目标消费者主要由以前的儿童及家庭成员群体到现在以18—28 岁的年轻人为主,因此,麦当劳在选址上首先主要考虑人潮密集的人潮型商圈。例如,在城市主要的商业街和交通枢纽的地铁站周边及不同的出口也是麦当劳选择驻店的目标,布满频密的店家网络能够给消费者提供方便的用餐选择,更能够吸引来自各地的消费者。

(2)地区评估。

麦当劳在选择每一个驻店地点之前,都必须进行严密的市场调查,该调查至少为期 3—6个月,重点考察所选择进入设店城市的相关城市规划及发展、当地居民的消费及收入水平与人口变迁状况等,主要在于评估驻店规划是否与当地的城市规划相吻合,才能够有效地长期经营发展。在餐厅驻点选择方面则主要考虑新建中的商场、学校及新型住宅区附近。

(3)可见度及方位。

可见度及方位为麦当劳在选址策略中考虑的另一重要因素。可见度指的是该位置能被往来的行人及车辆所看到的程度,良好的可见度能使经过的行人清楚地看见餐厅的存在,更能够了解餐厅的营业状况。方位指餐厅在商业区的相对位置,麦当劳在选择地点时通常以具有街角效应的两条街道交叉处为优先,或者选择于商场一楼设店,且设店位置皆是靠近窗边以及人行道,能够让行走的路人明显地看见麦当劳,并且感受麦当劳的用餐气氛,提高可见度,以取得视觉上的优势。

(4)优势互动。

麦当劳往往选择品牌知名度和信誉度较高的百货店或购物中心开设店中店,如在知名大型量贩店以及百货商场,此策略不仅能够为百货业主带来一定量客源,更能够吸引在商场逛街消费的顾客前往麦当劳就餐,以达到双赢的优势互动。

(资料来源:陈靖蓉.麦当劳(中国)营销策略研究[D].北京:清华大学,2013.)

问题:

1. 简述麦当劳选址策略对我国零售企业的启示。

2. 比较肯德基与麦当劳选址策略的异同。

第四章 →

零售区位调查与店址确定

学习导引

　　零售业被称为"选址决定命运的产业",因为零售业成败极大地依赖其店址选择的正确与否。一些零售业态往往在选址的时候就决定了它的成败,因此可以说零售业成功的关键是选址,选址也是零售企业的生命。既然选址那么重要,那么零售店址选择和哪些因素有关? 如何进行店址选择分析? 如何确定零售商圈的选址? 通过本章的学习,让我们去寻找答案。

学习重点

　　通过本章学习,重点掌握以下知识要点:
1. 零售区位调查的主要目的、要点、重点和方法;
2. 实体商圈和虚拟商圈的内涵;
3. 零售商圈的设定方法、环境分析与调查;
4. 零售店选址确定。

第一节　零售区位调查

一、零售区位调查的主要目的

零售区位调查的主要目的有以下几点。

（1）了解优良区位的三个基本条件是否具备。优良区位的三个基本条件为:①开店后有10年以上的持续力(具有将来性,可持续经营10年以上);②有足够的集客能力;③具备出入方便的超市腹地(卖场及停车场)。

（2）确定优良区位条件的三要素是否具备。优良区位条件的三要素为:①人口数——至少支持一家店的人口数;②道路交通工具——可抵达店铺购物的方法;③卖场面积大小——吸引顾客的能力。

（3）判断预估营业额是否准确度高、误差小。

（4）形成拟订经营计划的依据。零售店的投资规模会影响损益平衡点、营业额资金回收年限，同一区位条件也会因不同的投资策略而影响日后的经营成本，所以有区位调查结果，才可能有经营计划。

二、零售区位调查的要点

零售区位调查的要点共有十项。

（一）店址调查

店址调查包含以下八大项目。

（1）标的物。应调查所有权是否明晰、使用执照是否合法、是否已遭查封、使用者是否同意按时移交、招牌可否安置、进出口是否方便。若为地下室，还应调查是否会淹水等。

（2）面积。调查建筑物外形、店址形状大小、使用面积大小、公共设施有哪些、可使用的卖场面积，以及可否安置水塔等。

（3）调查都市计划分区是否合法，建蔽率、容积率和可供建设总面积是多少，周围有哪些特定地区，是否有公共设施保留地。

（4）调查道路交通及停车场容纳能力。调查前面及侧面道路有多宽，是否为单行道，是否有斑马线、红绿灯，是否为计划开发的道路，将来开发是否会影响开店，是否面对市区中心，是进入市区的方向还是离开市区的方向，是否设置路灯照明，自用停车位有多少，公共停车位又有多少。

（5）调查地价、租地费的高低，是自己整地还是由房东整地，使用前为何种用途的土地。

（6）调查租期长短，是否需要押金，押金是多少，押金利息是多少，几年后可退回押金，年利率、押金是否依折旧降低。为了避免遭受意外损失，中途解约的条件一定要预先设定，因为开店难免有风险，所以押金应以不超过3个月房租为宜。

（7）调查房租是否太贵（可参考附近房租，建筑物老旧可能会影响房租，故应事先了解其年份、现状及房屋结构，以免投入过多的整修装潢费用），楼高、楼层是多少，给排水系统、煤气管道、水塔管线、配线等设施是否完善，电力容量等是否足够，是否有自动洒水及其他消防设施，是否有其他违章建筑，是否有室内停车场或防空避难室，是否占用公共设施。

（8）调查土地所有者、屋主是否有财务困难，其职业、居住地点、信用情况如何，是否能在租赁期间内履约；若有邻地开发，是否会影响本店。

（二）环境

先定位商圈的商业性质及形态，再探讨商圈客源、消费者属性，以及商圈内的竞争业种。

（三）人口数和户数

调查社区人口数、人口密度、人口增加率，白天或夜间流入、流出的人口数（可用商业吸引力模式测定）、年龄层分布、教育水平分布、家庭年收入与支出。

（四）交通流量

调查单向（双向）的摩托车、大客车、私家车、货车流量，双向行人流量，是否有公交车、地铁经过（如果有，则调查其线路、始发站、终点站）。

（五）住户情报

住户情报包括消费者的职业、职位、平均薪资。

（六）竞争店

调查包括竞争店的各相关业种的店数、营业面积、商品齐全度、停车场容纳能力、价格。

（七）都市功能

收集办公大楼、银行、电影院、公园、运动设施、休闲设施、学校、医院、饭店、停车场的开放时间、使用频率、数量、面积等方面的情报。

（八）其他可选的店址

调查在同一商圈内，以同样的房租是否能租到更好的店址，或者类似的立地条件是否有更便宜的租金。

（九）年营业额预测

预测之前，要先设定商圈范围（可参考后面商圈设定的技术），以商圈范围内住户的规模乘以每户支出，即为年营业额。

（十）损益平衡点设定（投资、折旧、回收年限、人事费用）

开设零售店应以节省劳动力、自助式销售的理念进行成本控制，原始投资会影响开店后每月的折旧及经常性的水电费、修缮费等支出项目，人事费也会受成本控制的影响。原则上损益平衡点越低，资金回收年限越短。

三、零售区位调查的重点

零售企业为准备开店所做的市场调查，一般可分为两个调查阶段。第一阶段的调查主要是针对开店的可能性做大范围的调查，其结果可作为设店意向的参考，重点在于设店预定营业额的推算及商店规模大小的决定，所以此阶段的内容包括调查设店地区的市场特性及了解该地区的大致情形。第二阶段的调查主要是根据第一阶段的调查结果，对消费者生活方式做深入的研讨，作为决定商店具体营业政策的参考，重点在于商店具体的商品构成、定价及销售促进策略的决定，所以此阶段的内容包括对消费者生活方式的深入分析及商店格调设定等基础资料的提供。

为配合设店的决定，要进行各项基本调查，将所得到的资料，加以整理并深入分析。资料的内容包括人口结构、消费水平及都市结构等，可以反映出都市化进展的状况，而零售业的发展则可以反映出生活水平与消费水平的情形，尤其是大型的零售业，更与都市的发展有着密切的关系。因此，一家零售店的设立，特别是大型的百货店，与该地区内消费形态与都市设施的变化及发展过程密切相关。零售企业与整个都市规划及设施发展状况的关系，可从以下三方面加以观察，同时也应在市场调查工作时做深入研究。

第一，对于该地区内消费者的生活形态必须深入探讨，其与都市化的过程有相当密切的关系。具体的内容可包括人口、家庭户数、家庭成员、收入水平、消费水准等。

第二，消费者活动空间的各项构成要素，如交通设施、道路网、政府机构、民间各种设施等。

第三，在整个都市机能的组合中，实际反映消费者行动的消费活动结果，亦即零售业的构造，也要予以深入了解，如零售业的销售额、各种零售业态种类、大型店的动向等。

经由此三方面的观察与探讨，零售企业将对整个地区的特性及商圈的消费购买力有一个大概的了解。

当然，一家零售店在设店之前，对于该地区内的各种条件，诸如商圈内的消费购买能力、竞争店的营业状况等，必须经由调查后做出分析判断，以作为设店时营业额预测及商店规模确定的参考。进而利用这些资料规划商店整体的经营策略、经营的收益计划、设备资金计划以及经营的价值或缺失等，做全盘性的比较分析与检讨，以提供设店意向决策的考虑因素。

但是在从事此资料的收集、整理、分析与评价时，有两项重点是不容忽视的：其一，除对此地区过去及现在的情况要有了解之外,有关将来的预测,即今后的发展也必须考虑到;其二,在运用调查资料做比较分析时,与其以该商圈的成熟度为判断基准,不如以类似的商圈或某一成熟的商圈来做比较,更能为企业在该地区设店的判断提供依据。

虽然此市场调查的重点,可能较适用于一般大型零售企业设店时调查之用,但其中有的调查内容对于中小型的零售企业而言,仍有着相当大的参考价值,在实施时可依零售店的规模与特性,针对实际相关的因素予以斟酌运用,图 4-1 是零售区位调查的基本流程图。现就生活结构、城市结构及零售业结构三方面市场调查的重点予以说明。

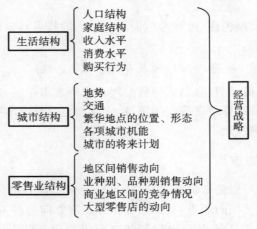

图 4-1　零售区位调查的基本流程图

(一)生活结构

调查生活结构就是收集该地区内消费者生活形态的资料,亦即针对消费者生活的特性,按照人口结构、家庭结构、收入水平、消费水平、购买行为等方面进行整体和定量的研究。

1. 人口结构

除了对于目前的人口结构进行调查之外,有关过去人口集聚、膨胀的速度及将来人口结构的变迁也要加以预测,同时将人口结构按照行业、年龄、教育程度等进行分类整理,以便深入分析。

2. 家庭结构

家庭结构是人口结构中的基本单元,可据此对家庭户数变动的情形及家庭人数、成员状况、人员变化趋势进行了解,进而可以由人员构成的比例,洞悉城市化的发展与生活形态的关系。

3. 收入水平

经由收入水平方面的资料,可以了解消费的可能性,进而利用前述资料,得知每人或每一家庭的收入水平,并将所得资料与其他都市、其他地域相比较,从而进行更进一步的分析。

4. 消费水平

消费水平方面的资料是地区内消费活动的直接指标,也是对零售业者最重要的指标。据此我们可以了解每人或每一家庭的消费情形,并针对消费内容按照商品类别划分,得知其商品类别的消费支出额,同时也可以知悉商圈内的消费购买力的概况。

5. 购买行为

对于消费者购买行为的分析,可以由消费者购买商品时的活动范围及购入某商品时经常在何商店购买来予以了解。研究消费者购买行为的目的,一是可以知悉消费者购物活动的范围,二是可以知悉消费者选择商品的标准,从而对该地区的消费意识进行深入研讨。

当然有关上述资料的取得可以经由政府机构发行的刊物或报道,诸如人口统计的资料、家庭收支调查与个人收入分配研究资料等,除此之外,零售企业本身也可以配合实际业务上的需要进行各种调查,以作研讨分析之用。

（二）城市结构

通过对地域内实际生活空间的调查,包括中心地带及周围区域城市结构机能的调查,了解该地域内设施、交通、活动空间等环境的现状以及将来的发展计划。

1. 地势

对于地域内地形状况的调查,尤其要对有关平地的广阔度及腹地的大小予以了解,对气候的特殊性也要深入了解,因为零售店与气候因素有相当密切的关系。

2. 交通

一般而言,零售店的位置分布在交通要道比较好的地方,因为交通网密布的地方,往往是人口容易集中或流量特别大的地方,因而自然是设店的理想地点。所以在调查时,交通线路及车辆往来的班次、载送量等均要作为考虑的重点,有时对于停车空间也要调查。

3. 繁华地点的位置、形态

在繁华的地段,往往是商店容易集中之处,所以零售店选择热闹地段设店是理所当然的,但地价及租金较高。因此,在投资成本提高的情况下,如何在现有条件下进行有效的利用以及考虑未来可能会有的变动方向,都应成为在繁华地段设店的考虑要素。

4. 各项城市机能

一般设店位置若在行政、经济、文化活动等密集的地方,则整个城市机能易于发挥出来,诸如行政管理、经济流通、娱乐服务、商品销售等机能,这些地方自然成为人口流量集中的焦点。因此,流动的人口究竟是以公务人口为主体还是以购物、社交、娱乐的流动人口为主体,均为调查中应予明了的事项。

5. 城市的将来规划

除了城市结构的现状外,有关将来发展的方向,诸如交通网的开发规划、社区发展规划及商业区的建设规划等,均是设店时在地点因素上所必须考虑的要点。

（三）零售业结构

前述两项调查是针对地区内居民生活状况及生活空间的城市结构情形,本项则是对于此地区内零售业实际情况的调查,此资料不但可以作为设店可能性及经营规模决定的判断依据,更可以作为了解该地区内零售店商业活动的指标及各大型或小型零售店发展动向的依据。

1. 地区间销售动向

针对营业面积、从业人数、年营业额等项目做调查,尤其针对营业面积及营业额总量和过去的增长状况做一定了解,同时针对城市中心地域及周边地域的销售额密度及商圈范围进行比较。

2. 业种别、品种别销售动向

对地区内业种别商店的构成及品种别销售额进行统计分析,既可了解商圈内消费者购物的情形,也可作为开设零售店时的商品构成参考。

3. 商业地区间的竞争情况

对各地区间有关商品构成内容及顾客阶层进行比较,以便深入了解该地区的竞争情形,并据此分析各地区间的特性。

4. 大型零售店的动向

因为大型零售店的动向对于地区内的竞争情况会产生影响,所以无论是大型还是小型零售店的设立,现有大型零售店的规模、营业额、商品构成、设施等方面均必须加以调查,以供设店时参考。

四、零售区位调查的方法

(一)市场调查原则

市场调查应遵循以下两大原则:

(1)以长远眼光(通常是 10 年以上)来判断。

(2)以事实来判断。市场调查时应避免猜测和主观臆断,否则容易导致错误的决策。

(二)市场调查的具体方法

市场调查的一般方法是"5W1H",即 What to do(调查什么——调查种类的确定);Who(谁做调查——调查人员的确定);Whom(调查谁——调查对象的确定);When(何时调查——调查时间表的确定);What is done(结果如何——调查统计分析方法及结果);How(用什么手段——调查手段的确定)。

根据调查时间的不同,市场调查可分为预备调查和现场调查。预备调查是指从政府部门获取资料的调查,包括从政府部门获取人口资料、户数资料、都市规划、建设指定用图等。现场调查一般相当困难,如果事前缺乏计划,即使花费很多时间也很难得到结果,同时也不易下结论。为使现场调查作业能顺利进行,计划之初必须先假定商圈范围,并在范围内收集所需资料。现场调查分为交通网络调查、顾客调查、竞争店调查。以下具体分析顾客调查和竞争店调查。

1. 顾客调查的方法

(1)购物倾向调查。

①调查目的:掌握居住地顾客的年龄、职业、收入、商品、购买倾向等,以查清可能的商圈范围。

②调查对象:以学校或各种家庭为对象,或依据居住地点以抽样的方式进行家庭抽样调查。

③调查方法:邮寄或采用直接访问的方式均可。

④调查项目:居住地址,家庭构成,户主年龄、职业、工作地点、商品类别购物倾向。

⑤优缺点:居住地顾客购物倾向的调查对设店预定地的评价具有重要作用,但调查费用较高。

(2)购物动向调查。

①调查目的:对于设店预定地实际消费购买动向的把握,以调查零售业的商业力。

②调查对象:以设店预定地通行人数为对象的抽样调查,或是以百货店主力顾客为对象的调查。

③调查方法:在调查地点通过的行人,在一定时间内对其采取面谈,时间以 10 分钟以内为佳。

④调查项目:居住地、年龄、职业、上街目的、使用的交通工具、上街频度、商品类别购买动向。

⑤优缺点:购物动向调查的费用较低,但对于居住地与设店预定地购物依存度难以明确把握。

除此之外,也可根据对到店光临的顾客情况的调查,确定商圈范围。到店顾客调查表如表4-1所示。

表 4-1 到店顾客调查表

调查场所:　　年　月　日　时　分

序号	住址	性别		所需时间			交通工具			
		男	女	10分钟及以下	10—20分钟	20分钟以上	徒步	私家车	公交车	其他
1										
2										
3										

到店次数			购物理由						备注
每天	每周1—2次	其他	距离近	价格便宜	质量好	环境好	服务好	其他	

(3)顾客流量调查。

在设店预定地分日期、分时段对人流量进行调查,作为确立营业体制的参考。

(4)其他的调查。

可以利用各种座谈会的机会,或利用公、私场合进行各项有关资料的收集与调查研究。

2. 竞争店调查的方法

(1)竞争店营业场所构成调查。

①调查目的:对于竞争店楼层构成的调查,以作为新店铺楼层构成的参考。

②调查对象:以设店预定地商圈内竞争店的主力销售场所及特征销售场所为对象的调查。

③调查方法:销售人员与促销人员同行,针对营业面积、场所、销售体制的调查,以便共同研讨。

(2)竞争店商品构成调查。

①调查目的:针对前项调查再予以附加商品组成细目的调查,以作为新店铺商品类别构成的参考。

②调查对象:与前项调查对象店相同,着重于更深入地调查主力商品。

③调查方法:主力商品方面,由销售人员、采购人员与促销人员同行,着重于商品量的调查。

(3)竞争店价格线调查。

①调查目的:对于常备商品的价格线与价值进行调查,以作为新店铺的参考。

②调查对象:与前项调查对象店相同,对在一定营业额或毛利额以上的商品进行调查。

③调查方法:采购人员与销售人员共同进行,对陈列商品的价格、数量进行调查,尤以年节繁忙期间的调查最为必要。

(4)竞争店出入客数调查。

①调查目的:对竞争商店出入客数的调查,以作为新店铺营业体制确立的参考。

②调查对象:针对出入竞争店的十五岁以上的男女。

③调查方法:与顾客通行量调查同时进行,以了解竞争店各时段、各时点的出入店客数,尤其注意特殊时日或各楼层的流动量调查。

以上是针对市场调查较主要的几个方法,仅供参考。对各零售店进行调查的时候,可配合业务上的需要予以斟酌运用。

第二节 零售商圈

一、实体商圈

(一) 实体商圈的内涵

一般所谓的实体商圈,就是从事购买行动的时候,所优先选择到该零售店购物的顾客所分布的地区范围。因此,一家零售店商圈范围的广狭,与顾客购物时对商品特性的选择比较因素、消费习惯、交通因素等都有关系。

通常来说,实体商圈是以商店设定地点为圆心,以周围一定距离为半径所划定的范围,然而,这仅能作为原则性的标准。实际上在从事商圈设定时还必须考虑零售店的业种、商品特性、交通网分布等诸多因素。如一般小型的零售店,其商圈设定的因素可能会考虑零售店周围人口分布的密度以及徒步走多少分钟可能来店的范围。

但是对一家大型零售店而言,其实体商圈设定的因素则除了周围的地区之外,交通网分布的情形也必须列入考虑,顾客利用各种交通工具就很容易到店的地区均可列为实体商圈范围。

当然若是城市功能非常发达的地区,尤其是繁华的商业集中区,零售店的集合无论在营业面积的量方面,或是在零售店业种、商品构成的质方面均具有很大的吸引力,自然商圈的范围就更为广阔了。

(二) 商圈分析的重要性

1. 商圈分析是新设店进行合理选址的前提

新设零售店在选择店址时,总是力求较大的目标市场,以吸引更多的目标顾客,这首先就需要经营者明确商圈范围,了解商圈内人口的分布状况以及市场、非市场因素的有关资料,在此基础上,进行经营效益的评估,衡量店址的使用价值,按照设计的基本原则,选定适宜的地点,使商圈、店址、经营条件协调融合,创造经营优势。

2. 商圈分析有助于零售店制定竞争经营策略

在日趋激烈的市场竞争环境中,价格竞争手段仅仅是一方面,且其作用也是很有限的。零售店在竞争中为取得优势,已广泛地采取非价格竞争手段,诸如改善零售店形象、完善售后服务等,这些都需要经营者通过商圈分析,掌握客流来源和客流类型,了解顾客的不同需求特点,采取竞争性的经营策略,投顾客所好,从而赢得顾客信赖,也即赢得竞争优势。

3. 商圈分析有助于零售店制定市场开拓战略

一个零售店经营方针、策略的制定或调整,总要立足于商圈内各种环境因素的现状及其发展趋势。通过商圈分析,可以帮助经营者明确哪些是本店的基本顾客群,哪些是潜在顾客群,力求在保持基本顾客群的同时,着力吸引潜在顾客群,制定市场开拓战略,不断延伸经营触角,扩大商圈范围,提高市场占有率。

4. 商圈分析有助于零售店加快资金周转

零售店经营的一大特点是流动资金占用多,要求资金周转速度快。零售店的经营规模受到商圈规模的制约,商圈规模又会随着经营环境的变化而变化,当商圈规模收缩时,如零售店的经营规模仍维持原状,就有可能导致企业的一部分流动资金的占压,影响资金周转速度,降低资金利润率。

(三) 商圈构成及顾客来源

1. 商圈构成

商圈由核心商业圈、次要商业圈、边缘商业圈三部分组成(见图 4-2)。

核心商业圈内包含了这一零售店顾客总数的 55%—70%。这是最靠近零售店的区域,顾客在人口中占的比例最高,每个顾客的平均购货额也最高,这里很少同其他(店内和实际)商圈发生重叠。

次要商业圈内包含这家零售店顾客总数的 15%—25%,这是位于核心商业圈外围的商圈,顾客较为分散。日用品零售店对这一区域的顾客吸引力极小。

边缘商业圈内包含其余部分的顾客,他们住得最分散,便利品零售店吸引不了边缘区的顾客,只有选购品零售店才能吸引他们。

商圈不一定都是同心圆模式,其规模与形状是由各种各样的因素决定的。其中包括零售店的类型、规模、竞争者的坐落地点、顾客往返的时间和交通障碍等。

设在同一商圈的不同零售店,对顾客的吸引力也不一样。如果零售店供应商品的花色品种很多,推销宣传很广泛,并且建立了良好的商誉,它的商圈就会比竞争力弱的对手大一两倍。此外还有一类商店被称为"寄生店",既没有自己的往来通道,也没有自己的商圈,它依靠的是那些被其他原因吸引到这里来的顾客,例如,设在旅馆门廊里的雪茄烟摊,设在购物中心的小吃店、快餐店,就是典型的寄生店。

零售商要将一个现有的或计划中的商圈的轮廓描绘出来,应当仔细考察所在区域的特点。

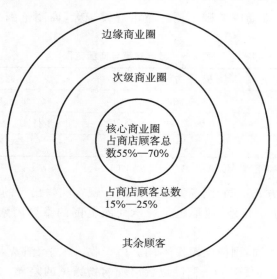

图 4-2 商圈构成图

2. 顾客来源

零售店有其特定的商圈范围,在这一范围中,零售店服务的对象,即顾客来源可分为以下三部分。

（1）居住人口。它是指居住在零售店附近的常住人口，这部分人口具有一定的地域性，是核心商圈内基本顾客的主要来源。

（2）工作人口。它是指那些并不居住在零售店附近，而工作地点在零售店附近的人口，这部分人中不少利用上下班就近购买商品，他们是次级商业圈中基本顾客的主要来源。一般来说，门店附近工作人口越多，商圈规模相对扩张越大，潜在的顾客数量就越多，对门店经营越有利。

（3）流动人口。它是指在交通要道、商业繁华地区、公共活动场所往来的人口，这些流动人口是位于这些地区零售店的主要顾客来源，是构成边缘商圈内顾客的基础。一个地区的流动人口越多，在这一地区经营的门店可以获得的潜在顾客就越多，同时经营者云集，竞争也越激烈，这就要求经营者更加讲求竞争策略和经营特色。

3. 影响商圈范围的因素

据调查，人们在进行经常性购物（购买肉、鱼、蔬菜、水果）时，商圈范围一般不超过 2 千米；而在购买服装、化妆品、家具、耐用消费品时，范围为 4 千米—5 千米。以超市为例，商圈范围因所处位置、规模大小，以及顾客购物出行方式、顾客购买频率的不同而有所不同，以下具体进行分析。

（1）超市所处位置不同，则商圈范围不同。位于城市中的超市商圈范围要大大小于位于城郊的超市商圈范围（见表 4-2）。

表 4-2 超市位置与商圈范围

超市位置	徒步商圈范围（半径，米）	自行车商圈范围（半径，米）	小汽车商圈范围（半径，米）
城市	300—500	700—800	
城郊	500	1500	3000

（资料来源：孙晓燕. 现代零售管理[M]. 北京：科学出版社，2006.）

（2）超市规模不同，则商圈范围不同。超市规模越大，商圈范围越大，反之则越小（见表 4-3）。

表 4-3 超市规模与商圈范围

超市规模	面积（平方米）	商圈范围
小型超市	120—399	步行 10 分钟以内
中型超市	400—2499	步行 10 分钟或开车 5 分钟
大型超市	2500 及以上	开车 20 分钟左右

（资料来源：孙晓燕. 现代零售管理[M]. 北京：科学出版社，2006.）

（3）顾客购物出行方式不同，则商圈范围不同。顾客购物出行的方式越现代化、机械化，商圈范围越大，反之越小。此外，地形也是影响商圈范围的重要因素，主要应考虑高低差和河川。

（4）顾客购物频率不同，则商圈范围不同。由于收入水平、消费习惯的影响，顾客的购物频率显示出不同的特征，即使对同一商品也会出现购物频率的差异。这种差异会影响超市商圈范围。顾客购物频率越高，商圈范围越小，反之则越大。但是，在市郊或小镇，如无其他商业设施，原来半径为 500 米的商圈可延伸为 3 千米—4 千米（见表 4-4）。

表 4-4　顾客购物频率与商圈范围

购物频率 超市位置	商圈范围(半径,米)		
	每天购买	每周 3—4 次	每周 1 次
城市	300	500	700—800
郊外	500	700—800	1500

(资料来源:孙晓燕.现代零售管理[M].北京:科学出版社,2006.)

4．商圈的评价

评价一个商圈所要考虑的主要因素有以下几点。

(1) 人口的规模与特点。

人口的规模与特点主要包括人口规模、年龄分布、平均教育水平、可支配总收入、个人可支配收入、职业分布。

(2) 货源供应的距离远近、方便程度。

货源供应的距离远近、方便程度主要包括送货费用、送货所需时间、制造厂商与批发商数量、获得供货的可能性与可靠性。

(3) 经济基础。

经济基础主要包括占优势的企业、企业多样化程度、经济增长预测、免受经济波动与季节波动影响的可能性、获得信贷的可能性及金融机构情况。

(4) 竞争形势。

竞争形势主要包括现有竞争者的数目与规模、对所有竞争者的实力和弱点的评估、短期与长期的展望、商店的饱和程度。

二、虚拟商圈

与传统实体商圈相类似,虚拟商圈是零售店或商业中心利用电子商务这一虚拟交易手段进行交易时所能覆盖的空间范围。

(一) 虚拟商圈的特性

依附于互联网的虚拟商圈更多地表现出以下特性。

1．范围广阔性

传统商圈是一个实体概念,一般分为三层,其辐射力呈逐渐衰减趋势。在互联网和电子商务系统的支持下,虚拟商圈突破了传统条件下的地理位置和时间限制,网络店铺无论大小,都能借助其所依附的交易平台吸引远在千里之外的顾客的眼球,并能低成本地将其拥有的商品信息迅速传递到所有互联网能够触及的区域,将全球变成一个大"地摊"。在虚拟商圈中,坐落于世界各个角的落成千上万大大小小的店铺在电子商务交易平台上汇集,并以交易平台为中心,借助互联网络拓展其影响。

2．相互渗透性

在传统商圈中,商圈有可能发生重叠。由于依附于互联网,各个虚拟商圈之间的位置关系也发生了很大变化。互联网跨空间、信息传递速度快的特性使得虚拟商圈不再具有传统商圈那样明显的层次性。虚拟商圈不论大小和相距多远,彼此之间都可相互渗透,你中有我、我中有你,任何网络终端的消费者都有可能成为任何一个虚拟商圈的客户。

3．运作虚拟性

与传统商圈中的交易双方必须面对面进行交易相比,虚拟商圈中的交易就显得十分简便,所有交易过程足不出户就可以完成。在众多 B2C(Business to Consumer)和 C2C(Consumer to Consumer)网站中,消费者可以低成本地通过网上浏览获取各大购物网站中的商品信息,货比千家,并且能够及时地通过各种网络通信工具(如 QQ、阿里旺旺等)与卖家进行沟通。在确认购物之后,也可以方便地使用各家购物网站提供的第三方支付平台,如安付通、支付宝、首信易支付等。这些交易平台一般都与银行进行了对接,顾客付款方便快捷。随后,货物通过物流公司或者邮政机构送到用户手中,用户在确认无误后即可通知第三方支付平台向卖家付款。至此,网上交易的整个过程就在虚拟的电子商务平台上得以完成。

4. 交易人员的特殊性

由于经营网络店铺和网络购物往往需要从业人员和顾客具备足够的计算机和互联网知识,这一客观要求使进入虚拟商圈的交易人员呈现出特殊性。据阿里巴巴公司的一项调查显示,投身 C2C 网络交易的"网商"大都是 18—45 岁年龄段的人群,"网商"已成为这一年龄段人群的创业选择之一。虚拟商圈中主要消费者是受过教育的年轻人这一特殊群体。这是因为新兴的网上购物方式正好符合年轻人追求新奇的特点。目前这些受过良好教育的年轻群体将成为未来我国社会消费的主要力量,他们的消费模式也将会对社会的消费习惯产生重大影响。

5. 扩展快速性

虚拟商圈依附于互联网进行虚拟化运作的特性,使得虚拟商圈的扩展速度远远快于传统商圈,其交易量也近乎呈乘数方式增长。根据商务部发布的《中国电子商务报告(2013)》显示,2013 年中国网络零售额已经达到了 1.85 万亿元,超过美国达到全球第一。2016 年阿里巴巴零售平台年度交易额超过 3 万亿元,超越沃尔玛,成为全球最大零售体。

(二)虚拟商圈的类型

与传统商圈不同的是,虚拟商圈以互联网为支撑的特殊性,也使其类型呈现出多样化。

1. 企业自办网站形成的商圈

这种虚拟商圈一般是由传统企业开展电子商务活动而形成的。许多传统企业为了自身发展需要,开始通过自办网站来宣传和展示本企业的产品和服务,这就是此类虚拟商圈的雏形。而更多企业则突破了这一阶段,他们通过建立网上商店为消费者服务,形成了 B2C 这种电子商务模式。在这种网站形成的商圈中,消费者可以享受到企业提供的网上选购、网上支付以及物流配送等服务,如率先在法国开始从事网上销售的家乐福公司,就依托其网络门店拓展其销售业务。

2. 中介服务网站形成的商圈

这种商圈是围绕一些中介服务网站形成的。这些中介服务网站依靠其专业的电子商务交易平台,为交易双方提供服务,如从事 C2C 业务的淘宝网、eBay 网、腾讯的拍拍网、当当网、Google 的"Google Base"等。在这类商圈中,众多的买家和卖家汇聚在电子商务交易平台上,形成交易信息的海洋,交易双方在平台上选择交易对象,通过电子支付系统完成交易。随着中介服务网站交易量和影响力的扩大,一些国内外大企业也开始涉足中介服务交易平台。中介服务网站上交易类型的多样化也有效提升了其商圈影响力。

3. 由"网商联盟"形成的商圈

与以上两类商圈不同,这类商圈是从事网上 C2C 交易的网商们为提高其网上店铺的点击率而在其网上店铺之间相互交换链接而形成的。这种"网商联盟"通常由相同地域、相同行业以及相同信用等级的网商自发组织,如"北京商盟""华南网商会"等。"网商联盟"的相互连接不仅扩大了联盟商圈的影响力,也可以使联盟成员依靠组织的力量提高其与电子商务相关服务企业进行讨价还价的能力。

（三）影响虚拟商圈大小的主要因素

由于虚拟商圈的特殊性，在传统条件下影响传统商圈大小的因素中，除零售店或商业中心所拥有的商品种类、居民收入水平等仍然影响虚拟商圈的大小之外，商圈的地理位置这一因素对虚拟商圈大小的影响已弱化。同时，新的影响因素也已经出现。

1. 互联网普及率

虚拟商圈是以互联网为载体的，而普通消费者只有成了网民，才有可能成为虚拟商圈的消费者。因此，可以认为虚拟商圈的大小与互联网的普及率成正相关关系。从 2009 年开始，我国互联网普及率持续超过全球平均水平，中国互联网络信息中心（CNNIC）2019 年 8 月 30 日发布的第 44 次《中国互联网络发展状况统计报告》显示，截至 2019 年 6 月，我国互联网普及率已超过六成，达 61.2%，我国网民规模达 8.54 亿。随着经济的发展和社会的进步，普通消费者使用互联网的门槛会逐渐降低，互联网的普及率将会不断提高。而互联网普及率的提高又会为虚拟商圈的数量增加和范围扩展奠定基础。

2. 商品标准化和个性化程度

在网上交易过程中，消费者无法直接获得对商品的直观感受，无法通过自身的视、触、嗅来对商品的质量和性能做出判断。因此，相比传统的购物环境，非标准化的商品如农产品，以及个性化的商品如化妆品、香水、服装等在网上的销售会受到一定的影响。但随着互联网技术的发展和线上线下融合的逐步深入，这方面的限制正在逐渐弱化。近几年以新鲜蔬菜、水果等为代表的生鲜线上销售呈现出快速发展势头。

3. 商家信用和售后服务

通过互联网虽然可以将大量有关商品的信息低成本地呈现给消费者，为消费者选择、比较、决策提供便利，但是，网络交易中的跨空间性使电子商务与传统交易相比，不仅因信息不对称所引发的信用风险问题突出，而且商品的售后服务也难以到位，这一矛盾在 C2C 交易中尤其明显。由此可见，网上交易的诚信度、产品质量、售后服务不能得到保证等对消费者网上购买决策的负面影响很大。

4. 物流成本

物流配送是网络交易的最后环节，它不仅是衡量网络交易活动成功与否的重要尺度，也是制约虚拟商圈扩展的重要因素。物流成本与虚拟商圈的半径呈反比关系。物流成本越低，虚拟商圈的半径越大。网络交易中客户位置的跨区域性，以及需求的小批量和多批次都在客观上增加了物流服务的难度，提高了物流成本。

知识活页　　　　　　　　虚拟商圈的形成

虚拟商圈的形成原因是圈层消费。圈层是指有共同兴趣、态度、爱好、价值观的人，通过持续引导，在一定时间内形成稳定的群体。因为移动互联网的快速发展，移动终端的便利性，带来了整个社会的信息大爆炸，现在一天所产生的信息量，是 2000 年以前所有人类信息量的总和。信息的大爆炸反而促使我们只愿意接收跟我们的兴趣、态度、爱好、价值观相同的信息。当我们只愿意跟兴趣、态度、爱好、价值观相同的人接触的时候，社会开始圈层化，人也开始圈层化。互联网的历史就是一部圈层演进

87

变迁史,从最早的 BBS、QQ 群到贴吧、豆瓣、SNS、微博,以及现在的微信、QQ 兴趣部落等。社会和人都圈层化了,商业也就开始圈层化,品牌、管理、组织、营销等随之也开始从圈层化这个维度来考虑,从而形成圈层经济。

圈层经济时代会产生四个新现象:一是圈层去中心化,健康的圈层生态,精准标签重构用户画像,圈层分裂的"蒲公英效应";二是移动场景带来新规则,在有限屏幕和时间下的内容运营,"自拍"圈层的高热效应,从满足需求到发掘需求;三是从"群社交"到"群平台",不同类型群需要个性化功能,汇聚开发者力量打造群生态,让"每一个群"都不同;四是圈层关系链"从生到熟","网友"被重新定义,交友需求逐渐进化。

数据显示,近 1/5 的用户在网络圈层中有过消费行为。此外,圈层的消费需求会反过来刺激圈层经济的发展。人的圈层化导致商业的圈层化,商业的圈层化导致营销也要圈层化。事实上,在移动社群的生态中,商业的种子已经发芽,炒股群、车友会群、教育群、业主群等都找到了与商业碰撞的发力点。商业生态圈利益相关者,基于一个共同目标,在同一个有价值的平台上为客户提供统一解决方案的商业圈层。从本地化商圈利益共同体,到共享商圈,进而打通消费链接,实现用户商户双边体验共享平台,一步一步地进化,在逐步优化营销资源的配置中,使得共享经济得以在本地化商圈逐渐普及。共享经济本质上是将供需进行极其高效的匹配,跨界整合、生态协同、O2O 联盟本质上都是共享经济的形态。

商品生态圈搭建了一个平台,让大家在上面分享,能够让每个人既成为内容的创造者也是内容的获取者,同时把商家和顾客放在一个平台上,让他们分享。每个人拿出一个自己的资源,同时获得很多别人的资源,所以可以试想,在一个商圈平台上,不认识的企业,可能没有交集的产业放在一起的时候,会迸发出 1+1>2 的产能。

未来新零售的一个方向就是对这些基于圈层的虚拟商圈进行充分的市场资源挖掘,通过圈层营销形成圈层消费,从而打造完整的圈层商业的生态体系。

莱昂纳多·科恩有一句很有名的歌词,"万物皆有裂痕,那是光照进来的地方"。面对新零售,可能世界混沌一片,但是没关系,在技术创新起舞的地方,就是光照进来的地方。

马云说:"连西湖边的乞丐都用扫码乞讨收钱了,你抵制新零售还有什么用?"未来已来,我们只能拥抱。

(资料来源:范鹏. 虚拟商圈:从大众消费到圈层消费[J]. 销售与市场(管理版),2018(03).)

三、零售商圈设定方法

(一)地图制作法

商圈设定必须以地图为基础来进行,但制作地图讲究诀窍,以超市为例,采用地图制作法确定商圈的具体步骤如下。

1. 准备基本资料

基本资料包括:各行政区人口数、户数的分布情况;竞争店的位置分布情况;住宅区的位置分布情况;等高线地形图;城市规划图。

2. 制作地图

将基本资料绘入地图。具体做法如下。

(1) 确定各行政区的人口数、户数分布。

①如用市区地图制作,应准备 1/10000(1：10000)比例的地图;如用市郊地图或小镇地图制作,则准备 1：25000 的地图即可。

②以千米为单位,划分行政区,填入人口数、户数。

(2) 制作竞争店位置分布图。

①画出竞争店位置的分布情况。所选范围按以下方法确定:

面积在 500 平方米以下的超市或生鲜商品专营店,以 300 米为半径画圆;

面积在 500 平方米以上的超市,以 500 米为半径画圆。商业街则从其两端,以 600 米为半径画圆;

面积在 1500 平方米以上的超市,以 1000 米为半径画圆。

②在地图上标出开店预定地,记入竞争店的面积、营业额。

③按上述原则确定半径,在地图上画圆。

(3) 制作住户分布图。

在竞争店位置分布图上标出每条街道及其户数(一定要推测空白地区的户数,这些地区将来可能会成为住宅区),可先确认半径为 500 米的商圈内的户数。

(4) 制作住宅地图。

①调查竞争店的正确位置。

②设定商圈后,计算商圈内的住户数。

③做完立地调查之后,可以在该图记入专营店的业种、卖场规模。

(5) 制作地形图。

确认阻碍购物行动的原因,利用颜色浅的笔做记号,使用 1：2500 的地形图确认坡道。

①要记入道路上每隔 100 米的标高,以掌握道路坡度情况,因为坡度会影响交通状况,从而影响顾客来店的意愿。

②顾客骑自行车或步行购物时,高低起伏不平的道路会阻碍其来店意愿。

(6) 城市规划图、道路规划图。

①标出开店预定地 500 米范围内规划修建并已确定用途的道路。

②标上住宅规划区。

由以上步骤所完成的地图中,即可了解开店预定地所处的商业环境。

(二) 顾客问卷调查法

在具体运作中,零售店主要通过实施来店顾客问卷调查的方法设定商圈。

(1) 设计调查问卷。调查问卷的主要调查项目有顾客的住址;顾客的来店频率(次/周、次/月);顾客去大型零售店购物的频率;顾客去竞争店购物的频率。

(2) 在收集来的问卷中,选取 100—150 份,在地图上将顾客在这些问卷上填写的住址标出来,并将各住址用线连起来,使商圈的范围自然展现。

(3) 确认商圈后,利用住户资料算出户数。

(4) 户数乘以每户每月的生活开支(食品、饮料、日用百货的开支),即为一家零售店的营业额。

一般在设定商圈时,往往会根据城市行政区域的划分,利用行政机关所建立的各种统计资料作为参考。

如果想得到更具体的顾客商圈资料,对于现有的零售店而言,其可以通过自己手头上的送货资料来了解顾客的分布状况,甚至可对来店顾客进行访问调查,以便更深入地了解顾客的商圈分布范围。但对一家尚未设立的零售店而言,由于缺乏商圈统计的基本资料,因此在设定商圈时可将设店地区顾客的生活形态以及具有关联性的因素作为出发点,并根据每天人口的流动情况,深入探讨该地区的人口集中地、人口流向及流动范围,以此为基本资料来进行商圈设定。

一家大规模的零售店,其商圈并不像一般小型店铺那样是徒步商圈,可能顾客会利用各种交通工具前来,所以对设店地区内的工作人群、学习人群以及购物者的流动性均要加以观察,并根据有关的调查资料进行商圈设定。大型零售店除了有自己独占的商圈外,可能还会有与其他大型零售店的商圈产生重叠(商圈竞争)的商圈,这时就要考虑可设店地区与竞争地区的商业聚集规模、距离、时间等因素。有关地区之间人口流出量及流入量的资料,也可作为分析商圈重叠现象的参考依据。

(三)零售引力法则

零售引力法则,是 1929 年由美国学者威廉·J. 雷利提出。他认为,确定商圈要考虑人口和距离两个变量,商圈规模由于人口的多少和距离商店的远近而不同,零售店的吸引力是由最邻近商圈的人口和里程距离共同发挥作用的。据此,雷利提出下列公式:

$$D_Y = \frac{d_{XY}}{1 + \sqrt{\dfrac{P_X}{P_Y}}} \tag{4.1}$$

式中:

D_Y——Y 地区商圈的限度;

d_{XY}——各自独立的 X、Y 地区间的距离;

P_X——X 地区的人口;

P_Y——Y 地区的人口。

如图 4-3(a)所示,根据各自独立的 A、B、C 和 D 地区的人口和距离,可以得知 A 地区是最大的,该地区拥有 20 万人口,围绕在它四周的是三个比较小的地区。B 地区有 2 万人口,距离 A 地区 12 千米;C 地区有 4 万人口,距离 A 地区 10 千米;D 地区有 5 万人口,距离 A 地区 3 千米。根据零售引力法则,可以分别计算出 A 地区能够吸引的,在较小的 B、C 和 D 地区方向居住人口的距离,即 A 地区在这些方向上的商圈限度。

$$D_A = \frac{d_{AB}}{1 + \sqrt{\dfrac{P_B}{P_A}}} = \frac{12}{1 + \sqrt{\dfrac{20000}{200000}}} = 9.1(千米) \tag{4.2}$$

这表明 A 地区在吸引 B 地区方向顾客的商圈范围为 9.1 千米。

$$D_A = \frac{d_{AC}}{1 + \sqrt{\dfrac{P_C}{P_A}}} = \frac{10}{1 + \sqrt{\dfrac{40000}{200000}}} = 6.9(千米) \tag{4.3}$$

这表明 A 地区在吸引 C 地区方向顾客的商圈范围为 6.9 千米。

$$D_A = \frac{d_{AD}}{1 + \sqrt{\dfrac{P_D}{P_A}}} = \frac{3}{1 + \sqrt{\dfrac{50000}{200000}}} = 2(千米) \tag{4.4}$$

这表明 A 地区在吸引 D 地区方向顾客的商圈范围为 2 千米。

在图 4-3(b)中将以上确定的三个点联结起来,就可以得出 A 地区的大致商圈范围,在此范围内居住的顾客,通常都愿意去 A 地区购买所需的商品,获得所需的商业性服务。

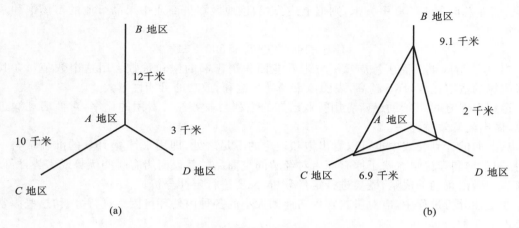

图 4-3 A 地区的大概商圈范围

从图 4-3 中还可以看出 A 地区能够吸引的 B、C 和 D 地区方向的顾客范围,比 B、C 和 D 地区吸引 A 地区的方向顾客范围要大得多。这主要是因为 A 地区人口数量多所发挥作用的结果,使得 A 地区有较大的"磁石般的吸引力",能把居住在偏僻地区的人们吸引过来。根据零售引力法则,从表面上看,A 地区有吸引力的是人口,但实际上,有吸引力的是 A 地区大量的、各式各样的商品和商业性服务,这往往是和大的人口中心协调一致的。随着所在地区人口的增长,当地商品供应的数量、花色品种,以及有关的商业性服务,也会相应地有较大的发展,必然吸引着更多的顾客去该地区购买商品,即该地区商圈规模在扩大。

根据零售引力法则,如果商业设施的规模越大,会抵消更长的商业出行距离,因而更多的顾客将被吸引到更大的城市或者社区中。由于该法则的原始数据比较容易取得,运算较为方便,目前用途仍非常广泛。

但是零售引力法则有两个主要的缺陷:一是,该模式针对距离因素的考虑仅局限在主要道路而不是所有道路上,但是实际情况是许多购物出行可能通过其他道路,因此把出行距离改换成出行时间更为合适。二是,顾客到某一零售店的实际距离与其对距离的感觉不一致,比如到一个缺少服务且拥挤的商场的距离在感觉上往往比距离相差不多、但购物环境更好的商场要远得多。

（四）饱和理论

饱和理论是通过计算零售商业市场饱和系数,达到测定特定商圈内某类商品销售的饱和程度,用以帮助新设商店经营者了解某个地区内同行业是过多还是不足。一般来说,位于饱和程度低的地区的商店,其成功的概率必然高于高度饱和的地区。

零售商业市场饱和系数(IRS)的计算公式如下:

$$IRS = H \times (RE)/(RF) \tag{4.5}$$

式中:

IRS 为某地区某类商品零售饱和系数;

H 为某地区购买某类商品的潜在顾客人数;

RE 为某地区每一顾客用于购买某类商品的费用支出;

RF 为某地区经营同类商品商店营业总面积。

例如,为一家新设果品商店测定零售商业市场饱和系数,根据资料分析得知,该地区购买果品的潜在顾客人数是 140000 人,每人每周在果品商店平均支出 8 元,该地区现有果品商店 10 家,营业总面积 17500 平方米,则据上述公式,该地区零售商业中果品行业的市场饱和系数可计算如下:

$$IRS = 140000 \times 8 / 17500 = 64 \tag{4.6}$$

64 为该地区果品商店每周每平方米营业面积销售额的饱和系数。用这个数字与在其他地区测算的数字比较,IRS 越高,表明该市场尚未饱和,成功的可能性越大。

运用 IRS 还可以帮助经营者用行业已知的毛利与业务经营费用的比率,对商店利润进行预测,做出经营效益评估。

从上面的计算公式中也可以看出饱和理论的不足之处,即用来计算 IRS 的准确资料不易获得,同时饱和理论也忽略了原有商店对经营同类商品的新设商店有哪些优势或劣势,所以新设商店为做出正确的决策,既要进行定量分析,又要进行定性分析。

在定性分析过程中,应对影响零售店商圈大小的各种内外环境因素进行分析,这些因素主要有以下几种。

1. 零售店的经营特征

经营同类商品的两个零售店即便处于同一个地区的同一条街道,其对顾客的吸引力也会有所差异,相应地,商圈规模也不一致。那些经营灵活,商品齐全,服务周到,在顾客中树立了良好形象的店铺,商圈规模相对地会较其他同行业店铺大。

2. 零售店的经营规模

随着零售店经营规模的扩大,它的商圈也随之扩大。因为规模越大,供应的商品范围就越宽,花色品种也就越齐全,因此可以吸引顾客的空间范围也就越大。商圈范围虽因经营规模而增大,但并非成比例增加。

3. 零售店的商品经营种类

经营传统商品、日用品的零售店,其商圈较经营技术性强的商品、特殊性(专业)商品的商店要小。

4. 竞争零售店的位置

相互竞争的两店之间距离越大,它们各自的商圈也越大。如潜在顾客居于两家同行业零售店之间,其分别会各自吸引一部分潜在顾客,从而造成客流分散,各自商圈都会因此而缩小。但有些相互竞争的零售店毗邻而设,顾客因有较多的比较选择机会而被吸引过来,商圈反而会因竞争而扩大。

5. 顾客的流动性

随着顾客流动性的增长,光顾零售店的顾客来源会更广泛,边际商圈因此而扩大,零售店的整个商圈规模也就会扩大。

6. 交通地理状况

交通地理条件是影响商圈规模的一个主要因素。位于交通便利地区的商店,其商圈规模会因此而扩大,反之则限制了商圈范围的延伸。自然的和人为的地理障碍,如山脉、河流、铁路以及高速公路,会无情地截断商圈的界线,成为商圈规模扩大的巨大阻碍。

7. 零售店的促销手段

零售店可以通过广告宣传,开展公关活动,以及广泛的人员推销与营业推广活动不断扩大知名度、影响力,吸引更多的边际商圈顾客慕名光顾,从而使零售店的商圈规模不断扩张。

(五)康维斯新零售引力法则

第二次世界大战后,康维斯提出了新零售引力法则。它不像零售引力法则表示中间地带城市被吸引的比率,而是表示在相互间有明确的竞争关系的两个城市间,其商业经营的比率关系。对于不同种类的商品而言,顾客的购买行为会有所差异,如生鲜食品和可储存食品。零售引力法则并未考虑这一因素,而"新零售引力法则"对此有所考虑,其公式如下:

$$\frac{B_a}{B_b} = \frac{P_a}{H_b} \times \frac{4}{D} \tag{4.7}$$

式中:

B_a——城市 B 的购买力被城市 A 吸引的比率;

B_b——城市 B 购买力的比率;

P_a——城市 A 的人口;

H_b——城市 B 的人口;

D——A,B 两城市间的距离;

4——惯性因素值。

这个公式最大的关键在于确立了一个惯性因素值。该法则是由 $\frac{B_a}{B_b} = \frac{P_a}{H_b} \times \left(\frac{X}{D}\right)^2$ 来推算 B_a、B_b、H_b、D,再计算出 X(X 为惯性因素值)的值。在实践中,康维斯将伊利诺伊州分为四个区来计算,由于其所计算的平均值为 $4,3,5,4,3,3,4,2$,所以依此得出 4 这个惯性因素值。当然,这个值仅适用于伊利诺伊州,故在使用该法则时,应充分注意这个特点。

对于雷利的零售引力法则和康维斯的新零售引力法则在零售店中的运用,较常见的方法是将式中两个城市的人口换成两个待考查店铺的面积。因为对零售店而言,其他条件相同时,店铺面积在多数情况下与商店的吸引力成正比。

(六)哈夫模型

消费者选择 A、B、C 三个购买中心的等概率线如图 4-4 所示,概率为 0.5 的等概率线的交点表示无差别地点,即该点在两个中心的购买概率相等。对于三个购买中心的无差别地点大约在概率为 0.33 的等概率线的相交处,在此点,三个购买中心对消费者购买行为影响的概率相等。

基于以上分析,哈夫模型从消费者的立场出发,认为消费者利用某一商业设施的概率,取决于表现商品丰富性的营业面积,以及为购物所消耗的必要时间和该商业设施的规模实力。这里有必要将各商品或各地区商业设备利用概率列入考虑范围。该模型的公式如下:

$$P_{ij} = \frac{U_{ij}}{\sum\limits_{j=1}^{n} U_{ij}} = \frac{\dfrac{S_j}{T_{ij}\lambda}}{\sum\limits_{j=1}^{n} \dfrac{S_j}{T_{ij}\lambda}} \tag{4.8}$$

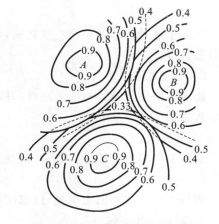

$$E_{ij} = P_{ij} \cdot C_j = \frac{\dfrac{S_j}{T_{ij}\lambda}}{\sum\limits_{j=1}^{n} \dfrac{S_j}{T_{ij}\lambda}} \times C_i \tag{4.9}$$

图 4-4　等概率线与购买行为图

式中:

j——某商业设施;

P_{ij}——i 地区消费者光顾 j 商业设施的概率;

U_{ij}——j 商业设施的效用；

S_j——商业设施的规模（营业面积）；

T_{ij}——从 i 地区到 j 所需时间；

λ——随交通工具不同而变化的参数；

E_{ij}——i 地区消费者光顾 j 商业设施的人数；

C_i——i 地区的消费者数量。

上述式中也有一个参数 λ，它根据各地区的实际情况不同而有所区别。例如，日本通产省就将哈夫概率模型中的 λ 定为 2.0。此外，从该公式还可以看出，采用该模式能够评价某商业设施规模的变化以及地区交通体系的变化对商圈所带来的影响。

四、零售商圈环境分析

了解商圈环境的主要目的，是为了判断零售店的生存环境，因为零售店只有在合适的经营环境中才能生存。商圈环境分析主要包括以下几个方面。

（一）城市区域

按照城市计划以及政府的有关规定，城市区域主要分为商业区、住宅区、工业区三种。

1. 商业区

商业区大致可分为地铁站前、公交站前、市镇的旧市街区、新兴商业区，其中新兴商业区较适合连锁超市经营。

2. 住宅区

住宅区除可利用沿街的一楼店面外，还可利用二楼的面积。

3. 工业区

工业区可分为政府开发区和城市规划工业区，一般不得从事零售业。

（二）交通体系

交通体系即道路系统。按行车使用，交通体系可分为以下五种。

1. 生活道路

生活道路是指车站到住宅区之间，供车辆来往以及市民每天上下班、购物必经的道路，车辆行驶较慢。

2. 物流道路

物流道路是货物运输的大动脉，马路宽大，行车急速，大卡车特别多，马路中央的安全岛是其最大特征。

3. 商流道路

商流道路是指一般零售经营者、批发经营者从事商业活动的道路。

4. 郊外干线

郊外干线是指离旧市街远，以郊区住宅为延伸的生活干道。

5. 高速公路交流道

高速公路交流道是指两大商圈、两都市之间沟通的交通动脉。

（三）顾客与消费习惯

从顾客年龄、收入来源、职业分类等情报中，可大致了解顾客属性；从附近的零售店形态（档次）及顾客购物出行方式，可了解顾客的购物习惯及价格敏感度。

（四）竞争店及业种调查

对分布在 500—1000 米范围内的同业和异业的零售业的业种、卖场面积、商品种类等进行详细的调查。

（五）环境的限制

市政规划（制定用途或用作开发区）和道路、桥梁等的限制，属于人为因素。而那些具有封闭形态或放射线形态的商圈，则是自然属性先天具备的优点。

（六）商圈平衡的破坏

新零售店营业额的多少会影响现有商圈的平衡，因此，必须对开店之后的影响程度事先进行估算，特别是附近有自己的零售店时，更要特别重视。

（七）立地环境变化要素调查

店铺的立地环境变化要素有住户增减、竞争店开店、交通体系变化三种。

1. 住户增减

（1）大规模住宅的开发。首先确认房地产开发公司的名称、施工面积、计划户数、竣工时间，其次确认每个房地产开发公司的销售时期、销售户数及住户搬入时间。此外，还要确认在开发地域内是否有商业设施及其营业规模等。

（2）各街道户数推测。利用各行政区过去五年左右的户数，推算出各年度增长率、街道户数，再依据城建规划，确认该地区的用途和户数增加的可能性。

2. 竞争店开店

到工商行政管理部门获取竞争店的开店情报，包括商店名称、营业面积、开业时间等。此外，设备供应商也可提供开店情报。

3. 交通体系变化

计划道路的开通，是刺激或阻碍消费者购买行为的主要因素之一。可先在城建部门确认道路规划，确定施工时间。此外，还应确认是否有河川上的架桥计划、铁路修建计划、高速公路修建计划等。如果是修建高架铁路或高架公路，则一般不会造成商圈阻隔。

五、零售商圈调查

商圈的设定必须在及时掌握充分的市场信息的基础上进行，获得这些相关信息的一种重要方法就是商圈调查。当前供求矛盾的主要方面，已由"卖方市场"转变为"买方市场"，这就使得零售经营中商品的品种构成和销售情况成为决定企业命运的关键。因为一方面，每一顾客群总会表现出特定的消费特征，零售店在既定地区开展经营，经营的商品只有投目标顾客所好，才能吸引潜在的顾客，商圈规模才会延伸扩大，反之，商圈规模则会逐渐收缩。另一方面，撇开顾客自身的不同，商圈规模大小与商品购买频率成反比例关系。例如，人们对日常生活必需品的购买频率较大，因此往往选择就近购买，主要源于求便心理，所以经营此类商品的零售店顾客主要来自居住区内的人口，商圈规模较小；而耐用消费品，消费周期长，属于偶然性需求商品，购买频次少，经营这类商品的零售店顾客来源少，相对来说，商圈规模较大；另外，经营特殊性商品的零售店，其商圈规模可能更大。企业要实现迅速扩张，必须不断开发适应消费需求的商品，扩张店铺规模。通过商圈调查，企业可以了解顾客需求的准确情况。

（一）商圈调查流程

商圈调查的流程，首先是对重点区域的调查，确定重点区域。

1. 从宏观上把握商圈的基本情况

主要是从统计年鉴、信息中心、企业本身的某些统计数字与资料中获取。

（1）人口分布，如零散分布、流动趋势、本地区人口增减趋势、人口密度等。

（2）生活行动圈，如交通状况、产业结构、顾客消费倾向、地形地势等。

（3）地区中心地的功能分布总体情况，如行政区划、经济区划、商业地区状况等。

在此基础上，企业应根据自己的开店方针，特别选出与之相符的区域，并着重注意以下几点：人口规模、地区社会经济的未来发展、商业的饱和度及竞争态势。

2. 实施特定地区的市场调查

商业选址特定市场调查应包括选址环境调查、商业环境调查、市场特性调查和竞争互补效应调查四个项目。各项目调查的内容、方法和手段，以及可供参考的资料，如表4-5所示。

表4-5 商业选址特定市场调查

项目调查	内 容	方法和手段	可供参考的资料
选址环境调查	对周边状况、环境的把握，如位置、地形（山川、河流等）、交通状况、基础设施、未来发展等	现场实地调查（实地步行）；参照地图、航空照片等；进行有关城市规划、住宅规划等的调查	地图（1：25000,1：500000）；航空地图；城市规划设计图
商业环境调查（商业概况、零售业状况）	对零售额、面积、业种的把握；对人口、收入水准、职业等的把握；对零售业的地区性状况的把握；中心性、吸引性、外延发展等商业街特点、大型店状况等	地区别的各种指数的测定、商业经营者发展潜力等各种指数的测定	商业统计资料；税务统计资料；市、乡、镇统计资料；各地区的商业发展报告；消费动向报告等
市场特性调查	把握商业规模、范围，以及商业容量的测定	消费支出调查,运用类推法及各种数学方法使商圈明确化	家庭消费指标统计资料、现有店铺的各种数据资料
竞争互补效应调查	对竞争店、互补店营业力的把握	调查营业面积、营业额、车位、商品配置、最大客流容纳能力等	商业统计年鉴、各种统计年鉴、报纸、杂志、有价证券报告书等

3. 从市场调查中筛选出具体的待选地区

（1）确定可以确保必要家庭数（人口）的位置。从交通状况考虑，何处较为有利？何处容易受山川河流、铁道等自然性、社会性因素的影响？影响程度如何？有望成为生活区或工业区发展地区的前景如何？

（2）从商业环境上讲什么地点更为有利？是否存在竞争店很少，或没有竞争店的地点？能否在营业面积、停车场、商品配置吸引力等方面做到与竞争店差异化？

（3）未来有较大希望的地区在何处？人口增长、城市规划等政策方面的规定如何？

（4）算出粗略的潜在销售额，并大致对商圈做出规定，如核心商业圈、次要商业圈。计算预计销售额并对基准销售额或目标销售额达成的可能性进行判断。

4. 详细调查具体的选址地点

首先对具体的选址要点做详细调查，并对设施的优势、适应性等进行评价。

（1）各种基础设施是否适宜？所选地点面积是否足够大？距路口的距离、开发的难易程度如何？所选地点有关法规是否已指定了用途？道路标识是否明了？道路价值如何？如车道数、交通容量、左转弯的可能性等。

（2）确认周边环境状况。确认各种公共设施、游乐设施等周边环境的状况，以及未来发展的余地。

（3）排水状况是否良好？例如，对雨水和其他排水、污水的处理情况是否良好？有无公共下水道，或有无供污水排流的水路？

其次是在重点区域调查及确定具体重点区域的基础上，进入交涉的阶段。此时对基础设施的每一基础性必要条件都必须弄清楚，如基础设施的所有权、地价、租价、可租期限等。租期最好定为 5 年，最低不得低于 3 年，租金及其浮动幅度都应在预算之内，签约内容也应尽可能谨慎定夺。

（二）商圈调查内容

1. 商圈潜力情况调查

商圈潜力调查是通过了解商圈范围内有多少人口、有多大客流量，以确定零售店的发展前景如何。一个零售店的生存和发展，依赖于商圈内可供吸收的充足购买力。开设一家零售店，应深入进行商圈潜力调查，通过调查来深刻理解零售店所处的市场环境，研究所面对的消费者，从而确定自身的市场定位、经营规模和经营策略。在预估市场潜力方面，目前尚无公认的标准，但可依据在划定的商圈内的户数以及每户每月的食品消费额，计算出该商圈内的食品消费总支出。以超市为例，由于食品销售额占超市销售总额的 80% 以上，所以可将商圈内的食品消费总支出的一定比率作为超市的市场占有率，然后据此推算出超市的营业额、可开发的门店数，再将商圈内的人口增长率作为是否开店的重要参考依据。

2. 商圈人口调查

划定商圈后，首先应调查商圈人口总量。可通过户籍管理部门或居委会得到较准确的数字。商圈人口调查的内容一般包括：人口数量、户数、平均每户人口数，必要时可分为两级商圈进行调查。在商圈人口调查过程中要注意以下两点。

（1）空间障碍因素。河流、沟渠会阻碍部分顾客来店，要将这一部分的人口剔除。

（2）竞争店因素。将竞争店（能对所开超市形成竞争的店）附近的人口剔除。

在商圈人口调查的过程中，要分析有没有人口增加的趋势。在一个人口渐渐增加的新区域开店较易成功，反之则容易失败。另外，除固定商圈内的居民外，流动顾客也是零售店的重要顾客来源。因此，做好商圈客流量调查不容忽视。

3. 商圈内竞争店调查

在明确制定公司的开店策略前，除必须了解目标市场的现状外，竞争同行的做法也是值得分析的因素之一。一方面可从其中找出本公司的市场切入点，另一方面则可避免做法重复而导致定位模糊。

竞争同行调查与一般的竞争店调查并不相同，它比较注重经营层面，而并非单指某一商圈内的竞争店。如果所开零售店是地区性商店，则至少应对同一县、市行政区域内的其他连锁店进行调查；如果零售店是全国性的，则必须扩大范围，针对全国各地区的知名零售店进行调查。表 4-6 为某零售店开业竞争店调查表。

商圈调查的技术日新月异，估算营业额的角度不同，调查结果自然也不同。零售企业为避免开店失败的风险，事前不妨多利用不同的调查技术、调查方法去设定商圈，然后汇总各种方法的结果并加以评估比较，以确定最适合、最稳健的开店方法。

表 4-6　某零售店开业竞争店调查表

调查项目		等级				
		A	B	C	D	E
外观与招牌	1. 同本店相比，时尚性如何？	优	稍优	相同	稍差	差
	2. 门店、外墙如何？	优	稍优	相同	稍差	差
	3. 与邻店的连续性怎样？	优	稍优	相同	稍差	差
	4. 外观、招牌、铺面协调吗？	优	稍优	相同	稍差	差
	5. 招牌的形状、文字、色彩怎样？	优	稍优	相同	稍差	差
	6. 招牌上照明效果怎样？	优	稍优	相同	稍差	差
	7. 招牌是否显眼？	优	稍优	相同	稍差	差
橱窗与卖场	8. 橱窗如何？	优	稍优	相同	稍差	差
	9. 橱窗内装饰如何？	优	稍优	相同	稍差	差
	10. 橱窗能否体现季节感？	优	稍优	相同	稍差	差
	11. 橱窗陈列重点突出吗？	优	稍优	相同	稍差	差
	12. 橱窗内照明如何？	优	稍优	相同	稍差	差
	13. 橱窗、店门玻璃干净吗？	优	稍优	相同	稍差	差
	14. 卖场销售的宣传怎样？	优	稍优	相同	稍差	差
	15. 卖场内卫生情况怎样？	优	稍优	相同	稍差	差
	16. 出入口大小如何？	优	稍优	相同	稍差	差
	17. 卖场内有廉价品吗？	很多	稍多	相同	稍少	少
	18. 卖场员工的精神状况如何？	优	稍优	相同	稍差	差
	19. 从出入口能看清店内吗？	能	稍能	相同	稍差	差
	20. 卖场内照明情况怎样？	优	稍优	相同	稍差	差
	21. 店内照明单调吗？	不单调	还好	相同	稍单调	差
	22. 地面、顶棚、墙壁、货架的色彩协调吗？	优	稍优	相同	稍差	差
	23. 店内通道放置商品吗？	不放	放一些	相同	比本店多	多
	24. 店内通道宽度合适吗？	合适	稍比本店合适	相同	比本店稍窄	不
	25. 店内高度合适吗？	合适	稍比本店合适	相同	比本店稍低	不
	26. 陈列的商品时髦吗？	优	稍优	相同	稍差	差
	27. 商品价格卡齐全吗？	优	稍优	相同	稍差	差
	28. 店内突出销售重点了吗？	优	稍优	相同	稍差	差
	29. 充分利用 POP 广告了吗？	优	稍优	相同	稍差	差
	30. 陈列商品的量如何？	优	稍优	相同	稍差	差

续表

调查项目		等　　级				
		A	B	C	D	E
接待顾客	31. 有接待顾客的场所吗？	很多	稍多	相同	稍少	少
	32. 主管、职工服务态度如何？	优	稍优	相同	稍差	差
	33. 服务台设置如何？	优	稍优	相同	稍差	差
	34. 广告做得好吗？	优	稍优	相同	稍差	差

注：评价方法是根据上表中的项目进行比较。A 为 4 分，B 为 3 分，C 为 2 分，D 为 1 分，E 为 0 分。

评价标准：优为 120—140 分，良为 90—119 分，中为 60—89 分，差为 30—59 分，劣为 29 分以下。

（三）商圈竞争

零售店能否经营成功，完全取决于消费者。但是如何经营才能最大限度地满足消费者的需求呢？根据调查，吸引消费者来店的主要因素为地点方便、价格便宜、品种齐全、停车场面积和出入的方便性、商品的品质和鲜度、清洁的卖场、从业人员的服装仪容，以及店铺其他方面的服务等。

1. 地点方便

在选择零售店时，有 70％以上的消费者以距离近为首要考虑因素，可见零售店以选择在消费者经常出入的地方为最佳。

2. 价格便宜

首先，让消费者觉得便宜是商圈作战的第一招，尤其是当零售店低价销售消费者每日必需的、购买频率高的果菜类商品时，其便会主动宣传。其次，也可用特价品来吸引消费者。例如，美国超市常常推出每日低价商品，将消费者感觉需要且较贵的东西低价销售，以吸引消费者购买。

3. 品种齐全

商品齐全的先决条件是卖场面积大、主通道宽敞。根据调查，零售店集客力与卖场面积的大小成正比。大型零售店面积大，购物空间大，用来陈列促销商品的展示台较宽，较容易表现品种丰富的形象。

4. 停车场面积和出入的方便性

驾车购物者越来越多，零售店若有大型停车场，消费者将感到更方便，地理位置方面的不利因素也比较容易克服，消费者的平均消费额也会提高。

5. 商品的品质和鲜度

对以食品为主的零售店而言，商品的品质和鲜度可以说是竞争的基本条件。零售店可以通过保持合理的价格，加快库存周转，从而提高商品的鲜度。同时，零售店应严禁销售腐坏、毁损的商品，否则无论价格如何便宜，消费者也不会有兴趣购买。

6. 清洁的卖场

要保持卖场清洁，首先必须加强照明度，这样才知道哪些地方不清洁并加以改进。其次，要树立全体员工的清洁意识，尽量做到没有任何垃圾在卖场出现，平时应多巡视卖场、多捡拾纸屑。

7. 从业人员的服装仪容

笑容、接待用语最容易让消费者感觉自己受到尊重，企业的形象是从员工开始的。

8. 店铺其他方面的服务

很多零售店都有送货服务,消费者只要购买一定金额以上的商品,便可享受定时的送货服务,但一般来说利用者并不多。现在一些连锁店利用自己的交通车接送各社区的顾客,效果相当不错,引起了不少同行的效仿。这也是利用服务来改善立地条件不足的成功范例。

第三节　零售店址确定

一、零售店址审核

(一) 成立评估小组

如果零售店开发人员对店址评估资料的判断过于主观,就容易造成开店的失败,不可不慎。为避免作业疏忽,零售企业有必要成立店址评估小组。

1. 评估小组进行商圈调查

调查问卷的设计方式、调查访问的方法、对调查人员的培训、抽样是否具代表性、调查访问时的情境、诱导方法等都会影响调查结果,因此,进行商圈调查时需相当谨慎。应注意的事项有以下几点。

(1) 从政府部门收集来的资料是否最新、有效。

(2) 商圈调查的方法是否正确。

(3) 资料的分析是否正确。

(4) 是否根据资料来判断结果。

(5) 进行损益平衡分析时,应注意是否低估了费用和投资,是否高估了营业额和毛利率。

(6) 预估营业额是否在上限值或下限值的范围内。

(7) 其他费用是否考虑在内,如利息、折旧等。

2. 评估小组的职责

(1) 寻找店址。

(2) 店址的评估、资料的收集。

(3) 实施商圈调查。

(4) 资料的分析、判断。

(5) 制订门店投资计划。

(二) 成立决策委员会

决策的正确与否对店铺日后的经营成败有着直接的影响,所以零售店必须成立决策委员会,对评估小组收集的资料进行审核。

1. 委员会成员

(1) 开发委员:对其他委员的质疑提出合理解释。

(2) 财务委员:对评估小组的投资与费用明细进行仔细审核。

(3) 营业及商品委员:判断对营业额的预估是否过于乐观,对商品销售方面的能力达成共识,并确认行销能力。

(4) 设备工程委员:确认投资项目,控制成本。

(5) 人事委员:确认人事及人力资源。

2. 委员会的职责

委员会的职责主要有投资规划,成本控制的审核,政策的引导,商品销售政策的战略引导、进行微调和做出决定。

二、零售销售额预测

零售企业是否在某地区开设分店,取决于这个地区市场规模的大小,或能否在将来迅速成长起来,保证零售分店开张后能够获利。因此,企业通过对各重点区域潜在需求量的定量分析,可以发现各区域的预计需求量以及分店设立后的获利可能性,从而有助于企业选定具体的零售店地点位置。此外,通过销售额预测,还可以了解顾客的偏好和心理,进一步分析市场商品需求的特性,作为日后经营中发现商机的依据。因此,销售额预测是零售店开发计划过程必须考虑的因素之一。

所谓销售额就是零售店开张后可能吸引的顾客数与区域内顾客购买单价(顾客平均购买金额)的乘积。这里顾客数等于商圈区域内的家庭数(或总人口)与顾客对分店支持率的乘积;顾客购买单价等于所售商品平均单价与顾客平均购买件数的乘积。

(一)销售额预测方法

1. 类推法

(1)根据商圈分析的预测方法,例如,商圈内总需求额×本零售店的占有率。

(2)根据现有数据的预测方法,例如,营业面积×单位面积销售额。

(3)根据与类似店铺相比较的预测方法,主要从相同商圈、区域中的店铺中选定一店来推定。

2. 模型计算法

模型计算法主要有哈夫模型。

(二)具体测算方法

1. 营业面积占有率法

营业面积占有率法的公式:

$$预计销售额 = 潜在需要额 \times 商圈内占有率$$

式中:

$$潜在需要额 = 每个家庭平均需要额 \times 商圈内家庭数$$
$$商圈内占有率 = 营业面积占有率$$

具体步骤如下:

(1)确定已设想的商圈;

(2)计算潜在需要额;

(3)计算商圈外流入额;

(4)计算商圈内总需要额;

(5)调查商圈内竞争店的营业面积;

(6)估计拟开发分店的营业面积;

(7)计算出分店营业面积的占有率;

(8)计算出预测销售额。

其中确定已设想的商圈很重要,该项工作应在地图上按以下步骤来进行:

(1)准备1:1000的地图;

（2）标上本企业分店、竞争店、互补店的位置；

（3）以自家分店为中心，在图上分别画出半径为 500 米、1 千米、2 千米的圆标记；

（4）确认商圈分段延伸的因素及地点和方向，如河流、山地、铁道、公路、工厂区等；

（5）在地图上标注出商圈的外轮廓线。

因分段或延伸因素的不同，商圈可以有不同的形状（见图 4-5）。

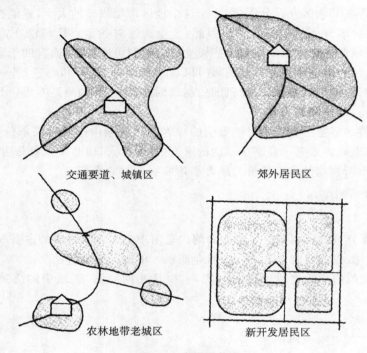

交通要道、城镇区　　　　　　　　郊外居民区

农林地带老城区　　　　　　　　新开发居民区

图 4-5　商圈形状图

2. 营业面积相对占有率法

这是由 J. Ken 创造的将标准的既有店铺的销售额用于选择相似新开分店的销售额预测方法。下面是一个具体的实例。

首先，要计算出既有的标准店的实际销售额及营业面积相对占有率：

（1）某企业标准分店的年销售额为 1250 万元；

（2）同商圈内的潜在需求额为 5000 万元；

（3）在同商圈内的市场占有率为 25%；

（4）该分店的营业面积为 400 平方米；

（5）商圈内所有竞争店的营业面积为 800 平方米；

（6）该分店的营业面积比率为 50%；

（7）该分店的营业面积相对占有率为 50%。

其次，使用上述标准店铺的实际销售额推算在 X 市相似情况下开分店的销售额：

（1）拟开分店的预定营业面积为 286 平方米；

（2）X 市的总营业面积为 1000 平方米；

（3）分店开张后与总营业面积之比为 28.6%；

（4）上述标准分店的营业面积占有率为 50%；

（5）拟开分店的市场占有率为 14.3%；

（6）X市商圈内潜在需求总额为6000万元；

（7）推测销售额为858万元。

3.哈夫模型

前面我们曾提到哈夫模型，用于商圈的确定与判断。哈夫模型也可用于销售额预测。

第四节　现代信息技术在零售区位中的应用

一、现代信息系统概述

人类社会进入信息化时代以来，以电子信息技术为主导的现代信息技术突飞猛进，极大地提高和解放了生产力，现代信息技术在社会和经济生活中的应用也越来越广泛。信息技术、计算机网络技术的发展和国际互联网的迅速崛起加剧了经济全球化的进程，塑造了新的生产方式，改变了商业经济规则。自然地也影响到区域经济发展的策略、规划和实施，进而对企业投资决策、营销策划、商业网点的优化布局产生直接的影响。

现代信息技术包括微电子技术、光电子技术、计算机技术、软件技术、通信技术、信息压缩、集成技术和网络技术等。它具有两个明显的特点：一是将这些高新技术紧密地结合在一起；二是把分处异地的许多用户之间的信息传递通过一个转接网，控制在一个系统内，形成互联网络，从而高效能、大容量地收集、处理、存储信息，系统全面、准确地提供和反馈信息；对大量信息开展综合分析和预测，进而为制定与优选决策方案、检查决策执行情况提供了有效的技术保障。因此，现代信息技术在企业中的应用，能够建立起网上神经系统——企业内部互联网以及与外部联系的公共网，就可以从根本上改变企业管理体系，大大提高企业管理水平，处理好企业内部和外部的错综复杂的关系。有条件的企业应尽快在管理上充分利用好现代信息技术，大力拓展电子商务，将企业经营纳入现代化轨道。在当今的经济全球化时代，不以现代信息技术武装的企业，就谈不上国际竞争力，就有随时被淘汰的危险。

现代信息技术在商业的各个领域正在发挥着越来越大的作用。尤其是地理信息系统技术和网络技术。地理信息系统（Geographic Information System），简称GIS，其所提供的新技术在管理中的作用正日益凸显。如GIS可应用在区域规划、城镇规划和商业规划等领域。区域和城镇规划具有高度的综合性，涉及大量的组成要素，如资源、环境、人口、交通、经济、教育、文化、通信和金融等。GIS的数据库管理系统有利于对这些复杂的因素进行统一的分析和处理。GIS的空间搜索算法、多元信息的叠置处理、空间分析方法和网络分析功能，能够完成道路交通的规划、公共设施的配置、城市建设用地适宜性评价、商业布局、区位分析和地址选择等。

从商业经济活动的角度分析地理空间数据信息及网络的重要性。据估算，超过80％的商业和经济数据具有空间特性或与位置有关。企业有效地开发和利用这些空间性的数据，可以优化配置资源，降低商业运行成本，并规划、监测、改善区域商业和经济环境。一方面，地理信息系统使用多种空间模型，如网格模型、拓扑模型、对象模型等，并配合关系型或对象型的数据库管理系统来表现不同尺度的自然和社会现象。地理信息系统的这些特征，使它能够广泛地应用于空间数据管理、空间规划、空间决策、资源分配、区域营销等方面。很多商业组织，包括政府医疗部门、零售商、直销商等，越来越对带有位置信息的社会经济数据感兴趣（Martin，1991）。另一方面，地理信息系统不仅是关于地理数据的获取、存储、转换、分析和表示的原则、方法和工具，而且提供了认识空间经济学现象的思维方式和解决空间经济学问题的方法，可用于表现和分析复杂的空间经济现象。基于互联网的 GIS 更是实现信息资源共享的大众化信息系统,因此,面向商业和经济的 Web GIS,对吸引商业投资、制定区域经济政策和提高区域经济竞争力,具有重要的现实应用价值。

传统的区位规划方法一般是比较合理和有效的,但是它还存在很大的改进空间,它的不足表现为区位调查结果只是一种描述性的陈说,各区位要素之间缺乏必要的联系,各重点地点的区位调查结果间的可比性差,区位决策缺乏一个最终的参考量。而现代信息技术则可以对区位规划的关键要素进行量化分析。

二、地理信息系统在零售区位中的作用

地理信息系统是近年来发展起来的一门综合应用系统,它能把各种信息同地理位置和有关的视图结合起来,并把地理学、几何学、计算机科学及各种应用对象、CAD 技术、遥感、GPS技术、互联网、多媒体技术及虚拟现实(VR)技术等融为一体,利用计算机图形与数据库技术来采集、存储、编辑、显示、转换、分析和输出地理图形及其属性数据。其可根据用户需要将这些信息图文并茂地输出给用户,便于用户分析及决策使用。GIS 应用遍及金融、电信、交通、国土资源、电力、水利、农林、环境保护、地矿等国民经济各领域。权威的统计资料和研究报告都表明,国民经济信息数字化的 80% 以上都构筑在地理信息系统之上。

地理信息系统具有信息系统的各种特点。地理信息系统与其他信息系统的主要区别在于其存储和处理的信息是经过地理编码的,地理位置及与该位置有关的地物属性信息成为信息检索的重要部分。在地理信息系统中,现实世界被描述为一系列的地理要素和地理现象,这些地理特征至少由空间位置参考信息和非位置信息两个部分组成。

地理信息系统的定义是由两个部分组成的。一方面,地理信息系统是一门学科,是描述、存储、分析和输出空间信息的理论和方法的一门新兴的交叉学科;另一方面,地理信息系统是一个技术系统,是以地理空间数据库(Geospatial Database)为基础,采用地理模型分析方法,适时提供多种空间的和动态的地理信息,为地理研究和地理决策服务的计算机技术系统。

地理信息系统具有以下三个方面的特征。

第一,具有采集、管理、分析和输出多种地理信息的能力,具有空间性和动态性。

第二,由计算机系统支持进行空间地理数据管理,并由计算机程序模拟常规的或专门的地理分析方法,作用于空间数据,产生有用信息,完成人类难以完成的任务。

第三,计算机系统的支持是地理信息系统的重要特征,使地理信息系统能快速、精确、综合地对复杂的地理系统进行空间定位和过程动态分析。

同传统的方法相比较,GIS 的特征如表 4-7 所示。

表 4-7 同传统的方法相比较 GIS 的特征

GIS 的特征	特征 1	特征 2	特征 3	特征 4
各特征解释	具有采集、管理、分析和输出多种地理信息的能力,具有空间性和动态性	以地理研究和地理决策为目的,以地理模型方法为手段,具有区域空间分析、多要素综合分析和动态预测能力,产生高层次的地理信息	由计算机系统支持进行空间地理数据管理,并由计算机程序模拟常规的或专门的地理分析方法,作用于空间数据,产生有用信息,完成人类难以完成的任务	是由计算机、数据系统和人组成的地理空间信息模型和决策支持系统

地理信息系统的外观,表现为计算机软硬件系统;其内涵却是由计算机程序和地理数据组织而成的地理空间信息模型。当具有一定地理学知识的用户使用地理信息系统时,他所面对的数据不再是毫无意义的,而是把客观世界抽象为模型化的空间数据。用户可以按应用的目的观测这个现实世界模型的各个方面的内容,取得自然过程的分析和预测的信息,用于管理和决策,这就是地理信息系统的意义。一个逻辑缩小的、高度信息化的地理系统,可从视觉、计量和逻辑上对地理系统在功能方面进行模拟,信息的流动以及信息流动的结果完全由计算机程序的运行和数据的变换来仿真。地理学家可以在地理信息系统的支持下提取地理信息系统各不同侧面、不同层次的空间和时间特征,也可以快速地模拟自然过程的演变或思维过程的结果,取得地理预测或"实验"的结果,选择优化方案,用于管理与决策。

在选址理论模型建立的前提下,必须找到一个切实可行的、在实际运用中具备可操作性的解决方案,将实际的区位问题加以解决,一个较理想的解决工具就是基于地理信息系统的决策辅助支持方法,这种方法的优点如下。

(1)基于地理信息系统能够同时管理地理空间信息和数据库属性数据。

(2)能够摆脱传统的经验区位模式,将数据在地图上表示出来,既清晰又直观。

(3)使地图对象与数据库属性数据建立连接关系,这样通过 GIS 就可以轻松实现地图与数据库的双向查询。

(4)数据可以进行直观的、可视化的分析和查询,能够发掘隐藏在文本数据之中的各种潜在的联系,为用户提供一种崭新的决策支持方式。

GIS 技术近年来在诸多领域都有着广泛的应用,特别是 GIS 的空间分析非常适合区位规划工作,为区位决策提供了有力的空间数据分析手段,实现了定性分析与定量研究的结合。

应用 GIS 技术可实现人口数据空间分布化,将人口数据通过 GIS 技术分布于分析区域内,使人口空间分布更加符合实际。基于 GIS 技术的人口数据空间分布,可以辅助实现区位商圈分析。人口数据对商业网点选址的影响是正相关的,人口密集、购买力强是商业网点决策的主要因素之一,通过人口数据空间分布化,实现了人口数据的定量化,从而为商业网点的商圈分析提供了数据来源。

交通是否方便是商业网点决策的主要因素之一。基于 GIS 技术的商业网点可达性研究,将商业网点交通便捷性定量化,从而可以定量地比较出各选址方案的优劣,为科学选址提供依据。应用最短路径算法及空间相互作用模型可实现基于步行和公交出行的可达性研究,将交通因素对商业网点选址的影响定量化,方便方案的比选,在综合考虑人口空间分布、交通可达性及现有零售商业竞争态势的基础上,实现零售区位定量分析。

区位规划研究需要先进的技术手段,GIS 技术能够有效地解决定量方面的问题。空间分析是 GIS 的主要特征,GIS 的空间分析技术为区位规划研究提供了较为适合的空间数据分析手段。GIS 技术和选址模型的结合使用,证明 GIS 技术能够很好地应用于区位规划工作中。

三、地理信息系统在零售区位中的应用

在零售区位决策中,区域地理分析可以借助地理信息系统,将人口统计等诸多数据纳入地理数据库的社会经济要素数据库中,并结合地理数据库中的自然地理要素、行政区划和有关的地理位置数据,使零售商很直观地对区域内各方面条件做出综合分析和判断,并对不同区域的情况进行比较,对零售商的投资与开发产生积极作用。全球最大的零售商——沃尔玛就是地理信息系统的最大受益者。其将 GIS 应用于零售区位中的商圈地理分析,根据人口分布模型、交通可达性模型、商圈模型,结合 GIS 技术辅助进行零售区位决策。

（一）应用 GIS 计算人口分布状况

根据一定区域的人口数，模拟出人口的详细分布模型。其具体思路和步骤如下。

首先，将研究的区域划分为一定分辨率的格网。

其次，每个区域放置一个中心点，并把人口数连到中心点。

最后，使用内插方法把中心点上的人口密度内插到格网表面。

常用的内插方法有很多，其中吕安民以核心估计方法作为内插方法。核心估计（Kernel Estimation）最初的目的是根据观测值获得单变量或多变量的概率密度的平滑估计值。在没有任何先验密度假设的情况下，只要给定一个合适的带宽，核心估计就能得出一个高质量的概率密度估计值。另外，核心估计在保持整体结构特性不变的同时能平滑数据，是一个从一些随机的采样点重建概率密度函数的方法。要估计空间点模型的人口，这实际上和估计双变量的概率密度是一样的道理，所以双变量的核心估计可以应用于空间点属性值的估计。结果表明，用核心估计方法的思路可以模拟出符合人口实际分布的人口连续分布表面，并且适合多中心的城市。

借助地理信息系统，使不同地理区域的人口和社会经济特征都能够直观地显示在地图上，为用户选择目标市场、区位等市场营销活动提供了极大的方便。人口的空间分布在区位决策中处于十分重要的地位，根据商圈及人口空间分布图可以大致了解商圈内的人口数量，了解区位范围内的人口密度及人口重心。

在我国人口普查数据资料中，含有许多与工商有关的人口、年龄、民族、教育、职业和家庭户规模等数据。但全国及各省市出版的普查数据资料是以县市级为最小单位统计的，未发表更小区域的人口特征数据；每年进行的城镇、农村居民生活抽样调查中含有大量的居民消费水平和结构数据，但它反映的是市、县一级的水平，而在市场研究中需要更多的是街区一级的人口及其社会经济特征以及消费构成和方式的数据，以便规划、选址和进行其他市场研究。工商人口数据集在国外已非常普及，美国有许多数据咨询公司从事收集、编辑和出版各种类型的工商人口数据集。根据我国人口普查相关数据，我们可以得到的数据是街道居委会一级的人口总数，但该数据不与空间位置相关，无法得到人口的空间分布及重心。我们可以基于 GIS，按居住面积比例分配人口，然后求出人口重心，再利用核心估计的方法将人口重心处的人口在空间上合理分布，满足零售区位中的人口分析。

基于 GIS 的人口空间分布模型算法如下。

1. 建立研究区域的基础源数据库

在 GIS 软件支持下，采集研究区域内的平面位置图（包括建筑物、主要道路、绿地、河流等）数据，建立图形数据库。基于图形数据建立属性数据库，记录各基本统计单元的基本属性，建立图形数据与属性数据的链接。在属性数据库中记录居住区与非居住区，各居住建筑物的楼层等属性信息。

2. 将基础源数据与街道居委会界限图进行空间叠加形成新的目标数据图层

这种空间叠加比较简单，大多数 GIS 软件中都包含了这种功能。地图叠加的过程是两幅或更多的地图或者数据层，通过叠加生成一幅合成的地图，这幅新地图表现的是两层地图的交叉区域的内容。目标数据层除基础源数据的属性，还包含街道居委会的属性信息，将目标数据层的各街道居委会以网格划分，网格一般为正方形，其大小根据研究区域的面积确定。该数据的形成可通过 GIS 空间分析技术来完成，将代表街道居委会、网格及源数据的图层进行空间叠加分析，即直接对街道居委会与源数据进行空间叠加而得到带有网格的地块，然后建立拓扑关系，利用 GIS 空间查询功能，即可统计出每个网格内居住建筑物的面积及建筑物的层数，再根据各网格的属性(即属于哪一个街道居委会),统计出各街道居委会总的居住区建筑面积,最后根据面积比例将街道居委会的人口数量分配到各网格内,进而求出各居住区内的每个网格的人口密度。

3. 使用 GIS 软件将各居住区的人口密度图转化为栅格数据

这主要是方便求出各街道居委会的人口重心。将栅格数据以文本文件形式输出,每个栅格的值由该栅格的人口密度值确定。

4. 人口重心模型及其计算

采用美国人弗朗西斯·沃尔克于 1874 年提出的人口重心模型,该模型假设某地域内每个居民的重量都相等,则在该地域全部空间平面上力矩达到平衡的一点就是人口分布重心。

5. 人口统计数据的空间分布化

采用前述的核心估计法,在 GIS 软件中,读取各居住区人口重心坐标的文本文件,通过空间内插方法估计出各栅格的人口值。

(二)基于 GIS 的零售店可达性

在通常的规划中,服务半径是常用的分析方法,往往用于表达服务设施分布的合理性,这种方法也可解释为"等距可达范围"分析,具体方法是在地图上,在分析对象周围绘制等距线,在等距线所包络的范围之内,离开或到达分析对象的直线交通距离小于服务半径,在等距线包络区之外,则大于服务半径。由于这种方法简单、常用,很多 GIS 软件都提供这种功能,称为 Buffer 分析,即缓冲区分析。

如在所分析的地理范围内同时有 m 个交通出发点,n 个交通吸引点,从 m 个出发点中任取一点 i,在一定的交通条件下,计算出到达 n 个交通吸引点所需的平均交通时间,就可以认为该值是 i 点的宏观可达性指标。如果能用专题地图表达 m 个出发点到达 n 个吸引点的可达性指标,就便于人们从宏观角度观察不同地点的相对可达性,如果再对 m 个出发点的可达性指标进行平均,就可反映可达性的总体状况。显然,这一方法既可对同一地区城市形态、交通系统的变化进行比较,也可对多个规划方案进行比较。现实生活中甲、乙两地之间的出行机会主要受两个因素的影响,一是乙地对甲地基于某种出行目的的吸引力有多大;二是交通成本有多高。这种同时考虑出行目的和交通成本两个因素的最常用的计算模型是引力模型,将交通成本、吸引力这两个因素引入上面讨论的 m 个出发点和 n 个吸引点之间的交通联系中,就使宏观可达性的分析包含了出行目的的因素。

此外,计算零售店的公交可达性可采用空间相互作用模型,结合公交最短路径算法,在 GIS 软件支持下予以实现。首先,将选址区域以一定大小的栅格进行划分,将公交网络图置于其上,读取各零售店、公交站点的坐标,每个栅格到公交站点的距离以该栅格的中心到公交站点的距离为代表。由于顾客到零售店的步行可接受距离是有一定限度的,首先应计算该栅格到各零售店的距离,如在可接受的限度内,则认为该栅格内的顾客可以步行到零售店,否则,就应在该栅格的一定范围内寻找公交站点,根据公交最短路径时间矩阵、零售店经营面积分别计算该栅格至各零售店的最短时间,并得出各栅格的可达性指标。基于 GIS 的零售店可达性计算流程如图 4-6 所示。

(三)基于 GIS 的商圈分析

在 GIS 软件中,将包含有空间点位坐标的矢量图层数据转换为栅格数据,并把栅格数据放置在一个文本文件中,再将数据读入到一个数组中,该数组则为栅格中所有栅格单元的原始代码。计算每一个栅格单元与各发生点间的加权距离,并以距离最短的发生点栅格的代码作

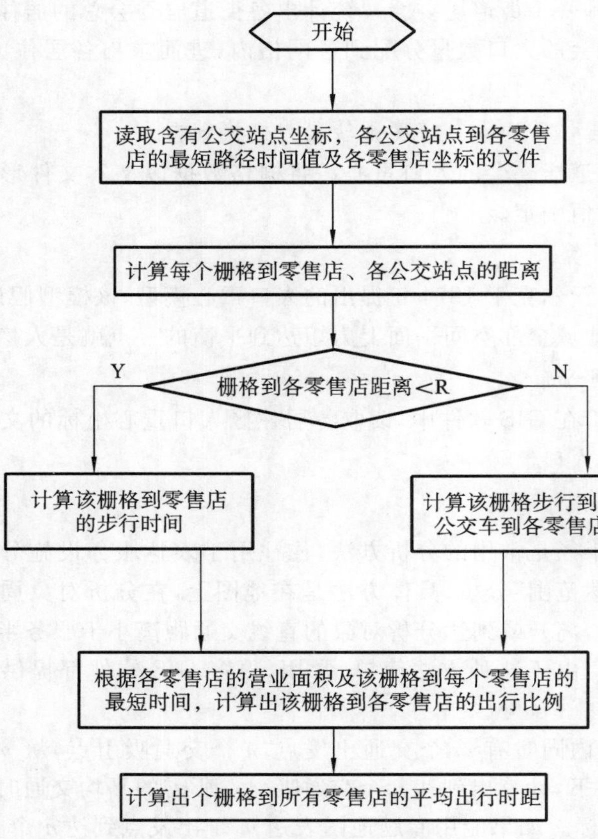

```
            ┌─────────┐
            │   开始   │
            └─────────┘
                 │
    ┌────────────────────────────────┐
    │ 读取含有公交站点坐标，各公交站点到各零售 │
    │ 店的最短路径时间值及各零售店坐标的文件     │
    └────────────────────────────────┘
                 │
    ┌────────────────────────────────┐
    │ 计算每个栅格到零售店、各公交站点的距离      │
    └────────────────────────────────┘
                 │
         Y    ◇栅格到各零售店距离<R◇   N
    ┌────────────┘              └────────────┐
┌──────────────────┐      ┌──────────────────────┐
│ 计算该栅格到零售店  │      │ 计算该栅格步行到公交站点并乘 │
│ 的步行时间         │      │ 公交车到各零售店的最短时间   │
└──────────────────┘      └──────────────────────┘
         └────────────┬──────────────┘
    ┌────────────────────────────────────┐
    │ 根据各零售店的营业面积及该栅格到每个零售店的 │
    │ 最短时间，计算出该栅格到各零售店的出行比例    │
    └────────────────────────────────────┘
                 │
    ┌────────────────────────────────┐
    │ 计算出个栅格到所有零售店的平均出行时距      │
    └────────────────────────────────┘
```

图 4-6　基于 GIS 的零售店可达性计算流程

为该栅格单元的隶属代码,如此往复,直至所有栅格单元的归属都被确定为止,把新的栅格单元代码放入一个代码数组中,然后将该数组中的数据写入一个新的文本文件中,再在 GIS 软件中将该代码数据转变为一个点的加权 Voronoi 图图层。

例如,首先将选址区域以一定大小的栅格进行划分,根据公交最短路径时间矩阵、零售店面积分别计算各栅格到各零售店的概率,取其中概率最大的零售店作为该栅格的代码,依此计算出所有栅格的代码,将代码值写入文本文件,再用 GIS 软件将该代码数据转变为一个点的加权 Voronoi 图图层,实现零售店商圈的划分。叠加各个图层,包括人口分布图层、公交以及步行的时间分布图层、加权 Voronoi 图图层等,在此基础上构建市场饱和度分析、需求估计等商业应用分析模型,实现对商圈的定量及可视化分析。

四、应用地理信息系统进行零售企业选址的流程

现代社会的发展日新月异,商业环境变化迅速,往往谁能最先掌握变化谁就能成为赢家。对于零售企业而言,其所处的位置和布局直接决定了其商圈的大小和销售额的高低,而且也影响零售企业在这个地区的市场地位和形象。因此,在进行零售企业选址分析时,要以便利顾客为首要原则,从节省顾客的购物时间、购买精力、购买产品费用支出的角度出发,最大限度地满足顾客的需求。否则,失去了顾客的支持和信赖,商业网点也就失去了存在的基础。GIS 拥有的数据管理及空间信息的分析功能,将在零售选址规划中起到重要的帮助作用。

（一）应用 GIS 进行商业选址的一般流程

零售店的选址问题是一个很复杂的综合性商业决策过程，既需要定性考虑，又需要定量分析。选址问题主要取决于店铺位置的地形特点、周围的人口状况、城市设施状况、交通条件和竞争环境等，其主要步骤如下。

第一步，在深入研究之前先以专题地图的形式对区域进行粗选，把明显不符合选址要求的区域排除在外，选出大致合适的地区再做进一步分析。专题地图的制作如图 4-7 所示。

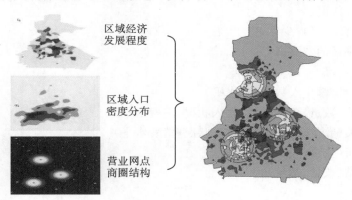

图 4-7　专题地图的制作

第二步，根据对选址区域几何和属性信息的了解，利用评估预测计算程序进行商圈评估。若符合条件，则可以在此范围内做出具体位置的预选。反之，可以重新选择其他区域和其他位置。商业优化选址分析如图 4-8 所示。

图 4-8　商业优化选址分析

第三步，结合 GIS 的数据组织方式和地图表达形式，对店址选择相关的主要因素进行评价，评价结果最优者即为理想店址。主要评价因素如下。

1. 地形特点

（1）用地形状（图上表示的实际形状）。

（2）用地的可进入性（是否临街）。

（3）用地的视觉可见性（是否临街、有无交叉路口）。

(4) 用地面积(可在图上量算得到)。

2. 人口状况

(1) 家庭户数。

(2) 人口文化程度(初等、中等、高等)。

(3) 常住人口数量。

(4) 人口密度。

(5) 人口收入状况。

(6) 人口年龄结构(青少年、中年、老年)。

(7) 人均月零售消费支出。

3. 城市设施状况

(1) 学校(数量、学生人数、消费水平)。

(2) 中小企业(数量、职工人数、收入状况、消费水平)。

(3) 政府机关(数量、编制人数、收入状况、消费水平)。

(4) 娱乐场所(数量、人口保有量)。

(5) 大型车站(数量、运量)。

4. 交通条件

(1) 车流密度。

(2) 人流密度。

(3) 停车场数量。

(4) 道路宽度(可在图上量算得到)。

5. 竞争环境

(1) 商店数量。

(2) 商店面积。

(3) 营业额。

(4) 消费人口保有量。

(二) 地理信息系统在零售店选址中的功能

一般而言,地理信息系统进行零售企业选址的功能包括以下几点。

1. 基本的地图操作

基本的地图操作具体包括漫游、地图缩放、全幅显示、地图选择、刷新等。

2. 图例管理及简单的图层控制功能

用户可以通过对不同地图图层的控制,对需要的信息进行分层和叠加,同时还可以自由设置这些要素显示的风格和样式,有利于决策的科学化。

3. 图上测量计算距离和面积

例如,用户可在图上测量两家超市的距离(见图4-9)。

4. 查看图层及其单个或多个对象的属性信息

决策者可以在电子地图上更加直观地查看目标区域的信息(见图4-10),如人口分布、商业布局及交通道路情况等选址要素的信息,从而更有助于决策者进行科学的分析和决策。

5. 利用专题地图对专题要素进行可视化分析,并允许用户修改和自定义专题地图

例如,目标店址与周围同类店址的竞争商圈如图4-11所示。

图 4-9　测量两家零售店的距离

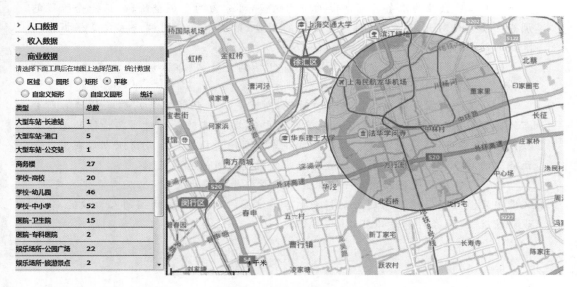

图 4-10　查看目标区域的信息

6. 评估预测计算功能

GIS 可按照选址的要素指标要求,在对选址区域数据及其特点分析统计的基础上,遵照一般的商业选址模型,提供简单的商圈评估和营业额预测计算功能,从而最终实现在 GIS 环境中比较科学而直观的选址辅助决策功能。

7. 地图布局的设置及打印输出功能

用户可以将地图上的任意区域布局设置并打印,方便分发和使用。

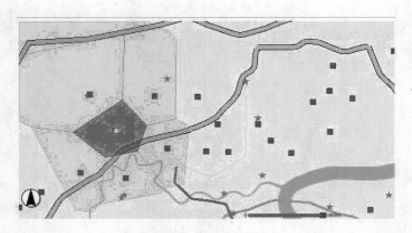

图 4-11　目标店址与周围同类店址的竞争商圈

本章小结

（1）零售企业为准备开店所做的市场调查，可分为两个调查阶段，第一个阶段的调查主要是针对开店的可能性做大范围的调查；第二个阶段的调查主要是根据第一阶段的结果，对消费者的生活方式做深入的研讨。

（2）市场调查的一般方法是"5W1H"，包括调查什么、谁做调查、调查谁、何时调查、结果如何、用什么手段。

（3）实体商圈是从事购买行动的时候，所优先选择到该零售店购物的顾客所分布的地区范围，因此一家零售店商圈范围的广狭，与顾客购物时对商品特性的选择比较因素、消费习惯、交通因素等都有关系。虚拟商圈是指零售店或商业中心利用电子商务这种现代化的虚拟交易手段进行交易时所能覆盖的空间范围。

（4）零售店的选址问题是一个很复杂的综合性商业决策过程，既需要定性考虑，又需要定量分析。选址问题主要取决于店铺位置的地形特点、周围的人口状况、城市设施状况、交通条件和竞争环境等。

思考与练习

1．试述零售区位调查流程。
2．试述地理信息系统（GIS）在零售企业选址中应用的优点和局限。
3．能否找到一个最优的零售企业选址模型？
4．请列举你认为比较成功和失败的零售企业选址案例。

案例分析

零售药店选址的调研报告

零售药店选址的资金投入大,且长期受到约束。即便企业为追求投资最小化选择租赁的方式,而不是购买土地自己新建,投入仍然很大。除在合同期内需要支付租金以外,投资商还需在照明、固定资产、门面等方面投入。如果位置不太理想,租赁期通常短于 5 年。如果位于闹市区商业中心,租赁期则往往为 5—10 年。位于市中心的药店的租赁期甚至长达 30 年。

零售药店的单店规模较大,不可能轻易搬迁,也不太可能轻易改换经营方式。由于位置固定,资金投入量大,合同期长,药店选址是平价大药房零售战略组合中灵活性最差的要素。相比之下,广告、价格、顾客服务、产品及服务种类都能够随着环境的变化迅速地做出调整。

如果一家单店搬迁,会面临许多潜在问题:首先,可能流失一部分忠诚的顾客和员工,搬迁距离越远,损失越大;其次,新地点与老地点的市场状况不同,可能需要对经营策略进行调整;最后,药店的固定资产及装修不可能随迁,处理时如果估价不当,也会造成资产流失。

零售药店选址一般遵循以下原则。

1. 选择经济发达的城镇

选择经济发达、居民生活水平较高的城市是兴建零售药店的首选地。这些城市人口密度大、人均收入高、医疗单位密集、需求旺盛、工商业发达,零售药店在当地有较高的发展前景。

2. 考虑连锁发展计划

平价大药房设立门店要从发展战略出发,通盘考虑连锁发展计划,以防设店选址太过分散。零售药店的门店分布要有长远规划,并且具有一定的集中度,这利于总部实行更加精细科学的管理,节省人力、物力、财力。每一个门店的设立都要为整个企业的发展战略服务。

3. 独立调置门店

零售药店在调置门店时,如果没有充分的把握,一般不应与其他同类大型零售店聚集在一起。在选址中要注意与其他大型药品超市保持一定的距离,至少零售药店与它们之间在核心商圈上不能重叠,以免引发恶性竞争,导致两败俱伤。

4. 选择城乡接合部

我们必须开发远离市中心的城乡接合部,在此商业区或新开辟的居民区中,在该药店周围要有 20 万—30 万人的常住人口。该地点要具备以下三个条件。

(1) 价格低廉。该地点土地价格和房屋租金要明显低于市中心,土地价格一般为市中心的 1/10 以下,这样减少了药店投资,降低运营成本,为零售药店的低价格销售创造了条件。

(2) 交通便利。既要有利于消费者前来购物,又要有利于药物运输和药品吞吐。值得注意的是,仓储式平价药房在选址中对交通便利性的要求大大高于其他零售药店,即要具有交通运输的高速性、辐射性和枢纽性。如果不具备这几个条件,会明显减小它的商圈半径,影响商品销售额。

(3) 符合城市发展规划。要与城市拓展延伸的轨迹相吻合,这样城市的发展会给零售药店带来大量客流量,降低投资风险。

问题:

零售药店选址是否都必须在远离市中心的城乡接合部呢?为什么?

第五章

不同零售业态的布局策略

学习导引

零售业态是动态的、发展的概念。随着生产的发展和需求的增长,零售业态也在不断地发展。零售业态是销售市场向确定的顾客提供确定的商品和服务的具体形态,不同的零售业态在消费者群体、模式、运营方式等方面都会有所不同。那么不同的零售业态店址选择策略是否一样?有什么区别?分别有什么特点?通过本章的学习,让我们去寻找答案。

学习重点

通过本章学习,重点掌握以下知识要点:
1. 百货商场的内涵、市场环境分析、地理位置确定;
2. 专卖店的内涵、地点选择依据;
3. 购物中心的内涵、选址和规划;
4. 徒步商业街的特点、地域及规模确定;
5. 快闪店的特点、地域选择。

第一节 百货商场

1852 年,世界上第一家百货商场 Le Bon Marche(廉价商场)在巴黎诞生,至第二次世界大战,西方百货商场经历了从成长到成熟期的发展,百货商场的定位通常是综合化的。百货商场在中国零售业中占有举足轻重的地位,在过去几十年里,百货商场作为中国零售业的基本形式,以百货大楼、商场等名目发展。目前,国内很多百货商场在经历同业竞争的同时,也遇到了来自其他业态的激烈竞争。

一、百货商场的内涵

百货商场是指以经营品牌服饰、化妆品、家居用品、箱包、鞋品、珠宝、钟表等为主,满足顾客对时尚商品多样化需求的零售业态。百货商场有其他各种零售业态所不可比拟的优势,豪华的装潢和周到的服务使顾客从心理上得到巨大的满足,这种满足可以在一定程度上抵消高价格和烦琐的程序所带来的影响,品类的相对齐全也会使顾客有更多的选择余地,满足顾客细微的个性需求,突出的品牌形象,使顾客的购物增加了一种成功感、满足感,优异的品质和款式满足了顾客对美好生活和时尚的向往。

不同国家对百货商场有不同的定义。德国的定义为,百货商店是供应大量产品的零售商店,主要产品是服装、纺织品、家庭用品、食品和娱乐品,销售方式有人员导购(如纺织品部)和自我服务(如食品部),销售面积超过 3000 平方米。法国的定义为,百货商场是零售商业企业,拥有较大的销售面积,自由进入,在一个建筑物中提供几乎所有的消费品,一般实行柜台开架售货,提供附加服务,每一个商品部都可以成为一个专业商店,销售面积至少为 2500 平方米,至少有 10 个商品部。荷兰的定义为,百货商场的销售面积至少有 2500 平方米,最少应有 175名员工,至少要有 5 个商品部,其中应有女装部。英国的定义为,百货商场要设有多个商品部,营业额的实现至少要覆盖 5 大类产品,至少雇用 25 人。日本通产省对百货商场的规定是从业人员超过 50 人,销售面积至少为 1500 平方米(大城市要超过 3000 平方米)。

百货商场规模通常在 2 万平方米左右,比如北京赛特购物中心的面积为 1.8 万平方米。一般采用 3—5 层的多层建筑,不需要对设计荷载做过多的考虑,除了层高、柱网、消防、外部交通方案、电梯、货物流、包括 POS 系统在内的各种智能化系统之外,商场里面对顾客的有效引导,即动线布置和公共空间的设计都是百货商场规划设计中的重要问题。

百货商场主要采取统一经营的管理模式,由运营商对项目的定位、市场策略、管理模式等进行基于战略考虑的统一运作。统一经营的管理模式有利于打造项目的品牌价值,便于提升项目的竞争力。

百货商场中的商铺基本上都是铺位形式,个别百货商场会将一层的某些或某个铺面出租或出售给商家。比如宾利汽车租用北京赛特购物中心一层的铺面做汽车展示,宝马汽车租用北京永安里贵友大厦一层的铺面做汽车展示等。百货商场中的商铺有的采取专卖店的形式,从空间上相对独立;有的采取柜台的方式;还有的采取开放空间内专卖区的形式,各个品牌销售区只是通过地块的划分有所区别。百货商场中的商铺绝大多数采取出租或按照营业额流水提成的方式,也有些采取租金和流水提成相结合的方式。

二、市场环境分析

对百货商场的市场环境和竞争者进行分析,是进行区位选址的前提和基础。

(一)百货商场市场环境分析

百货商场的市场环境分析主要包括顾客分析、需求状况分析、交通条件分析和供应商状况分析等。

1. 顾客分析

顾客分析是指对顾客的规模与结构进行分析,了解百货商场所在地区的人口数量、职业结构及消费特点,特别要注意流动人口的变化和职业女性的比例,这是因为来百货商场的顾客中,流动人口占一定比例,职业女性则是百货商场的主力购买者。

2. 需求状况分析

需求状况分析是指要分析百货商场所在区域内居民的收入水准及消费支出比例。国外有贫民区和高级住宅区之分,百货商场一般建在高级住宅区,但要注意两者有时会发生变化。

3. 交通条件分析

交通条件分析要注意商店与车站的距离、道路交通情况、搬运状况等,还要兼顾百货商场容易进货和方便顾客两方面。

4. 供应商状况分析

供应商状况分析包括是否有所需要的供应商，与供应商联系或供货是否便利、迅速，供应商的信誉如何，这些都应具体考虑。

（二）竞争者分析

百货商场的竞争者既包括同业竞争者，即直接竞争者，也包括异业竞争者，即间接竞争者。通过这两方面的分析，考察区域市场还有多大潜力，以便决定采取何种手段，与竞争对手相抗衡。

1. 直接竞争者

直接竞争者是指那些与本身有相同或相近经营范围或相同商品种类的百货商店，例如，它们所处的位置及经营商品的数量、规模、营业额、营业方针、销售的商品状况、顾客层次，以及所采取的竞争策略等。

2. 间接竞争者

间接竞争者是指那些经营与本身有部分相同商品种类的其他零售商店，例如，专卖店、超级市场、杂货商店等。要分析竞争者相关部分的营业情况、商品结构、信誉状况及竞争实力等。

三、目标市场选择

（一）目标市场选择的基础

任何一家百货商场都不可能经营所有的商品，不可能满足顾客的一切需求，必须为自己选定特定的市场目标。百货商场市场目标的选择，必须以市场营销分析为基础。百货商场市场目标的确定有几种选择：①按居住地区可分为邻近地区、外围地区、边缘地区的顾客；②按职业可细分为白领市场、蓝领市场等；③按收入水平可细分为低收入阶层、中收入阶层和高收入阶层。百货商场市场目标的选择，常常依据多种类别进行划分，然后综合地进行考虑。

（二）百货商场的定位

百货商场定位问题，也是市场目标确定问题。每一个百货商场创办者，首先必须对顾客目标做出选择，一般有以下几个选择：①高收入顾客群；②中收入顾客群；③低收入顾客群；④高、中收入顾客群；⑤中、高收入顾客群；⑥中、低收入顾客群。

从历史发展来看，百货商场的定位是由顾客大众转向中产阶层，甚至富豪。从实际状态看，百货商场的定位集中于高中收入顾客，但商品结构有所差别。有的侧重于高档商品，有的则侧重于中档商品，这反映出百货商场的定位状态。在世界各国，以低收入顾客为市场目标的百货商场，现在已不复存在；相反的，完全以富翁为市场目标的百货商场也极少，它们的规模和档次大多在高中级、中高级和中级之间。我国的百货商场依规模大小分为三类：

（1）大型百货商场。营业面积 5000—10000 平方米，职工 500—2000 人，经营品种 1.5 万—4 万种；

（2）中型百货商场。营业面积 1000—2000 平方米，职工 200—400 人，经营品种 1 万种左右；

（3）小型百货商场。营业面积 200 平方米左右，职工十几人至几十人，经营品种几百种至数千种。

四、地区选择

百货商场设在什么样的商业区，要依据具体情况而定，一般有如下几种选择可供考虑，需要注意的是,并不是每种区域都适合开设百货商场。

(一)独立商店区

独立商店区是指仅有一家商店,不毗连其他商店。

在独立商店区设店具有以下优越性:无竞争者、低租金、具有灵活性、道路无阻塞、容易停车。缺点是吸引顾客困难、购买者无变化、地理受限制。这种地区通常不适合开设百货商场。

(二)群落型商店区

群落型商店区是两个以上商店聚集的地方。它依规模大小分为四级:中心商业区、地区商业区、小型商业区和微型商业区。

中心商业区是城市的零售中心,交通密集,店铺林立。它至少包括一家百货商场,几家专卖商店等,其核心区不超过 1 平方千米。

地区商业区是指店铺分列主要街道两旁,至少有一家中型百货商场、若干杂货店和服务商店等。

小型商业区位于城市边缘地带,主要满足郊区顾客的需求。这里一般不设百货商场,只设超级市场和杂货商店等小型商店。

微型商业区位于街旁或高速公路旁,设有几家小商店,不设百货商场。

因此,百货商场主要应建在中心商业区和地区商业区。前者应建规模较大的百货商场,后者应建规模稍小的百货商场。

(三)商业中心

商业中心是共同拥有、集中管理、相互协调的购买区域。它依规模大小分为住宅区型商业中心、联合型商业中心和地区型商业中心。中心内常常汇集一个或更多的大型商场以及许多小商店,美国各种商业中心特征如表 5-1 所示。一般而言,商业中心适合开设百货商场,只是规模不同。

表 5-1 美国各种商业中心特征

特　征	住 宅 区 型	联 合 型	地 区 型
营业面积(平方米)	2700—9200	9200—27000	27000—185000
平均总面积(平方米)	3700	18500	69000
平均占地面积(平方米)	12000—40500	40500—120000	120000—405000
需要供应的家庭数(户)	1000	5000—10000	70000—3000000
需要供应的人口数(人)	7000—70000	20000—100000	1000000 以上
主要商店类型	超级市场或杂货店	杂货店或平价百货商场	一家或更多的百货商场
商店数量(个)	5—15	15—25	50—125
销售商品类型	重点为便利商品	多数为便利商品,少数为选购商品	主要为选购商品及大量日用品
顾客开车到达时间	少于 15 分钟	15 至 20 分钟	20 至 30 分钟
位置	沿主要街道	紧挨城郊住宅区	中心城市之外,在干道或高速公路旁
设计布置	街道型	街道式 L 型	复合型

五、位置确定

选择了百货商场所设的商业区域,下面就要确定具体的设店位置,主要需要考虑客流、交通、竞争对手等,在此基础上,评估商店的未来收益。

(一)分析客流规律

分析街道两侧客流规模,确定商店设在哪一侧;分析街道特点,以确定商店在街道的哪一段。

(二)分析交通条件

分析交通条件,顾客是否容易到达,又不十分拥挤;是否有公共汽车可到达;是否便于货物运输;是否设有停车场等。

(三)分析竞争对手

分析竞争对手主要包括分析商店相对集中的地点;回避竞争对手与利用竞争对手;相关竞争商店的数量等。

(四)评估商店未来效益

在以上分析的基础上,测算商店未来可能的收益情况,主要包括平均每天经过的人数;来店光顾的人数比例;每笔交易的平均购买量。一般来说,顾客流量大与租金高往往并存,要慎重选择。

六、规模分析

在进行了一系列分析的基础上,确定建多大规模的百货商场。如果百货商场的区域选择及地点已确定,且经过了顾客、竞争环境的综合分析,百货商场规模的确定就成为轻而易举的事情了。表 5-2 是 1984 年欧洲国家百货商场的数量和销售面积。

表 5-2 1984 年欧洲国家百货商场的数量和销售面积

统 计 项	美国	意大利	荷兰	瑞士	法国
百货商场数量(家)	345	50	60	68	146
总面积(平方米)	2260000	205000	490000	375000	1110000
平均面积(平方米)	6550	4100	8167	5514	7602
1973 年每千人拥有平方米	38	3	35	43	20
1983 年每千人拥有平方米	42	4	34	58	20
1983 年与 1973 年相比(%)	22%	33%	−3%	35%	0

表 5-2 中的千人拥有百货商场平方米数是重要的参考数据,但是,需要注意的是,上述数据是欧洲几国的全国情况,如果单就城市而言,这个数字会有一些变化。有专家曾列出一个有参考价值的相关数据,百货商场规模要素特征如表 5-3 所示。

表 5-3　百货商场规模要素特征

城市居民数 （万人）	百货商场的营业面积 （平方米）	每千人拥有营业面积 （平方米）	其中食品商店的营业面积 （平方米）
1.5	1650	110	650
2—3	2500	33—125	650
4	3500	87	1000
5	4500	90	1000
10	6600	66	1000
15	8500	57	1000
20	11500	57	1000
30—40	15500	38—52	1500
50 以上	22000	44 以下	2000

由表 5-3 可知,随着城市的扩大,千人拥有百货商场的营业面积却在缩小。城市百货商场的营业面积限定在每千人拥有营业面积 40—50 平方米,掌握了城市人口数和已有百货商场的营业面积数,就可以推算出百货商场的应建规模。

第二节　专　卖　店

一、地点选择依据

专卖店是以专门经营或被授权经营某一品牌商品为主的零售业态。专卖店是企业品牌、形象、文化的窗口,有利于企业品牌的进一步提升。通过销售、服务一体化,可创造稳定的忠诚的零售企业顾客消费群体,易于及时向终端经销商和消费者提供企业的产品信息,同时易于收集市场和渠道信息。作为现代零售企业常见的经营业态,本节重点研究专卖店地点的选择。一般来说,专卖店的地点选择不能一概而论,而应根据不同情况进行具体分析。

（一）地点类型

1. 中心商业区

在每一个大城市中都有中心商业区,那里店铺林立,精品荟萃,构成一定规模的纯粹性商业街区。中心商业区常以若干(一家或几家)百货商场为核心,环绕着星罗棋布的中小型商店。该区地价昂贵,顾客流动性大,商圈辐射地域广泛。众多商家以经营选择性商品为主,食品店仅是中心商业区的陪衬,中心商业区一般位于城市的心脏地带,并且有较长的形成历史。

2. 非中心商业区

非中心商业区是指分布于城市某个非中心地点的商业街区,拥有几十家商店,常以一个大型商店为核心,商业街区的规模、繁华程度、商店数量都逊色于中心商业区,场地租金低于中心商业区,商店每平方米所创利润额与中心商业区相比也大幅度降低。

3. 住宅商业区

住宅商业区是指住家附近的商店街,是以供应附近居民所需商品为主的商业中心。常设有一家中型综合商店,辅以二三十家供应日用品、食品等服务性商店。住宅商业区供应的范围一般在 3 万人左右,大多位于一个住宅区的中心地带,它只是住宅区的一个陪衬,带有鲜明的生活特征。

（二）选择依据

专卖店地点的选择,主要应考虑经营目标、店型及发展前途等因素。

1. 经营目标

每个专卖商店都应有自己的经营目标,如实现利润或销售额的预计等。日本的专卖商店每一坪（3.3057 平方米）一年的销售额达到 200 万日元,就算是生意兴隆了。每个专卖店为实现自己的经营目标,必须找准顾客群,顾客群分布与地理位置关系密切。

中心商业区常能提供流动性很大、支出较多、层次较高的顾客;非中心商业区能提供较为稳定、层次中等的顾客;住宅商业区能提供普通上班族类型的顾客。一般来说,中心商业区会创造高销售额和高利润。但也不完全如此,有的中心商业区商店销售额很大,由于场地租金过于昂贵,经营成本较高,最后仅获微利。

在考虑经营目标时,不仅要考虑单位面积销售额和利润,还要考虑每个人实现的销售额。日本专卖店经营成功的最低标准为每年每坪销售额在 80 万日元以上,每年每人的销售额要超过 250 万日元;一般应尽量实现中级标准,即每坪的销售额达到 120 万日元,每人的销售额要超过 500 万日元。

表 5-4 列出日本各类经营成功的专卖店的最低标准,供确定经营目标和选择地点时参考。

表 5-4　日本各类经营成功的专卖店的最低标准

店　　型	每年每坪销售额（万日元）	每年每人销售额（万日元）
布店	91	506
西服店	93	413
服装店	83	427
百货店	81	486
家具店	87	391
鞋店	86	452
皮货店	43	448
化妆品店	45	395
五金店	87	607
陶瓷店	32	401
电器店	134	621
书店	86	573
餐具店	145	407
钟表店	114	405
自行车店	48	363

店　　型	每年每坪销售额(万日元)	每年每人销售额(万日元)
照相器材店	288	593
玩具店	51	384
乐器唱片店	114	515

2. 店型

专卖店店型取决于地点的选择。流行服装店、化妆品店、香水店等最好选择在中心商业区或服装街上;食品店、水果店最好位于住宅商业区;首饰店、珠宝店、工艺品店最好设在商店等级较高的商业区。另外,相同或相似的专卖店可以聚集于同一商业区,形成招徕顾客的规模优势,切忌互相排斥的专卖店相连。

3. 发展前途

专卖店的地点选择要考虑到地区发展。某些地区由于交通不便,将会逐渐走向萧条和落寞,新建专卖店应避开这类地区,不要被眼前的繁荣所迷惑。相反,一些新开发的,整体布局与筹划带有现代化特征的地区,虽然暂时处于起步阶段,但发展前途较好,将专卖店开设在这一地区,其未来发展是可期的。

二、中心商业区的专卖店

经营专业化,已成为中小商店对付大商店的法宝。事实证明,专卖店并非越专越好,每一种专卖店也都有自己生存、发展的地理位置。

中心商业区的专卖店应以高度专业化为特征。以鞋店为例,可以依对象、价格、用途的不同,划分为流行女鞋店、高级绅士鞋店、运动鞋店、中老年人鞋店、儿童鞋店等;服饰店也可划分为女装店、内衣店、男装店等。中心商业区之所以能容纳高度专卖店,是因为高度专业化的商店所经营的商品范围很窄,顾客相对较少,因此它所在的位置皆是商圈大、顾客聚集的地方,这些都是大城市的中心商业区所具有的特征。

另外,中心商业区常以高中级商品为主,而高度专业化的商店也具有精品形象,这会与顾客来中心商业区购物的需求相吻合。因此,在中心商业区开设专卖商店最好不要贩卖一般大众性商品,如平价运动鞋和雨鞋等;服装店最好不要销售廉价的成衣和棉织品,而应以毛料、丝织品为主。

三、非中心商业区的专卖店

非中心商业区的专卖店应以上班族所需的大众商品为主,应避免高度专业化,避免经营的商品范围过窄,分类过细容易走进死胡同。但一些较为繁华的非中心商业区可以考虑设立专业化程度较高的商店,前提是独一无二。

非中心商业区的专卖店采取中等价位策略,即商品等级略低于中心商业区的专卖店,高于住宅商业区的专卖店。专家认为,中心商业区型的专卖店以高级流行性商品为主,非中心商业区专卖店以普通流行商品为主。例如,音响器材商店如果建在中心商业区,应尽量囊括一切音响设备及相关商品,诸如唱片、乐器等,同时要对顾客有强大的吸引力;而在非中心商业区则经营普通音响设备即可,商品不必扩充至唱片、乐器,除非非中心商业区规模和影响接近于中心商业区。

连锁型专卖店如果设立于同一城市,最好选择非中心商业区,这样既可以招徕顾客,又便于管理。

四、住宅商业区的专卖店

专卖店的最初地点常是人们聚集的地方,而日常生活中所需的专卖店则位于居民区。但是,随着经营的发展和城市的扩大,住宅区与商业区逐渐发生分离,专卖店向高级化和专业化方向发展。那些经营日用品、食品的专卖店仍留在住宅区,而服装店、化妆品店、电器店等新潮商店向城市中心迁移,并成为流行趋势的发源地。

因此,在住宅商业区最好开设食品店、杂货店、花店、水果店等,家家都需要它们经营的商品,虽然辐射区域不大,但前来购物的顾客很多。就高级专卖店来说,如果开在居民区则较容易失败,因为人们在购买高档商品时,总习惯多跑几家商店,对款式、价格等进行比较和选择,而且一般会去中心商业区选购。

另外,在住宅区开设专卖店时应避免经营范围过于狭窄,要尽量适合多层次顾客的需要。假如要在住宅区开设一家鞋店,那么经营的种类要多样化,等级也需多层次,昂贵与廉价兼顾。而且,要办成综合性鞋店,经营绅士鞋、女鞋、凉鞋、拖鞋、运动鞋、布鞋等多品种,专卖店应采取这样的策略:购买率低的专卖店应以大众鞋种为主,如绅士鞋和女鞋的等级不能太高;购买率高的可以适时突出高档商品,如凉鞋可以中档商品为主,运动鞋、长筒靴可以高档商品为主。

第三节 购物中心

购物中心是在一定区域内有计划地集结在一起的大型综合性商业网点群,是 20 世纪 50 年代以来在西方国家兴起的一种商业组织形式。第二次世界大战后,西方国家城市居民为逃避交通拥挤和城市污染,纷纷迁居城郊。为满足此类富裕居民的需要,购物中心应运而生。它一般由投资者根据实际需要,在统一规划设计的基础上兴建,然后进行招商租赁,所有承租的商店共同使用公共设施,也分担公共支出,彼此既相互联系,又相互竞争。

购物中心作为复合程度更高的一种零售形式,从 20 世纪 90 年代后期大规模进入我国国内市场。2011 年,我国购物中心增速过一倍,一线城市购物中心纷纷上马,二、三线城市也不甘落后,各地购物中心如雨后春笋般不断涌现。购物中心作为人们购物的场所,也是人们休闲娱乐的场所,构成城市居民生活的缩影。因此,购物中心设计的复杂性和综合性是异常明显的,必须精心地进行规划。

一、购物中心功能

不同国家对购物中心有不同的定义。我国商务部对购物中心的定义为,多种零售店铺、服务设施集中在一个建筑物内或一个区域内,向消费者提供综合性服务的商业集合体。这种商业集合体内通常包含数十个甚至数百个服务场所,业态涵盖大型综合超市、专业店、专卖店、饮食店、杂品店以及娱乐健身休闲场所等。美国购物中心协会的定义为,由开发商规划、建设、统一管理的商业设施,拥有大型的主力店、多元化商品街和宽广的停车场,能满足消费者购买需求与日常活动的商业场所。日本购物中心协会的定义为,由一个单位有计划地开发、所有、管理运营的商业和各种服务设施的集合体,并备有停车场,按其选址、规模、结构,具有选择多样化、方便性和娱乐性等特征,并作为适应消费需要的社交场所,发挥着一部分城市功能。

尽管不同国家对购物中心的内涵界定不同,但购物中心功能的核心是集合,它把分散在城市各角落的商店聚集在一起,把遍布在街头巷尾的服务机构集合在一栋建筑物或一个区域中。因此,购物中心不是一家商店,而是聚集商店的场所。它本身并非创造需求、提高居民购买力,而是通过调整各种零售形态的布局,疏通买卖通道,让人们方便地购物和享受。

（一）销售功能

1. 商品齐全

提供完备的商品是购物中心的基本功能。它与百货商场和超级市场不同,百货商场的市场目标是高中收入顾客,超级市场的市场目标是普通大众,而购物中心的市场目标是由包含的各个商店来实现的,因此它包含的顾客遍及各层面。换句话说,无论顾客的职业如何,收入怎样,到购物中心都会买到自己所需要的商品。

当然,并不是每一个购物中心都经营相同等级的商品,购物中心规模不同,所处位置不同,顾客特征会有差异。购物中心可依据自身的定位,在销售环境中进行种种强化设计。

2. 市场定位

购物中心能满足各个阶层顾客的需要,但中心内各家零售商都有自己的市场目标,因此在统一规划和管理的基础上,各家商店应保持独特风格。换句话说,购物中心要有市场定位,根据商圈特征和条件,引进相关的零售商,并根据商品结构特色,塑造不同的卖场空间和风格。

3. 合乎一般人的生理和心理需求

购物中心的内部空间设计必须满足人的生理和心理需求,使顾客能够长时间地停留,尽可能地从事购买活动。例如,应有变化丰富的专卖店,卖场设计应让人感到舒适;应提供一定的休息区域,让顾客在购物后可以休闲放松。

（二）生活功能

购物中心另一个特征是具有生活功能。顾客来购物中心,不仅可以买到各种商品,而且可享受到各种现代化的服务。购物中心不仅是商店,而且还是人们的休闲场所,它汇集了休闲、娱乐、文化、艺术、百货等全方位的内容,为人们提供了一个购物和享受合一的好去处。

1. 多元化组合

购物中心除了商店外,还需设有满足日常生活所需的休闲、娱乐或运动设施,定期提供音乐、戏剧表演和艺术展览等活动,使其成为多元化功能齐全的建筑物。

2. 追赶时代潮流

美国人常把购物中心当作流行、时髦等信息集中传递的场所。现代社会及消费潮流变化异常迅速,不常去购物中心,就可能落伍。购物中心已成为流行商品的展示地,未来可能成为时髦、游乐、休闲、运动、旅游、文艺活动等的汇集地。

3. 老少皆宜

购物中心不仅能够提供一次购足的商品,而且针对不同的年龄层设计了各种休闲游乐空间。家庭成员全部来到购物中心,都会得到满意的享受,这不仅能为全家性的购物提供便利服务,而且能最大限度地聚集购买者。

4. 生活广场

购物中心汇集了商品、服务、文化、娱乐等多种功能,构成了现代社会生活的一个场景,居民们开始习惯性地聚集在购物中心,漫步、闲聊、约会、集会等,无形之中使人们与购物中心的联系更为密切。

123

二、购物中心规划的特点

(一)购物中心开发特点

购物中心的开发规划设计包括购物中心的方案设计、初步设计及施工图设计等。规划设计对于项目成败具有极大的决定性作用,其中,尤其以方案设计为重中之重。方案设计可以称之为宏观设计,牵涉到用地分配、功能分区和规划、外部交通设计及城市环境设计,将决定购物中心项目的外部布局、内部功能、土地的利用效率、室内空间的利用效率、商铺出租的价格潜力、室内空间的合理动线布局等。初步设计及施工图设计可以称之为微观设计,即在方案设计基础上进行纯建筑工程角度的深化、细化。

购物中心规划设计必须体现设计师的建筑美学概念和市场理念,如果不能实现这样的目标,那么其设计无疑是失败的,投资商、开发商将承受因此造成的损失。因为购物中心规模庞大,业态复合程度极高,客流量大,所面对的两级客户零售商、消费者有复杂的需求组合,这些都对购物中心的规划设计提出了要求。

购物中心的规划设计体现的是建筑美学概念和市场理念的充分结合,需要解决大量客流和广泛类型零售商所带来的复杂需求,一般来说,购物中心可以采用以下四种空间形式。

(1)室内大开间。无街道,商铺间没有完全隔绝。

(2)露天步行街。即上空无顶棚,空间开敞的步行街。

(3)回廊式步行街。步行街的两侧或一侧为回廊,步行街局部遮盖。

(4)室内步行街。步行街在室内,完全遮盖。

步行街是一种线状的建筑空间,有利于消费者的购物、休闲、交流、娱乐,能使人感受到繁荣的商业氛围,也利于购物中心的经营管理,因此,步行街购物中心是最受欢迎的空间形式。购物中心在追求宽敞舒适的空间的同时,对实际使用面积率 K(实际使用面积/销售面积)也要控制,不能过小。

室外步行街购物中心的实际使用面积率 K 能达到 75%—80%,室内购物中心的实际使用面积率 K 则要小得多,因中庭、过道(街道)、休闲区等共用面积的不同而不同,一般在 45%—65%。在建筑设计时,实际使用面积率 K 是很重要的评价空间形式合理性的指标。

(二)购物中心运营特点

绝大多数购物中心采取运营商统一出租经营的管理方式,有些运营商也会采取按照经营流水提成的方式,或者采取租金和提成结合的方式。少数购物中心采取出售商铺的方式。购物中心规模越大,采取出售商铺方式的可能性越小。当然,有一些开发商可能会碰到这种情况:看好某个购物中心项目,但鉴于资金压力,不得不将项目整体出售给投资机构,首先解决开发资金需求问题,在项目建设完成并投入运营后,再以回购或回租的方式进行购物中心开发。这种购物中心从形式上来看是采取出售的方式,但开发商往往会考虑有效方案,解决统一经营的问题。根据购物中心物业类型的不同,可以分为物业型购物广场和物业型摩尔购物中心。

1. 物业型购物广场

物业型购物广场一般由大房地产商开发,通常建在市中心黄金地段,实行的是租赁制。经营面积一般在 5 万—10 万平方米,由于面积还不够大,故其定位必须突出某一目标顾客群体,所以入驻的业态一般不齐备,即业态业种的复合度不够。

2. 物业型摩尔购物中心

物业型摩尔购物中心又称普通摩尔购物中心,普通摩尔的物业所有者一般不进行零售经营,而是将场地出租给专业零售商,委托专业管理公司进行管理,实行所有者、管理者与经营者的分离。这种优势互补,既可保证和提高管理水平,又可使摩尔以一个统一的社会形象面对消费者,同时,由于摩尔内的各零售商分别经营自己的产品,其可以充分展示自己独特的品牌形象和经营风格。这种购物场所的组织和构造形式,包含着一种促销思想,即要让消费者在购物场所尽可能停留较长时间。普通摩尔购物中心由大房地产商按 Mall 的要求设计开发,通常建在市中心黄金地段或城郊居民聚居区,实行的是租赁制。一般面积比购物广场大许多,在 15 万—30 万平方米;业态业种的复合度高度齐全,大多为全业态全业种经营。

（三）购物中心商铺的特点

购物中心的商铺主要是铺位的形式,铺面形式比较少。商铺面积大小不一,差别很大,从几平方米到几万平方米不等。购物中心牵涉的经营业态有主力店、半主力店、专卖店、娱乐设施、餐饮设施等。不同规模的购物中心里面的业态类型有多有少,其中超级购物中心(Shopping Mall)里面的业态组合最全、最多。以上各种经营业态的经营商大多采取租用商铺的方式,其中主力店作为购物中心的重要组成部分,往往有一定的独立性,每个面积规模在1.5万—2 万平方米;半主力店、专卖店、餐饮设施、娱乐设施等基本上都以独立铺位的形式分布其中。

购物中心中商铺的设计要符合动线设计的要求,规划方案要在总体上考虑商业业态的总体平衡,使通过所有承租户的人流通行量达到最大,达到购物中心的整体人气平衡。在规划设计上常用的方法有以下几种。

（1）以主力店引导人流。一般将主力店的出入口安排在动线终端,尽可能地延长购物中心的人流动线。

（2）以局部的造景、中厅引导人流。

（3）以餐饮休闲娱乐区引导人流。

（4）通过出入口数量和位置的设置调节人流量均衡。

（5）无障碍设计。购物中心要为残疾人、老人、孕妇、儿童等弱势群体提供良好的平等的购物环境,在建筑设计中体现"以人为本"的思想。比如,自动步道的运用,平进平出出入口,自动门,有高差处设坡道,残疾人专用电梯、专用厕所、专用停车位等。

三、购物中心内部组成规划

（一）商店的组成

购物中心的建立需要进行商圈及市场分析。假如已决定在某地设立购物中心,那么接下来的工作就是确定购物中心将招募哪些零售商店和服务机构。一般来说,购物中心应包括零售商店、餐饮店、电影院、音乐厅,甚至博物馆等。零售商店是其基本组成部分,一般包括百货商场、超级市场、专卖店和邮购商店等。专卖店大多为服装店、鞋店、珠宝店、电器商店、照相器材店、钟表店等。通常来说,购物中心的购物、餐饮和休闲的业态经营比例为 1：1：1。

一般室内的购物中心步行街的宽度在 15—20 米,但不应超过 22 米,也不能小于 15 米。如果没有中庭,店铺宽度可以在 5—8 米,但不应超过 10 米。宽度太大,人流过于分散看不出动线,宽度过小则过于拥挤。步行通道单边铺子宽度可在 4—5 米,最小宽度不能小于 3.5 米。主入口一般宽度在 9—12 米,太大不易导流,太小则容易堵塞店铺。

（二）商店的结构

购物中心的商店组成结构因规模不同而有所差异,下面以美国的购物中心为例进行说明。

1. 地方购物中心

地方购物中心是规模最小的购物中心,占地面积约为 4600 平方米。其商店群结构是围绕超级市场来设立的,有若干食品店、医药店和杂货店,以及洗衣店、理发店、维修中心等,其目的在于满足附近居民的日常生活需要。

2. 社区购物中心

社区购物中心的规模大于地方购物中心,占地面积通常约为 9200—37000 平方米,其商店群结构围绕着早期的百货商场来设立,附以超级市场和若干专卖店、杂货店等。这里的专卖店有一定的规模和水准,但没有销售众多商品的百货商场。其目的在于提供便利商品、个人服务、家庭设施、生活用具等,商品种类有多种尺寸、样式、颜色和价格。

3. 地区性购物中心

地区性购物中心的规模列于第二位,占地面积超过 37000 平方米。其商店群结构是以9200 平方米以上的百货商场为核心,附以若干杂货商店、服装商店、家具商店、装饰商店和一些娱乐设施。它比小区购物中心的花色、种类要多,服务范围更广。

4. 城市购物中心

城市购物中心是规模最大的购物中心,占地面积大约为 69000 平方米,但一般都在 92000平方米以上。其商店群结构是围绕着至少 3 个面积超过 9200 平方米的一流百货商场建立起来的,附以若干超级市场、专卖店和杂货店等,还配有其他娱乐设施。其目的在于提供杂货、服装、家具和室内陈设品、娱乐等全方位的综合性服务,其花色、种类十分齐全。

(三)超级市场的数量和规模

1. 购物中心的超级市场数量

购物中心里应该设几家超级市场并没有一个统一的标准,要依具体情况而定。无论是从专家的意见来看,还是从购物中心现状来看,都有独家和多家两种情况。

(1)独家。即在购物中心中只有一家大型量贩店或超级市场。

某些超级市场的经营者愿意支付超额的租金,取得独家租用权,排斥其他超级市场进入购物中心。他们认为,购物中心中有多家大型超级市场,会形成竞争的威胁,甚至出现两败俱伤的局面。

某些购物中心的经营者认为,购物中心中有一家大型超级市场效益最好。虽然第二家有可能增加总体销售额,但不足以支付提供设备所需的资金。

(2)多家。即在购物中心里有两家及以上的大型量贩店或超级市场。

某些超级市场的经营者愿意见到两家或两家以上的大型超级市场开在较大的购物中心里。他们认为,两个超级市场会增加对顾客的吸引力,使两家的销售额都大幅度上升。

某些购物中心的经营者持有同样的观点,他们认为两家超级市场并存,可产生较大的总销售量,比独家承租会产生更大的效益。

2. 购物中心的超级市场规模

超级市场规模必须与购物中心规模一致。一般的情况是购物中心的规模越大,其中的超级市场规模也越大,反之则越小。

法国的购物中心规模较大,因此购物中心里常有一家大型量贩店,其面积占购物中心的1/3—1/2。

美国的购物中心规模大小不等,因此超级市场也参差不齐。在地区性购物中心中,超级市场面积一般为 2700—5500 平方米;在普通型购物中心中,超级市场面积一般为 2000—2700 平方米;在小型购物中心中,超级市场面积一般为 1100—2000 平方米。

四、购物中心选址及外部规划

(一)购物中心的选址

购物中心设在哪里要考虑商圈内居民消费水平和购买习惯、交通、货物供应等情况。从选择较大地点的方面来看,可选择城市郊区、非中心地区和中心商业区。

1. 城市郊区

许多购物中心都位于城市郊区,这也是早期购物中心的共同特征,其主要原因在于城市居民出现移往郊区的热潮,城市中出现萧条,加上城市中地皮昂贵,交通堵塞,大多数家庭拥有小汽车,开车购物成为主流。

2. 非中心地区

一些购物中心并不冒险地选择郊区,因为郊区人少,人口流动不多,而是选择居民容易到达的非中心城市区。非中心城区往往是居民汇集地,而且公共交通便利。例如,巴黎市几乎每条市内地铁的终点都有一个购物中心。

3. 中心商业区

随着城市中心的萧条,各国政府都采取了复兴城市中心的若干措施。如改善交通条件,再辟步行区等。因此,在中心商业区也出现了购物中心,但数量有限。

(二)购物中心的规模

购物中心规模的确定要考虑平均消费水平与结构。一般来说,购物中心规模越大,功能越综合。反之则越单调。

1. 地区型购物中心

地区型购物中心总面积为 69000 平方米以上,拥有 60 家以上的商店,一般位于城郊及其边缘地区。地区型购物中心可以控制周围购买环境,具有较大的吸引力。

2. 普通型购物中心

普通型购物中心总面积为 37000 平方米以上,拥有 25—40 家商店,一般位于城郊及其边缘地区,或小城市之中。

3. 小型购物中心

小型购物中心总面积约为 9200—37000 平方米,拥有 10—25 家商店,一般位于住宅区或都市中。

(三)购物中心的形状

购物中心依地理位置和规模不同,可选择不同的建筑形状。

1. 条形购物中心

条形购物中心是把商店沿着街道分布,呈一条直线展开,建筑物面向主要街道,停车场在前,美国几乎所有的小区购物中心都是此种形状。

2. 庭院式购物中心

庭院式购物中心是将建筑物规划成庭院状,停车场在庭院外围,一般为四方形。

3. 室内街道型购物中心

室内街道型购物中心是将商店安排成像在街道上一样,但实际上是在室内,没有噪音和汽车往来,通常是在两端各设一个大型商店。

4. 街道连接型购物中心

街道连接型购物中心通过将各个购物街道环绕地连接起来,鼓励人们在整个购物中心里购物,而不是仅在靠近停车场的商店购物。面积超过 9200 平方米的购物中心常采用这种形状。

5. 花团锦簇式购物中心

花团锦簇式购物中心是将商店群围绕着一个大型中心商店进行设立。

(四)购物中心中超级市场的位置

超级市场和大型量贩店是购物中心里的核心,其位置所在相当重要。

1. 超级市场应在一端

每一个商店都想占据顾客流量最大的地方,购物中心开发者必须进行统一安排。

一般来说,超级市场应设置在购物中心的一端或周边地带,因为超级市场是顾客购物的重点区域,为方便顾客进出和提货,设在一端或周边地带最为有利,但可能影响顾客在购物中心的滞留和购买的时间。

2. 超级市场应远离百货商场

在购物中心里,如果同时有超级市场和百货商场,那么超级市场最好不要靠近百货商场。据统计:顾客通常花三分钟在超级市场购物,而花两三个小时在百货商场里浏览。若二者相邻而设,百货商场的顾客占据停车场时间将很长,这会妨碍超级市场的顾客使用停车设施。

第四节 步 行 街

步行街,是指在交通集中的城市中心区域设置的行人专用道,并由此所逐渐形成的商业街区。步行街原则上排除汽车交通,外围设停车场,是行人优先的活动区。徒步街与徒步购物街的意义是一样的,可通称为步行街。步行街是城市步行系统的一部分,是为了振兴旧区、恢复城市中心区活力、保护传统街区而采用的一种城市建设方法。

商业街指以平面形式按照街道的形式布置的单层或多层商业房地产形式,其沿街两侧的铺面及商业楼里面的铺位都属于商业街店铺。步行街不是一种独立的零售业态,而是多种零售业态的混合,考虑到商业街在零售选址规划上的特殊性及其独特要求,为了保证本书内容上的完整性,故仍然把其放在这里进行讨论。

从宏观上讲,步行街依然属于商业街的范畴,北京王府井步行街、上海南京路步行街都属于步行商业街,它们都是由多个规模不同的购物中心、百货大楼、体育用品商店、娱乐场所、餐饮场所等各类商业房地产组成;微观上讲,我们常见的商业街还有建材街、汽车配件街、服装精品街、酒吧街、美容美发用品街等。步行街作为商业街的一种特殊类型,在规划上具有某些独特之处,下面将从商业街的介绍逐步深入到步行街的规划要点。

知识活页　　　　步行街的发展过程

第一代步行街——仅仅为了吸引顾客,是纯粹的商业性步行街。

第一代步行街在形态上仅仅指的是步行街要素,它产生的根本目的是加强城市中心区的交通管理,保护并刺激中心商业区零售业的发展。它改善了交通环境,疏通了人流,使步行街商店的营业额大大地提高,为复兴中心区的商业,防止中心区衰落做出了贡献。但是在商业成功的同时,也出现一些不利的后果。第一,商业的成功以牺牲步行街内商品种类为代价,因为步行街内的商店和步行街外的商店租金差额很大,在步行街内,一些提供基本服务的小商品商店越来越少,而大百货商店却越来越多;第二,由于步行街商业的集中,吸引了大量的顾客,而使步行街附近街道商店的营业额下降,危害了这些商店的利益;第三,一些步行街规划不当,交通管理混乱,使步行街周围的街道超负荷运转,造成了更大的交通混乱;第四,第一代步行街呆板,缺乏趣味性,最终以失败而留在人们的记忆里。它们的单调环境给人留下了"不购物就离开"的印象。

第二代步行街——体现了对步行者的关怀,关注环境的人性化建设。

第二代步行街在形态上延续了第一代步行街,也出现了一些步行街相连的形态,即网络步行街。第二代步行街的出现,反映了人们重视市中心环境的质量,重视人的行为和环境的关系。在第一代步行街的基础上,其增加了许多装饰,如绿地、彩色的路面、街头雕塑、座椅等,这些增加了步行街亲切宜人的氛围,人们在购物后,仍有留在这里的兴趣,在这里得到休憩和相互的接触,既满足步行者的行为要求,又体现了对人的关怀。第二代步行街体现了"不仅仅强调购物活动,也考虑了步行者活动舒适"的设计思想。

第三代步行街——成为社会活动中心。

第三代步行街在形态上有了很大的改变,它不再是单一的街道,而是增加了很多要素,如几条步行街联结成网,街的两端配有广场,出现了地下的步行购物中心和空中天桥步行系统等,这样的步行街的环境更加宜人。在市中心的大范围面积内,设立的无交通区,更加有利于保护市中心的历史建筑和文物;同时步行街出现了很多的社会文化活动,人们更多地被环境和多种多样的活动所吸引,而不再仅仅是购物活动,显示出了它的社会效益。在这里,人们的行为方式非常丰富,在轻松的环境气氛中享受人与人交往的乐趣,城市步行街加强了人们的地域认同性,成为城市的象征,也成为城市的社会活动中心。

(资料来源:连芳.中央商务区欲注文化新基因[N].春城晚报,2004-12-11.)

一、商业街店铺的类型

商业街店铺的分类可以有多种形式,可以按照经营商品的复合程度划分,也可以按照建筑形式划分,还可以按照铺面商铺和商业建筑里面铺位划分,下面就按照所述三种分类方式对商业街商铺进行分类。

(一)按照经营商品的复合程度划分

按照商业街经营的商品是专业类别,还是不加确定的复合形式,可将商业街商铺分为专业商业街商铺和复合商业街商铺。

专业商业街商铺往往集中经营某一类(种)商品,如建材商业街、汽车配件商业街、酒吧街、休闲娱乐街等;复合商业街商铺对经营的商品不加确定,经营者可以按照自己的设想去随意经营,如北京西单商业街,北京大都市街等。专业商业街商铺鉴于整个商业街经营商品的统一性特点,整个商业街的市场成本比较低,只要商业街的开发商对整个商业街进行恰当包装,那么所有的商铺就可以享受开发商统一市场宣传所带来的市场效果。另外,因为专业商业街经营商品的品种简单化的特点,所以其规划设计的复杂程度较低,开发商不太容易发生因商业街的规划设计不合理,最终对整个项目的运营产生负面影响的情况。

就复合商业街商铺来讲,因为经营商品没有统一性、协调性。所以开发商对项目的市场宣传所能带给经营者的利益相对较少,这一点并不符合竞争规则。除此因素以外,复合商业街商铺的规划设计难度较高,如果开发商操作不当,就会发生因投资者、经营者不认同项目的规划设计方案所导致的项目失败,也会发生因项目市场成本太高,而使竞争力降低的情况。复合商业街在大城市往往已经形成了几个有市场影响力的项目,所以市场竞争的压力已经很大,如果再想新建其他复合商业街项目,无疑市场风险会比较大。对于中小城市来讲,复合商业街在有的城市尚处在初始发展阶段,甚至是当地的第一个复合商业街项目,这种情况下,项目的风险相对比较低,但是必须谨慎判断项目的规模、定位等技术问题。

(二)按照建筑形式划分

商业街商铺按照商业街的建筑形式可以分为单层商业街商铺和多层商业街商铺。单层商业街商铺是指采取单层建筑结构的商业街里面的商铺,多层商业街商铺指建筑形式为多层建筑的商业街里面的商铺。

单层商业街里面的商铺因为都位于同一层内,所以不存在楼层对商铺租金的影响。之所以强调楼层对商铺价值、租金的影响,是因为第一层的租金水平和第二层的租金水平差距很大,第一层租金有可能是第二层租金的两倍。在商业运营中,必须将楼层因素充分予以考虑,避免价值损失,争取创造最大的价值增值。

(三)按照铺面商铺和商业建筑里面铺位划分

专业商业街商铺大多数属于铺位性质,较少属于铺面。众所周知,铺面的价值要明显高于铺位,在同一市场里,最好选择铺面。复合商业街商铺里,有可能铺面和铺位的数量不相上下,尤其对于已经经过了长期市场积淀的类似王府井步行街之类的项目,其铺面价值会高于铺位价值几倍,甚至10倍以上。

二、商业街的特点

(一)专业商业街的特点

1. 商业街规模特点

商业街规模大小不一,和经营的商品类型有关。比如,经营服装的商业街和经营建材的商业街其规模可能会有较大的差别。北京"女人街"属于典型的女性服装商业街,每个独立的"女人街"规模约10000平方米;而北京十里河建材街,建筑规模近10万平方米。

商业街的规模必须体现市场需求和所经营的商品适合的经营规模。如果一个商业街盲目追求规模效应,那么商业街将会面临市场承受力不够而引发的经营困境。

2. 商业街规划设计特点

商业街沿街两侧布置商铺,单层建筑居多;商业街可以是一条街,也可以是一条主街和多条副街;商业街的长度不能太长,若超过600米,消费者就可能产生疲劳、厌倦的感觉。

3. 专业商业街商铺特点

有些专业商业街完全采取铺面形式,如北京三里屯酒吧街;有些则完全采取铺位形式,如北京的"女人街";其他专业商业街采取铺位、铺面相结合的方式,如北京十里河建材街。铺面形式对商铺投资者而言意味着高售价、高租金和高收益,但对于商铺开发商来讲,却意味着可开发面积减少。以商品购买为主的零售业态因为针对的客户群广泛,所以很少采取铺面形式,这样可以建设更多铺位;而以服务业态、体验业态为主的商业街则恰好相反,主要采取铺面形式。需要关注的是,凡是采取铺面形式的专业商业街,整个街取得成功的比例很高。

(二)复合商业街的特点

1. 商业街规模特点

复合商业街大多数规模庞大。无论北京王府井步行街,还是上海南京路步行街,都是商业"巨无霸",沿街商业房地产开发面积达几十万平方米。新开发复合商业街的规模决策对开发商很重要,但如果开发面积太大,超过了市场需求,开发商就很容易失败。

2. 商业街规划设计特点

其规划设计沿街两侧布置,大多数为多层建筑,长度往往比较长。复合商业街规模庞大,对规划设计的水平有较高要求。设计商必须合理、科学考虑交通组织、停车场规划、消防、环境、商业引导等方面的问题,否则有可能导致项目失败。

3. 复合商业街商铺特点

复合商业街商铺的形式主要是铺位,铺面商铺数量较少。在运营成熟的复合商业街,铺面商铺的价值极高。在投资回收形式上主要采取出租经营的方式。有些规模很大的复合商业街往往将沿街的土地出让给不同的开发商,由不同的开发商各自开发。这种多家开发商共同开发大规模商业街的情况,商铺投资者不仅要考虑拟投资项目的个案情况,而且还要考虑商业街整体的规划等问题;也有一些新建复合商业街采取出售经营的方式。如果该类商业街是一个没有历史铺垫的项目,这类项目的投资风险会比较大。

三、徒步商业街的交通选择

徒步商业街的核心问题之一是交通,交通的基本要求是方便和安全。方便是指顾客容易到达,主要涉及对外交通。安全是指顾客能放心大胆地散步、游览、购物,主要涉及内部交通。

(一)方便的对外交通

营业地点的重要性是如何强调也不过分的。有顾客才有生意,而客源多少和交通条件密切相关。假如将零售商业发展史称为交通史也并不为过。正是由于城市交通便利,才吸引了大批商人落脚,开办商店,造就商业城市;正是由于城市交通变得拥挤,人们才迁往郊区,带来了郊区商业的繁荣。然而,假如没有汽车为人们提供便利,郊区的繁荣绝不可能出现,同样的,城市中心区的复兴也必须为人们提供便利的交通条件。

1. 公共交通

公共汽车必须在徒步商业区两端或周围设有若干站点,以不超过5分钟的步行时间为宜。地铁行驶于地下,因此完全可以进入徒步商业区,不会对地面交通产生太大的影响。还有一些城市,把公共汽车系统转移到地下,地面上皆是雕塑、花园、喷泉等景观,将购物、休闲、游玩功能结为一体,给人以世外桃源的感觉。

另外,对于比较大的徒步商业区,要保证顾客容易到达,诸如车站、码头、机场等地都有便利的交通工具可以直达。

2. 停车场

虽然城市中心区地价昂贵,停车场占地面积大是让人头痛的问题,但徒步商业区的停车场不可不建,城市中心商业第一次萧条的原因之一就是大型百货商场没有停车场。小汽车已成为顾客购物的"双腿",如果到商店来买东西,连停车的地方都没有,顾客会兴趣大减。另外,有时虽然公共交通方便,但商品买多了不便携带。因此,一个法国著名商业专家提出,必须在大型商场附近设停车场。

毫无疑问,停车场应建在徒步商业区两端或周围,最好是专门的场地而非道路旁。为了节省费用可将停车场建在建筑物顶楼或者地下,适当收费。如果停车场归属于一个大的零售企业,那么这家商场可以依顾客在此购物花费的金额减免其停车费。

3. 进货车

徒步商业区内商店的进货车、送货车都不得任意来往穿行,只能在夜间,或者是从后面街道进入。所有车辆都必须在停车场内停放。

(二)安全的内部交通

安全内部交通的实现在于严格禁止机动车入内,婴儿车、残障人士专用轮椅除外。

1. 完全封闭

世界上有许多城市的徒步商业区实行完全封闭措施,在任何时间以及任何地点都绝对禁止车辆通行。其好处是便于管理,使顾客的安全购物达到最理想状态。但商店进货、送货不太方便,如果徒步商业区规模过大会造成城市交通系统中断。

2. 半封闭

半封闭徒步商业区的交通,包括时间半封闭和空间半封闭两种。时间半封闭是指在店铺营业时间内封闭车辆交通,仅供行人观光、游览和购物,而在店铺关门休息时间里允许车辆进入。这种做法的好处是保障了顾客的购物安全,又考虑了周围地区交通的平衡,并给店家上货预留出了时间,但时开时关的状态不便于管理。

空间半封闭是指在街道中央辟出封闭机动车行道,低于地面,可供机动车穿行,但不能停、靠、转弯等,两边设有较宽的人行道,横过马路需通过对街天桥或地下道,人行道与机动车道完全隔离。这种做法照顾了正常交通与步行两方面的要求,但是一旦发生堵车就会影响环境,同时噪声、汽车尾气污染会破坏徒步商业区的悠闲气氛。

3. 管制

徒步商业区路口要设置专门人员管理内部交通,防止不懂或不遵守规则者贸然进入,对于故意违反者要进行罚款处理。

四、徒步商业街的地域及规模确定

徒步商业街既拥有现代情调,同时又立足于旧街改造,因此特色如何,对其发展有着重要影响。

(一)地域选择

选择徒步商业街的地域并不困难,因为它不是新建的一条街道,而是在现有街道的基础上进行改造,因此,徒步商业街的地域应该选择在旧城的商业区中。由于城市的复兴是一个系统工程,地域选择应侧重于那些牵一发而动全身,盘根错节,环境比较突出的街区。

1. 市级商业区

市级商业区常常具有人口流动大、交通拥挤、开发较早、设施较落后的特点。如果将其改造为徒步商业街,就可以使城市的核心商业区矛盾缓解,并带动整个城市商业的繁荣。

2. 店铺较多的商业区

店铺数量达到一定规模,才能形成声势和街区效应。如果店铺数量过小,改造花费过大,企业无力承担过多费用,改造后也不会带来明显效益。另外,徒步商业街常会形成内部交通安全,外部交通不便的问题。店铺数量过少难以消除人们忧虑交通不便的心理。

3. 小街巷

一些传统的小街巷,道路不宽,但店铺林立,顾客较多,还有一些慕名而来的观光客。这类小街巷常常以其独特风格享誉全市、全国乃至全世界。对这些街巷实行步行规划,不仅可以保证顾客安全,也能使游客体会到此地的传统风情。另外,对于一些食品街、小商品街、服装街等都可实行步行规划。

(二)规模确定

徒步商业街的规模确定,不仅是步行街道宽窄问题,而是整个中心商业区复兴的问题,其核心是商业规模确定的问题。一旦商业规模确定,步行街道的确定就变得轻而易举了。

1. 影响徒步商业街规模的因素

徒步商业街的规模大小,受诸多因素的影响和制约,了解这些影响因素,对确定徒步商业街的规模有着重要意义。

(1)旧有商业街的规模。

徒步商业街规模主要受旧有商业街规模的限制。在一个市级商业区里,可以形成一个较大的徒步商业街;而在一个传统型的小街道,只能形成一个规模较小的徒步商业街,甚至成为仅提供某一类商品或服务的步行街。

(2)所确定商业街的潜力。

徒步商业街规模还受商业街未来发展潜力的限制。一个难以向四面延伸的商业街,面对新兴商业街的挑战,无论从商店设施和服务环境方面都显得过于传统和老化,现代人对此逐渐冷落。假如商业中心区复兴计划不能使其走向繁荣,那么就不应确定过于庞大的商业街计划。

(3)商业街的结构。

传统的商业街大多为直线型,街道两侧布满店铺。店铺排列组合方式、距街道远近等会直接影响步行商业区的宽窄,为保持已有的传统店铺风格,往往会保持原有规模。

(4)城市商业整体布局。

城市商业的整体布局,也会影响某一具体商业街的步行规模。如果某一地区商业网点不足,或是一个新兴的卫星城区,那么它的步行区规模会比较大,同时为弥补原有商业网点的不足,常常会伴随着新建和改建工程。如果某一地区商业网点过剩,那么步行区只需保持传统特色,维持原有规模就可以了。

2. 规模计划的制订

商业计划的制订,除了考虑以上因素外,还必须考虑城市中心商业区整体复兴计划,即把徒步商业街规模的确定纳入城市中心商业区的整体复兴规划之中。

(1)城市中心商业区复兴的目的在于创造人们的游览热情和购物兴趣。具体措施是创造一个优美、活泼、诱人的活动、娱乐和购物场所,并透过此举为城市增加特色和魅力。

(2)城市中心商业区复兴的内容也是徒步商业街规划的内容。它包括营业时间扩大后需要哪些设施来吸引人潮;是否为人们提供更多的就业机会,改善其工作环境和条件;附近住宅区如何发展;与商业、娱乐服务搭配的设施和停车场设施如何设立;古建筑如何保存和恢复;连接主要商店、办公楼的高架或地下道如何设置等。因此,徒步商业街的建设是一个系统工程,并非仅是封闭交通的问题,其规模计划必须与城市整体复兴规划相协调。

(3)徒步商业街的规模可分为三个等级。一级徒步商业街是规模最大,商圈范围遍及整个城市的商业街,店铺范围涉及城中某个区域范围,店铺总量为200家左右,街长在500米以上。二级徒步商业街规模中等,商圈范围涉及城中某个区域范围,店铺数量为100家左右,街长在200—300米。三级徒步商业街是小型街道,具有传统街巷韵味,通道狭窄,以经营某一类商品为特色,游客常为外地观光旅游者,店铺数量多且店面小,街道很长但非常狭窄。几乎所有的徒步商业街都会在上述类型中找到自己的位置。

五、徒步商业街的特色规划

徒步商业街的生命力不仅在于步行,还在于各自的独特风格,这种风格的形成要考虑许多因素,不可随心所欲。

(一)因地制宜

城市中心商业区的每一条街道,每一条小巷,都有自己的特征,把这些特征实行出来,作为徒步商业街追求的目标,会收到很好的效果。

知识关联

世界十大商业街:美国纽约第五大道;法国巴黎香榭丽舍大街;英国伦敦牛津街;日本东京都新宿大街;韩国首尔市明洞大街;新加坡乌节路;德国柏林库达姆大街;奥地利维也纳克恩顿大街;俄罗斯莫斯科市阿尔巴特街;加拿大蒙特利尔地下城。

1. 确定主题

现代商业活动已成为一种文化活动,徒步商业街的特征之一是具备满足人们休闲、娱乐与购物的综合功能,主题布局则是实现这一功能的重要手段。对于一个步行街来说,可以确定吃、穿、用、玩等某一方面的主题。既可以是单一主题,诸如食品步行街、服装步行街等,也可以是综合性主题,以满足人们全方位的需求。在确定用途主题后,还有需要确定时间主题,即该徒步商业街是以现代流行为特征,还是以传统特色为特征。通过格局、经费、种类、品牌及店号等情感性手段来突出主题,会激发人们的生活热情和对步行街的喜爱。通过环境布置和饰物装饰,会引起人们的联想并触动人们的情感,以达到享受的目的。

2. 巧用旧建筑

无论是购物中心,还是徒步商业街都在一定程度上改变了人们的生活方式。购物中心常是另起炉灶,而步行街则是"修旧利废"。后者更重视文化色彩和古城保护,这与其位于城市繁华区有关系。因此,徒步商业街必须巧妙利用旧有建筑,而不是一概推倒重建。美国一些步行商业区,就是利用旧有的仓库、消防驻地用房、文化建筑等改建而成的,因而充满了神秘色彩和文化情趣。

3. 弘扬传统特色

对于一些新建的徒步商业街,选定新潮风格较为恰当;然而,对于本身已具有历史文化传统的旧有街道来讲,应充分利用其特色及优势进行改建。纵观世界各国的徒步商业街,绝大多数是在传统的、历史悠久的商业街基础上改建而成的,它将古老的商业街自然地保留下来,一个招牌、一个景色、一个路牌,都不轻易地弃旧图新,而是将其精心地组织到新环境中去。实际上,历史传统与现代化并不对立,现代化的东西并不只是钢铁、水泥和计算机,也有其浓厚的历史文化和情感色彩。

（二）追求情调

徒步商业街为设计者们提供了发挥创造力和想象力的广阔空间,它将人们的一切活动几乎都包含在一条街上,使追求情调成为必要和可能。

1. 步行道

步行道是徒步商业街风格的主要呈现,如果是与高速公路一样的路面设计,会让人感觉是走在嘈杂的公路上,不会产生散步兴趣,只会匆匆地赶路。

国外诸多徒步商业街的设计追求变化的线条,努力提供多种多样的步行空间,为漫步者创造一个令人依恋的空间形象。诸如在步行街上设置小型广场、艺术走廊、上升式拱桥及下沉式通道等,使人产生在公园散步的感觉,或仿佛在艺术博物馆欣赏艺术。美国威斯康星州奥什帕克广场的步行道,地面按四季更换颜色,棕色、蓝色、橘黄色用于秋天;暖色、柔和色用于春天,使人心旷神怡。

2. 店铺

店铺建筑是一种高尚的艺术,西方诸多城市的步行街里,店铺的情调及招牌,是吸引不少顾客前往的原因之一。店铺的情调不仅在于造型和外观,更在于充满人情味的内涵。步行是人们欣赏和享受的条件,但如果所观所感令人乏味,那么该步行街显而易见是不可能成功的。

一个城市的情调常由店铺的情调来呈现,徒步商业街是城市的窗口,因此步行街上的店铺一定要相当考究。这并不意味着要花很多钱,如一个木屋酒楼的造价远远低于豪华的酒吧,但前者会更有情调。有人说,没到过巴黎咖啡馆,就等于没到过巴黎,因为巴黎咖啡馆有自己浓厚的情调,能给人一种独特的感受,这正是巴黎市政府费尽心力取得的成果。

可见,徒步商业街的店铺建筑群,是最容易形成具有一定特色的城市景观,它会为城市增色。

3. 环境

环境是构造徒步商业街情调的重要条件,它必须与整体建筑风格相协调,并且创造一个综合性的休闲空间。这一切都围绕着"以顾客满意舒服为宗旨"的核心,是对现代市场营销观念的反映。

最初,人们建设徒步商业街,只是被动地解决交通与城市萧条问题,后来,人们开始主动地为顾客提供一个轻松愉快的购物环境,一切为顾客着想,一切为顾客服务。

徒步商业街环境的构造,包括自然景观和便于游客服务的设施等。前者包括精心布置绿地,铺设色彩、材质讲究的道路,设置相应的雕塑、路牌,建设林荫道等。后者包括提供舒适的休息设施,诸如艺术石凳、座椅;建造方便顾客购物的各种街头小商摊,诸如书报摊、冷饮摊等;引进街头艺术活动,诸如各种艺术展览和文艺演出。要突出生活气息,围绕"人"这个主题,创造一个高情调的生活文化空间。

知识活页　　　　　　　　**中国知名步行街**

北京王府井大街:位于中国北京市,是北京最繁华的地段之一,北京最有名的商业区,有"中国第一街"之称,也是观光客到北京的必游之地。它南起东长安街,北至中国美术馆,是一条南北走向的长街,全长约 1800 多米。与周边拥堵的交通状况相比,王府井大街可谓一个悠闲而热闹的真空地带。数百家著名的国内商号与海外品牌汇集在这条"寸土寸金"的商业街上，与北京古朴的文化氛围及炫目的商业气息相映成趣。有一百年历史的王府井大街的特点就是铺子老、名号大、街道宽、气派足，而这些特点在众多中国商业街中，恐怕也只有皇城根下，占尽北京地利之便的王府井大街能够独享其尊。

上海南京路步行街：位于中国上海市，是上海最早的一条商业街，原称花园弄，位于上海市黄浦区，西起西藏中路，东至河南中路，南京路步行街全长 1033 米，路幅宽 18—28 米，总用地约 3 万平方米。步行街的东西两端均有一块暗红色大理石屏，上面是江泽民同志亲笔题写的"南京路步行街"6 个大字。国庆 50 周年时落成的这条步行街，使"百年南京路"焕然一新，成为上海又一处靓丽的城市新景观。

成都春熙路：位于中国四川省成都市，始建于 1924 年。历经九十多年的岁月洗礼，这条取"众人熙熙，如享太牢，如登春台"的典故而命名的商业街，今天已经成为成都魅力的代名词。大约有商业网点 700 家，网点面积大约 220000 平方米，是中国西部最大的商业步行街区。众多"中华老字号"的成都名小吃——钟水饺、赖汤圆、夫妻肺片、韩包子、龙抄手都聚集在春熙路上。它是成都的时尚公告牌，也是成都的流行文化站，全国的街头潮流和品牌在这里跟随着同一脉搏跳动。它照亮成都的昼夜，点燃整个城市的浮华，成为成都的时尚中心。

南京湖南路：位于中国江苏省南京市，地处鼓楼区辖区，西起山西路市民广场，东至中央路，全长 1100 米，路幅 30 米。全街共有各类商店两百余家，其中名牌、精品、专卖店占 83% 以上，总营业面积 8.7 万平方米。

沈阳中街步行街：位于中国辽宁省沈阳市，全长 1500 米，是沈阳最早的商业街，距今已有 300 多年历史，是中国古代第一条步行街。中街是沈阳历史悠久、交易繁华的商业区。明末，辽东开原、广宁、抚顺的马市贸易繁荣，使位于三大马市中心沈阳的商品经济有了长足的发展。1625 年，"大金"迁都沈阳，经济更趋繁荣，四平街(今中街)便形成了。吉顺丝房、老天合绸缎庄等大百货商店，多集中在街路的南北两侧；丰富多彩、琳琅满目的小商品行市，都散布在沿街的胡同里。

哈尔滨中央大街：位于中国黑龙江省哈尔滨市，体现了哈尔滨的独特建筑文化和哈尔滨人的欧式生活。其建成时(1900 年)被称为"亚洲第一街"。它北起江畔的防洪纪念塔广场，南接新阳广场，长 1400 米。街道建筑包罗了文艺复兴、巴洛克、折中主义、哥特式等多种艺术风格的建筑共 71 栋。1986 年，哈尔滨市人民政府将中央大街确定为保护街路。1997 年 6 月 1 日又将其改造成全国第一条商业步行街。1998 年，中央大街步行街获得了"全国百城万店无假货示范街""全国青年文明号"示范基地等荣誉称号。2006 年 3 月又被中央八部委评为全国"百城万店无假货"活动先进单位。2006 年 4 月被建设部(现住房和城乡建设部)评为"中国人居环境范例奖"。2006 年首届哈尔滨十大城市名片评选活动中，中央大街被评为哈尔滨的城市名片。2008 年被评为"哈尔滨十佳名景"，冬季还会出现各式各样的冰灯。

重庆解放碑步行街：位于中国重庆市，建于 1997 年，是中国较早的商业步行街之一。重庆解放碑金融商务街位于解放碑 CBD 硬核范围内的东侧，规划总占地面积 7 万余平方米，是解放碑 CBD 范围内唯一可供整体规划改造的区域。解放碑步行街是重庆最炫目的时尚地标。解放碑中心购物广场是长江上游的黄金商贸区。解放碑步行街既时尚又有层次。

长沙黄兴南路步行街：位于中国湖南省长沙市，是长沙五一广场商圈最重要的组

136

成部分,被称为"三湘第一街"。经过多年的发展,步行街取得了经济效益和社会效益的"双丰收"。2005 年被列为"中国首批十大著名商业街",同年年底再获"省级文明街道"荣誉称号;2007 年被评为全国"百城万店无假货"活动示范街;2008 年步行街总销售额 18 亿元,比改造前增长 44 倍,安排就业 12000 多人。

大连天津街:位于中国辽宁省大连市,区位优势明显,地处"六个中心"——金融中心、商业中心、文化中心、信息中心、国际航务中心和大连市唯一的中央商务中心区。距大连火车站仅 200 米,距大连港仅 300 米。星级酒店环绕四周,五星级酒店——日航饭店与天津街隔街相望,往西 200 米就分别坐落着香格里拉和富丽华两家五星级大酒店。天津街南与久负盛名的中山广场毗邻,其周围的建筑群凝聚了世界建筑之精华。与天津街相邻的友好广场中央坐落着象征着北方明珠寓意的水晶球,其周围的两大影院代表着大连历史文化和现代文明的完美结合。

深圳东门步行街:位于中国广东省深圳市,是深圳历史最为悠久的商业区。以前的东门商业街主要是一些小摊、小贩在经营,经营的商品也以低档次为主。而今,经过改造的东门商业街已经成为集购物、休闲和旅游观光于一体的新型步行街。"新东门"位列中国 18 条重要商街之中。

天津和平路步行街:位于中国天津市,是全国最长的商业步行街,凡是来天津的人都会慕名来这里逛一逛。和平路上老店名匾的彰显,在天津传统文化发展中可谓一大特色,独具风韵。今天的和平路,是一条集购物、观光、餐饮、文化、娱乐为一体的多功能的商业街,夜幕降临时的和平路是它一天中最美的时刻。

武汉江汉路步行街:位于中国湖北省武汉市,处于汉口中心地带,南起沿江大道,贯通中山大道、京汉大道,北至解放大道,全长 1600 米。宽度为 10—25 米,是武汉著名的百年商业老街。

香港铜锣湾商业街:位于中国香港铜锣湾,集巴黎的奢华,米兰的典雅,伦敦的经典和纽约的简约风格于一身,是香港十大景点之一。这里有着琳琅满目的美,尽显都市魅力。

(资料来源:根据百度百科整理。)

六、徒步商业街的商店结构

徒步商业区的商店结构与购物中心不同。购物中心常是设计规划的结果,无论是地点选择还是店铺构成比例,都有诸多人为的痕迹。而徒步商业街常是以历史上自然形成的街区为基础,地点选择与店铺结构都具有自然存在的特点。但也并不是任凭其自由发展,而要有松散的管理。

(一)依街型定店

每一个徒步商业街,都有自己的特色,归属于一定的类型,这个类型决定着商店结构。

对于综合性都市徒步商业街来说,必须至少有一两家大型百货商场,200 家以上的各类型中小型店铺,经营范围应涉及食品、穿着、日用品、文化用品、图书、影音制品、体育用品等各个方面。

对于专门徒步商业街来说,主要突出其所强调的领域。食品街,就要汇集各种风味的小吃、食品和餐馆;古文化街,就要突出"古"字,设置专卖商店,如旧书店、古钱币店、古字画店、文物店等;服装街就要聚集经营各类服装的店铺;首饰街就要设置首饰店、珠宝店等。总之,徒步商业街多种多样,商店结构的确定要与其类型相适应。

(二)广纳同业者

在激烈的市场竞争中,竞争者之间常使用一种躲避策略,这实际上是一种错误。

在店铺布局理论中,有一个两立法则,即经营相同生意的商店,表面上竞争激烈,但竞争结果对每个经营者都有利。因为顾客步行游览购物,常要在各商店之间进行比较和挑选,比较程度高的主要是同业竞争者,反之,则意味着非同业竞争者。

实践证明,同业竞争者集中的地区,容易形成"聚积效应",使生意扩大,甚至招徕远方顾客前往购物,这样会使客流量增加,市场扩大,每一家店铺都可受益。食品街、服装街、饰品街的繁荣就证明了这一理论的科学性。

因此,在规划徒步商业街时,不应排斥同业者,而应有意开办一些同类型的商店,形成规模效应,促进商业街的繁荣。经营者也不必顾虑商业街同行太多,而放弃进入经营。

(三)塑造不同的风格

同业竞争者聚集不会自然地带来繁荣,为实现繁荣和避免互相残杀,各家店铺必须塑造不同的风格,寻求不同的经营重点,这样才能使徒步商业街更具吸引力。

具体做法是从表面看来各店铺所出售的商品相同,但实际上都有差别,正是这种差别构成了每家店铺的特色。例如,食品街上可以有饮食店、水果店、蔬菜店、杂货店等。各类店又由侧重点不同的店铺组成,如生鲜店可分为以供应一般鱼类为主的 A 店,以卖生鱼片为主的 B 店,以销售贝类为主的 C 店,以出售干燥海产类制品为主的 D 店。如饮食店可分为川菜、粤菜、鲁菜、淮扬菜等各种菜系的店铺。它们各具特色,不仅不会产生恶性竞争,反而会促使顾客云集此处,各家都有成功的机会。

第五节　快　闪　店

一、快闪店的特点

快闪店(Pop-up Shop 或 Temporary Store)是一种不在同一地久留的品牌游击店(Guerrilla Store),指在商业发达的地区设置临时性的铺位,供零售商在比较短的时间(若干星期)内推销其品牌,抓住一些季节性的消费者。

在英语中,快闪有"突然弹出"之意,之所以这种业态被冠以此名,很大程度是因为这种业态的经营方式往往是事先不做任何大型宣传,到时店铺突然涌现在街头某处,快速吸引消费者,经营短暂时间,随即又消失不见。在海外零售行业,尤其在时尚界,其常常与创意营销模式结合成为零售店面的新业态。所谓的快闪店可以理解为短期经营的时尚潮店。

快闪店的门店风格要比传统时尚店更具个性,尤其在欧美备受小众推崇的快闪店多以艺术画廊形式展现商品,或者将妖娆的城市主流风格卖场移至偏远的郊区,零售商一般不用担心没有顾客上门,很多忠实的粉丝会追随其开店的脚步。零售行业发展至今缺少的是令消费者悸动的元素,大同小异的卖场布置与商品加速了消费者的审美疲劳,快闪店算是生逢其时的典型代表,恰如白雪中的红梅般汇聚了众人的视线。它讲究的是一种娱乐精神,用一波又一波的惊喜刺激消费者的中枢神经,捕获了一群善变、喜新厌旧的新兴消费群。快闪店通过在短期内创造强有力的内容,建立顾客与品牌的互动来激发个人传播的基础条件。其在内容上具有新鲜感、时限性、话题性、个性化、设计性、趣味性等特点。

事实上,临时商店的本质非常朴实,就如商场内的临时专柜、临时品牌促销、特卖会一样,只是快闪店更注重内外包装,所以更具争议的话题性。目前,诸多国际一线奢侈品牌会选择在时尚尖端城市开设这类临时商店,本身就是万众瞩目的焦点再配上"限定时间"销售的门店,使得快闪店逐渐被冠上零售新业态的称号。快闪店的特点是展示的商品可能是首次亮相市场,甚至是最新设计出来尚未规模化生产的;通常不以销售为目的,宣传品牌、设计和试水消费者与市场才是重点;店铺有别于常规店铺的装修和展现形式,往往被精心设计,极富创意性,在视觉上具有震撼效果。

二、快闪店的发展历程

2003 年,全球第一家快闪店诞生于纽约,市场营销公司 Vacant 在全球零售业最顶尖的实验场——纽约的 SoHo 区,帮助鞋履品牌 Dr. Martens 开设了一家快闪店,最终的销售效果十分亮眼。2004 年,日本设计师川久保玲开设的 Comme des Garcons 快闪店让这种模式快速走红。这些年,快闪店逐渐受到爱马仕、香奈儿、阿迪达斯、耐克等各行业一线品牌的青睐,风靡全球,也逐渐影响其他零售领域。

2012 年之前,快闪店在中国处于萌芽阶段,2012—2014 年开始起步,从 2015 年开始进入一个快车道,平均每年复合增长率超过 100%,预计 2020 年快闪店在中国将超过 3000 家。

目前国内快闪店主要分为销售型、品牌推广型、引流型、市场试水型四种类型。由投入成本及其盈利模式所决定,目前已有的快闪店以销售型和品牌推广型为主,其占比分别可达44% 和 34%。引流型快闪店成长较快,主要原因之一是线下购物中心需要线上网红的导流,而电商平台发展进入平稳期后也面临巨额的网络推广费用,线下体验店拓展了新的客流渠道和变现模式。

从品类来看,服装零售业态是快闪店的主要推动者,2015 年就占到 27%,大量的服装零售快闪店通过买手形式和快闪的场景设计吸引了大批的粉丝到场消费。随着人均收入的提升,精神层面需求也不断在快闪店中展现,有 19% 的快闪店以市集的方式出现,不但获得了较好的口碑,也丰富了购物中心的业态,成为一个新的风景。

从城市分布来看,上海和北京成为品牌商开设快闪店的首选城市,天津、成都两座时尚、娱乐之都也均表现出了对新鲜事物极强的接纳性。预计青岛、武汉、杭州、昆明都将获得较强增长,中原和西北地区能否跟上这次新潮流将是未来发展的重点。

三、快闪店的地域选择

快闪店通常临时设在商业发达的地段或商场,可以是流动性的厢式货车或者集装箱,也可以是临时搭建在公共场所的"摊位",或者是装饰精美的游览车、房车等。

快闪店的周期较短,通常在几天到几个月之间,是一种不在同一地久留的品牌游击店,也就是在商业发达的地区设置临时性的铺位,供零售商在比较短的时间内推销其品牌。由于国内对户外公共场所管控较严,购物中心便成了快闪店国内选址的最优选择,一方面,购物中心客流旺盛、人群精准、水电设施便捷,另一方面,其成熟的商业氛围为快闪店的开设奠定了良好的基础。

商业布局规划

知识活页　　　地产方之"快闪店的出现"

商业地产中闲置店铺的存量攀升，导致闲置危机和资源的浪费，使得国内商业地产产生了大量空间更复合的多元运营需求，也可以理解为新商业环境下商业地产和品牌对流量的需求。

第一，在过去几十年中，商业地产中的几种业态如百货商场、超市等都围绕着零售出货，但大部分零售商场其实是不碰货、不接客的，这些事情都是由商场里的品牌商来做的，货是厂家的，甚至服务员有时也是厂家的，百货商场的盈利其实是通过拿销售提成、做地产商收租来的。电商出现之后，用户可以在任何时间、任何地点在线网购商品，冲击线下的零售行业。线下的商业地产其实更注重客流量，其受到电商冲击之后，无论是销售还是客流量都受到了影响。

对于购物中心而言，快闪店是提升客流量，低价高效的获客利器。一方面，在淡旺季分布上能与购物中心形成较好的互补效果，另一方面，快闪店的限时概念本身也能成为一个话题，作为购物中心在传统节庆日以外的推广话题。

第二，据统计，中国购物中心现有存量近6000家，每年仍将以400家左右速度增长，建筑面积和活跃指数居高不下，但是大量购物中心的集中供应加剧了品牌稀缺，也给购物中心带来如品牌同质化、招商难等一系列问题。

另外由于线上电商冲击、消费者网购频率越来越高，导致实体店铺利润连年走低，空置率过高，倒闭潮逐渐显现。根据 Linkshop 2016 年数据显示，由于受线上电商冲击、线下店铺租金的提高等原因的影响，在单体百货、购物中心以及2000平方米以上的大型超市业态中，22 家公司如天虹百货、万达百货、金鹰百货、沃尔玛、家乐福、7-11 等等共关闭了数百家中国店铺。其中，百货与购物中心15家，歇业店铺的营业总面积超过60万平方米。

以上种种造成了商场开业时商铺入住率越来越低，空铺的现象也变得愈发普遍，从而闲置率居高不下。面对这样的窘境，从前高傲无比的商业地产集团，不得不去积极寻找解决方案来解决闲置率问题，而快闪店就是一个全新的解决方案。它不仅能使购物中心解决空铺问题，还能拿到额外分成，另外流动的品牌更换也使得购物中心内的品牌得到持续更新，提升既有消费者对商场的新鲜感，还能增加非辐射区消费者对现有购物中心的好奇感，扩大粉丝效应。

第三，有专家指出，过去在百货商场消费的是钱，但是在购物中心消费的是时间，如何把客户的平均滞留时间拉长是购物中心需要考虑的，而打造良好的体验是完成这一目标的重要环节。快闪店的超强的 IP 效应和聚客效应，不仅能够带来流量，还大幅度地延长了用户在购物中心停留的时间。1 个优质快闪店的聚客效果相当于 1 个 IP 展、2 个影院或 6 个连锁餐饮店。这些都是快闪店能够给商业地产带来的好处。

（资料来源：根据《一文读懂国内"快闪店"火爆原因》整理。）

140

◎ 第六节　其他零售新业态

零售业作为国民经济发展最快的行业之一,零售业态及其运营方式始终处于不断创新的过程。集合店和无人零售店是近年来我国新出现的零售业态,还处在发展过程中,其布局策略与其他零售业态有所不同。前置仓并不是一种独立的零售业态,可以看作是零售经营方式的一种创新,本身发展还处在摸索阶段。

一、集合店

集合店是零售业实体店铺重要的形式之一,其核心是形成多品牌,为消费者提供一站式的产品消费体验,使消费者花费最少的时间获得最多的商品选择、享有多方位的服务。集合店和单品牌店铺最大的不同是店铺内的产品来自多个品牌,产品和经营完全由店铺方操作,品牌方则以卖货、寄卖或被代理的形式和店铺方合作。目前,集合店分为多品牌集合店、买手制精品集合店、生活方式类集合店和百货式多品牌集合店四种形态。集合店打破了传统实体零售业大众化、同质化的局面,凭借品牌特色和文化宣传能够更好地满足消费者的体验需求和精神追求。此外,集合店最大的优势是实体店需求的面积更小,无须承担较高的租赁费用,使得集合店具有较大的利润空间。

最常见的是百货式多品牌集合店。百货式多品牌集合店的功能相当于一个小型的购物中心,其主要位于大型购物中心内,形成了"店中店"的格局,百货式多品牌集合店的特点主要包括以下方面:一是该种集合店的店铺面积比其他几种集合店大,但比百货商场小;二是集合店的商品主要是专业买手团队从世界各地选择的饰品、服装、鞋帽、珠宝首饰以及生活用品等百货类商品;三是百货式多品牌集合店中商品的主题性较强,对新型商品的推广具有很重要的作用。

我国零售业竞争激烈、品牌同质性高、创新能力较弱,传统零售业的经营模式无法形成顾客的聚集效应,零售业的发展受到了严重的制约,集合店的出现,能够使得品牌降低运营成本,提高交易的成功率。品牌集合店的分类主要形成了以品类为主线的集合店和旗下多个品牌的组合两种类型。一旦该格局能够实现,就会形成足够成熟的环境推动集合店的发展。随着我国零售业电商兴起、消费需求多样化以及品牌重复率等挑战,传统的百货和购物中心等零售形式已无法很好地满足消费者的多元化需求,从而不得不进行升级转型。集合店是以某个主题进行经营,能够放大商品的选择性,且形成了比较多的卖点,能够满足消费者个性化、多元化的需求。

二、无人零售店选址

随着人们收入不断提高、生活节奏不断加快,时间变得越来越珍贵,这让消费者在购物时更加重视方便和快捷。人们对便利、快捷、高效的需求,通过便利店这种业态而得到满足,促使便利店迅速发展。而随着"新零售"概念的提出,线上线下融合,零售物流结合,便利店也衍生出了新的业态,无人零售店就是一个典型的代表。无人零售店指商店内所有或部分经营流程,通过技术手段进行智能化自动化处理,且降低或不存在人工干预。在移动支付和大数据等技术的支撑下,无人零售店凭借着节约人力成本、提高消费效率等优势得以迅速发展,逐步在各个商圈开店。那么作为一种提供快捷、高效的服务的便利店,其选址就显得十分重要。而对于

141

无人零售店而言,选址时更应当注意其区域消费者的年龄、职业以及消费者对产品的需求,同时,也需要对周边环境进行考察,从中深挖可行性商品,进行客流量分析。现在无人零售店会重点布局社区、办公场所、公共场所和高校。其中,布局在社区是为了满足社区家庭生活每日必需和日常必需消费需求;布局办公场所是为了满足消费及时性;而布局公共场所则主要为了满足消费者即时性消费需求;至于布局高校则是为了满足集中消费和便利消费需求。

在无人零售场景中,会有更多的身份认证得以应用,比如进店时,通过 App 授权,消费者在店内的各种行为可以通过人脸识别、声纹识别、唇语识别、室内定位技术等共同完成。在无人零售店内,不同的细化场景,结合不同的认证技术,将极大地提升用户体验。而无人零售店所面临的问题,其实并不是技术上是否可行,而是社会诚信体系是否可行。现在的无人零售店已经不只是表面的无人超市或者是无人货架的经营,更重要的是后端供应链的比拼,商品结构、补货能力、创新技术等一系列因素也都制约着无人零售的发展。

三、前置仓的选址

前置仓是把产品尽量前置到顾客的消费半径内,通过大数据对用户和商品进行画像,挑选出高频次购买的商品前置,形成一个灵活的、高效的小仓库。前置仓也是一种仓配模式,它的每个门店都是一个中小型的仓储配送中心,这使得总部中央大仓只需对门店供货,便能够覆盖最后一公里。消费者下单后,商品从附近的零售店里发货,而不是从远在郊区的某个仓库发货。前置仓位于离消费者较近的地方,可能是某个办公楼,也可能是某个社区里设置的一个小型仓库。前置仓具有一些明显的特征。第一,前置仓的主要功能是为了快速满足消费者的收货需求,因此从服务时效上来看,往往需要提供不超过 1 小时的配送服务。第二,为了满足分钟级的配送目标,从覆盖范围来看,前置仓的服务半径通常为 3 千米—5 千米,其中主流电商及永辉超市等多以 3 千米为服务半径。第三,从前置仓规模来看,由于一个城市内需要高密度布局多个前置仓以覆盖不同的区域,且前置仓大都以门店为基础,因此绝大部分前置仓规模不大,通常在 300—500 平方米。前置仓的优点突出,如离消费者的距离很短,能够快速提供交付服务。

前置仓在仓储、配送等物流作业上需要大量人力,未来随着人力成本不断上升,如何在物流技术层面寻求自动化解决方案是需要思考的重点。目前,一些直通仓与物流科技企业合作探索无人仓。而在仓店一体的前置仓内,主要应用的是信息化系统,如订单管理系统等,物流设备的使用主要是为了减少作业人员的移动。在末端配送环节,随着无人科技的发展,特别是5G 技术的应用,末端无人送货有望在未来得到大范围应用。从电子商务和物流配送的市场需求来看,前置仓有着广阔的发展前景,虽然在构建模式、运营模式、货类选择方面还需要不断完善,但是前置仓在提升物流配送效率、整合物流资源、提升运用收益方面表现良好,有较高的商业价值和应用价值。

 本章小结

1. 百货商场主要采取统一经营的管理模式,由运营商对项目的定位、市场策略、管理模式等进行基于战略考虑的统一运作。统一经营的管理模式有利于打造项目的品牌价值,便于提升项目的竞争力。百货商场商铺基本上都是铺位形式,个别百货商场会将一层的某些或某个铺面出租或出售给商家。

2. 专卖店是以专门经营或被授权经营某一主要品牌商品为主的零售业态。专卖店地点的选择，主要应考虑经营目标、店型及发展前途等因素。

3. 购物中心是在一定区域内有计划地集结在一起的大型综合性商业网点群。它的功能包括销售功能和生活功能。购物中心的开发规划设计包括购物中心的方案设计、初步设计及施工图设计等。

4. 步行街是指在交通集中的城市中心区域设置的行人专用道，并逐渐形成的商业街区。按照商业街经营的商品是专业类别，还是不加确定的复合形式，可将商业街商铺分为专业商业街商铺和复合商业街商铺。徒步商业街的生命力不仅在于步行，还在于各自的独特风格，这种风格的形成要考虑许多因素。

5. 快闪店（Pop-up Shop 或 Temporary Store）是一种不在同一地久留的品牌游击店（Guerrilla Store），指在商业发达的地区设置临时性的铺位，供零售商在比较短的时间（若干星期）内推销其品牌，抓住一些季节性的消费者。快闪店通常临时设在商业发达的地段或商场，可以是流动性的厢式货车或者集装箱，也可以是临时搭建在公共场所的摊位，或是装饰精美的游览车、房车等。

思考与练习

1. 试述几种零售业态的特点与区别。
2. 几种零售业态的选址和规划区别是什么？
3. 请列举一个企业零售业态选址的案例。

案例分析

新零售选址是门学问

自从马云提出"新零售"概念以来，零售业兴起了一股新零售布局热潮。无论是阿里旗下的盒马鲜生、京东的 7 Fresh、腾讯携手步步高等零售商，还是以便利蜂为代表的新型便利店、无人货架等各种无人零售新业态，无不是依托于数字化转型来提升运营效率、改善消费体验。

不过，鉴于新零售并没有现成模式和成功路径可循，无论是零售巨头还是创业者，在跑马圈地过程中难免会踩坑。比如，被誉为新零售标杆的盒马鲜生经历了首次关店，7Fresh 没有完成既定开店目标，再加上昙花一现的无人货架和只是看起来很美好的无人便利店。业内形成了一个共识：做好新零售并非易事，必须狠抓精细化运营，尤其是初期不能盲目扩张而不重视效益。

新零售精细化运营是一个系统工程，涉及线上线下的方方面面，小到选址、选品、陈列，大到供应链管理、门店扩张、店员考核等，都将直接牵动成本、效率、体验。以选址为例，不能简单地理解为抢占核心商圈，个中门道很多，如果选址不到位，哪怕在后续运营中下再多功夫，也可能达不到预期效果。

1. 盒马鲜生、便利蜂、瑞幸咖啡的选址逻辑

品牌在选址开店时，都会围绕位置这个基本点展开。位置就是流量，这是传统零售时代亘

古不变的法则之一,典型代表是星巴克。其有一套业内闻名的 GIS 地理位置分析模型用于门店选址,选址时会综合考虑几十项统计数据,来预判是否会有足够人流支撑店铺运营。

模型是品牌机密,我们无法一窥真容,但从星巴克现有门店布局不难发现,市中心、旅游景点、金领白领商务区、大型交通枢纽等人流量高地是其最优选择,其次是居住区与其他商务区,另外还会在商场增设"加密型门店"来巩固已有领地。

新零售时代,选址逻辑悄然发生转变。门店位置对于新零售的重要性较传统零售而言有所弱化,选址首先要考虑的是门店开给谁,流量因人群的不同而出现差异,常规操作是利用大数据技术事先摸底覆盖人群的消费特点;其次才是开在哪里,能占领人流量高地固然好,但与其失之交臂并不意味着没有出路,最后还要综合考量周边配套等因素。

盒马鲜生、便利蜂、瑞幸咖啡分别代表生鲜超市、新型便利店、咖啡新零售三大新业态,透过它们的选址逻辑,你会发现,新零售背景下选址法则真的变了。

（1）盒马鲜生远离核心商圈。

在选址方面,盒马鲜生拥有自己的考量标准。综合来看,其事前会对周边 3 千米范围的人群数量、质量,地产方的配合能力、物业特点等做整体考量,而不是单纯看重位置和流量。

上海、北京是盒马鲜生门店数量最多的两个城市,新一线城市研究所报告指出,盒马鲜生仅有极少数门店开在核心商圈内,上海只有两家,北京一家都没有。背后原因并不难理解,相比到店购物人群,盒马鲜生更看重配送范围内能否覆盖到足够用户量,只要周边 3 公里能覆盖到更多人口,所谓"黄金铺位"并非必要条件。

换言之,盒马鲜生选址的评判标准主要基于用户端数据,包括门店所在区域的用户密度、当地商业区基础,以及前期调研过程中的用户需求等。盒马在早期选址时,会参考这个地区用户的手机淘宝使用率、支付宝使用率等线上数据,来评估该地区的电商、移动支付渗透率比例。

（2）便利蜂发力密集开店。

便利蜂由去哪儿创始人庄辰超创办,2017 年 2 月在北京开了第一家店,此后便在北京、上海、南京、天津等一线、二线城市开启高速扩张模式。2017 年国庆前夕,便利蜂在内部信中宣布仅用 2 年 7 个月就开了超过 1000 家门店,门店增速遥遥领先同行。

便利蜂与传统便利店的最大不同在于,几乎所有决策都由数据和算法确定,其一直主张数据驱动门店更新迭代,包括选址。便利蜂运营副总裁王紫曾透露,在选址上,便利蜂每个门店都会根据地理特征、商圈情况、社区特征、客群构成、面积大小等因素,由系统匹配相应的运营模型,在选品、陈列、SKU 数量上实行差异化经营。

同时,便利店行业屡试不爽的同一区域密集开店的原则也在便利蜂身上体现得淋漓尽致。比如,上海陆家嘴张杨路附近就有 3 家,上海书城几步路就有 2 家。便利蜂之所以走密集开店的路子,主要得益于其三大优势:①在一定区域内,提高品牌效应,与消费者建立信任度;②集中一定范围,店与店的较短距离能提升物流和配送效率;③广告和促销宣传更见成效。

（3）瑞幸咖啡选址选的是配送效率。

在强势的选址策略下,优质店面基本被星巴克抢占完毕,但这并不妨碍瑞幸咖啡开启疯狂扩张的模式,因为其选址从一开始就没打算和星巴克走同一条路。瑞幸咖啡门店拥有旗舰店、悠享店、快取店和外卖厨房店四种类型,均支持外送,其中以快取店和外卖厨房店居多,不同之处在于前者支持自提后者不支持。

瑞幸咖啡广泛布局快取店,旗舰店却屈指可数,可见其对线下引流并不着急,因为获取流量和展示品牌形象这两件事,其选择在线上完成。通过 LBS 广告投放,迅速告知周边人群,再以首单免费获取第一批下载用户,用强力裂变拉新吸引存量找增量,其用户量迎来病毒式增长。

对于瑞幸咖啡来说，选址选的是配送效率，再通过获得的用户数据确定接下来的选址方向。这也就解释了为何无论是到店还是外卖，它都只通过 App 点单，好处之一是便于收集用户数据，从而服务于选址。换言之，其高出杯量和配送效率的秘诀并非配送速度有多快，而在于门店足够密集。

2. 精细化运营成新零售商家必修课

当然，选址只是门店运营的一个环节，所有有志于征战新零售的商家都理应做到位，但更重要的是在精细化运营上谋求突破，而精细化运营到底指哪些方面，如何才能做好成为困扰不少商家的一道难题。

精细化运营的重点在于"精细"二字，核心在于数据驱动，最理想的情况是——花出去的每一分钱都有效，来的每个用户都留下，留下的每个用户都活跃，活跃的每个用户都付费转化，付费的每个用户都复购。只有基于大数据的精细化运营，才能在拉新—留存—促活—转化—复购中的每个环节做到极致。

具体来看，精细化运营主要表现为"千店千面"，通过大数据预测消费，根据不同门店的不同需求做出及时调整，能从庞大商品库中发现符合某个时段、某个市场、某家门店的高需求商品，即便是相隔不远的两家门店，也可能是两个完全不同的世界。

尽管瑞幸在选址上走出了一条有别于星巴克的路，但其现阶段在涉及面更广的精细化运营上建树并不突出，烧钱式扩张仍是主旋律。下面以盒马鲜生、便利蜂为例，来谈谈精细化运营到底如何落地。

（1）盒马鲜生能够决定货快卖还是慢卖。

在前不久的阿里投资者大会上，盒马鲜生创始人侯毅公布了数字化门店的实际效果：盒马鲜生同店增长 13%，店均营运成本下降 30%，有力回击了外界对其成本居高不下的质疑。盒马鲜生 CTO 优昙解释道，盒马鲜生做的是基于用户价值的全链路数字化运营，包括可触达、可识别、可洞察和可运营。

可触达是指其依托阿里生态，出现在饿了么、天猫、支付宝等多个流量入口，从而更容易触达用户；可识别是指基于 LBS 的用户识别和区域精准渗透；可洞察是指基于用户消费行为进行个性化服务，即千人千面；可运营则是基于货品全生命周期的商品管理，其可以通过数据去精准控货。

事实上，盒马鲜生做到的可运营是基于"人、货、场"的完全数字化、"门、店、仓"的全面数字化。当"端"到"端"全部实现数字化后，接下来的运营工作就可以全部用算法来控制，体现在门店运营的方方面面，比如如何打造千店千面、如何为用户做个性化匹配等。

盒马鲜生店均营运成本下降 30%，商品损耗的降低功不可没。其从上线起就打造线上线下一盘货，并且实时更新精准库存，基于此可以实现流量与库存之间的精准匹配。简单来说，如果一个商品库存较多，就给它较多流量，货少的话就把流量让给其他替代品。由此可见，其能够决定货快卖还是慢卖。

（2）便利蜂"中央大脑"改造门店。

在便利蜂的模型中，人的重要性被大大降低，形成这个能力的基石是数字化能力。便利蜂的核心竞争力并非高效的供应链管理，而是确定每个日常决策的"中央大脑"，简单来说就是AI，离不开数据、算力、算法三要素。

数据方面，便利蜂的数据来源非常广泛，除了来自消费者的消费数据，线上调研、电商平台、生产仓储运输数据追踪、摄像头采集的数据，甚至天气预报，都能为其所用，掌握的用户数

145

据颗粒度更为精细,用大数据指导选品也就顺理成章。

算力方面,便利蜂每天要处理和应对来自多方面的海量数据,尤其是当门店规模达到一定级别后,每天数据消耗也非常惊人,要想实时处理海量数据,强大的算力显得尤为重要。

算法方面,在诸多数据来源支撑、强大算力的保障下,便利蜂拥有了"中央大脑",可以用算法来驱动与零售有关的所有事项。当"中央大脑"产生决策后,各环节运营人员只需按系统指引和操作规范来执行即可,给全价值链和门店运营带来显著变化。

先说全价值链,在运输配送环节,所有运输车辆全部安装温度自动追踪装置,实现对全车、全程的实时监控,还能根据算法不断优化配送路径和频次,确保冷藏、冷冻食品新鲜配送到店;在供应侧,基于数据的打通,实现从消费端到生产端的连接和处理,使个性化定制成为新常态。

再说门店运营,除了千店千面,算法给门店带来的贡献还体现在打破扩张瓶颈。要知道,店长在传统店面中至关重要,培养一位优秀的店长至少需要2年,而在便利蜂,店长所有关键工作都被智能化工具替代,甚至连检查员工微笑和礼貌都能代劳,门店工作人员只需要按照程序指示行事,人员约束大为减少,使短时间内迅速开店成为可能。

3. 结语

新零售时代,不仅比拼选址能力,更比拼综合全面的精细化运营水平,这没有捷径可言。只有回归零售本质、加码AI技术,像便利蜂一样打造属于自己的"中央大脑",才能在大浪淘沙的新零售江湖中笑到最后。新零售这一市场足够大,除了阿里、京东等零售巨头各占山头,以便利蜂为代表的创业者也能闯出一片天地。

(资料来源:根据龚进辉的《新零售选址是门学问》整理。)

问题:

盒马鲜生、便利蜂和瑞幸咖啡的选址逻辑是什么?还有优化路径吗?

第六章 →

现代零售投资规划与评估

学习导引

对于零售行业从业者而言,2019 年太难了,实体经济关店潮如期而来。据统计,2019 年美国零售业已关店超过 9302 家,其中约 75％为服装纺织行业。中国实体人也撑不住了,贵人鸟关店近 3000 家、都市丽人关店 1500 家、达芙妮关店 3860 家……然而也有例外,2019 年 12 月家家悦连开 8 家门店,永辉超市在 2019 年维持了平均两天开一家新店的速度。同样都是实体店,为什么有些"关门",有些则"新开"? 是经营不善还是当初投资计划的失误? 零售投资应考虑哪些因素? 通过本章的学习,让我们去寻找答案。

学习重点

通过本章学习,重点掌握以下知识要点:

1. 零售投资原则和决定因素;
2. 零售投资的主要项目;
3. 零售资金的需求预估;
4. 投资评估中各项指标的建立;
5. 损益平衡点的分析;
6. 商铺的投资形式;
7. 商铺投资的原则;
8. 商铺经营利润。

第一节　零售投资原则与投资项目

零售企业店铺开发的目的从宏观层面可分为自己直接经营和租赁(或出售)经营。前者主要是指购物空间独立的单体店的零售经营,经营的主要目的是获取零售利润;后者主要是针对百货商场、购物中心等大型店铺的开发,开发的目的是租赁或出售,这将涉及商铺投资的概念。本章将分别对这两种类型的店铺投资进行介绍。

一、零售投资原则

投资计划的拟定是立地开发业务中最终也是最重要的一环。这是因为，立地调查仅能估计店铺本身的营业额，对成本控制及规模经济效益的评估并无直接帮助，而投资计划的拟订却可能影响今后10年以上的经营成本、投资效率等。因此在拟订投资计划时，必须根据立地调查所搜集来的资料，制定下列几项大的原则，作为投资指导的纲要。

（一）商店定位

商店的价格政策、商品组合策略以及物流系统（是否有配送处理中心）等均会影响商店的规划和投资成本。

（二）店铺规模与复合业种

店铺规模越大，其集客力越强；但在一定的市场规模下，店铺越大，单位面积的效率反而会降低，究竟降到多少才算适当，这需要仔细考虑。一般而言，应以达到单位面积的损益平衡点为目标。而在复合设施方面，某些具有市场潜力的业种，如能与商店本身的业种相互搭配，便可增强集客力。家庭日用中心、饮食街常与超市结合便是一例，这种结合其他复合业种的做法将使双方的投资成本降低，并使停车场的使用效率提高。

（三）预定回收投资的年限

每个行业的特性不同，设备投资互异，折旧年限也不同，因此投资回收的年限也不同。美国、日本的超市经常以10年或更长的时间为回收年限，我国的情况特殊，如以5年为投资回收的年限则风险较高，保守者一般可预定在8—10年回收投资。

（四）设定投资与损益平衡点

超市的固定成本高，而纯利率、毛利率却较低，必须经常靠大量进货来降低成本，因此，配送中心可以说是经营成本变化的转折点。

二、零售投资决定因素

（一）立地是否适当

通过立地调查所得来的情报和资料，可以对立地条件进行判断。立地判断的重点包括立地现有的业态、业种，商品经营内容，是否有更好的立地，现有立地的情况如何及其他相关情报。通过对以上各项重点进行综合性的分析，即可判断该地点是否适合开设超市。

（二）营业额预估的准确性

首先应预估整个市场的规模，包括总市场规模。预估方法通常以户数乘以每户每月的家庭生活支出，推算出商圈总规模。其次是调查相关业种、业态的店数、规模、面积，其和即为总市场的商业设施。

（三）适当规模的设定

规模过大则投资效益不明显，规模太小则集客力不足。如果目前的店址具有很大的发展潜力，则采用分期扩充商业设施的做法较佳。

（四）同行竞争力的比较

好的商圈永远不会孤独，进入某个商圈之前，对竞争对手的实力（包括营业面积、营业额、竞争力等）均要事先进行调查和比较，如无把握，就不要轻易尝试开店。

（五）投资、损益平衡点及回收年限的分析

投资、损益平衡点及回收年限这三者均有所关联。若投资小，则损益平衡点较低，回收可能较顺利；若投资大，则损益平衡点提高，需要大的市场规模来支撑，同时商圈占有率也应提高。在难度倍增的情况下，风险也随之而来，而且初期的财务赤字及市场不景气可能在往后数年内还会持续发生。

（六）本店人员补充、营运资金的考虑

超市的人员流动比较大，因此必须考虑员工补充计划。此外，对于要不断投入资金但却不知何时才能回收投资资金的企业而言，决策者常进退两难。若自有资金不足，举债扩充营业规模将承担莫大的风险。一般来说，举债经营的利息负担以不超过营业额的 1.5％为宜。

（七）可行性的评估

对预估的 10 年营业额及损益进行确认，确认多久才可达到损益平衡、回收投资资金。

三、零售投资主要项目

（一）零售超市的投资项目

零售超市的投资项目主要包括设备、场地租金、工程及装修设计费用。

1. 设备

设备包括冷冻冷藏设备、空调设备、收银机系统、水电设备、车辆、后场办公设备、仓储设备、卖场陈列设备。对于连锁超市而言，设备投资必不可少，且花费巨大。

在设备的选择上，应遵循以下原则。

（1）规范并优先考虑基本的必要的设备，通过联合采购来节省成本。

①将各项设备按其重要性进行排名。

②根据预算，慎选便宜适用的资产设备。

③仅购买必要的设备（如推车、货架等），用联合采购（如制服等）的方式降低成本，对可有可无的设备暂不考虑。

（2）以长远的眼光，考虑采用标准化及可变化的设备。

①标准化。要考虑到购买的设备其他部门也可使用，如货架、配件、栈板等。不可一味选择仅适用于某类商品的最佳设备，因为一旦此类商品滞销或需调整时，设备就会浪费。

②可变化。设备应可移动、可组合，这样有利于空间的灵活使用，并能适应不同的商品陈列方案。

③长远的眼光。小心使用设备并经常维修保养，避免购买那些易损坏、不易维修的设备。

（3）尽量由自己购买。

这是基于不希望卖场被供货商所控制而采取的对策。供货商有时愿意为自己的商品提供免费的陈列架，但他们都是从自身商品的条件出发，要么商品陈列面太大，要么不适合超市的整体规划。

2. 场地租金

店铺的场地租金主要指店面的租金。

3. 工程及装修设计费用

单店与连锁店的装潢设备投资差异很大。连锁店可以通过连锁方式，使各门店受到同样条件的后勤支援，从而降低装潢和设备方面的投资成本（后勤代表配送处理中心的功能和总部统合的能力）。连锁公司总部事先要制定设备及工程投资项目、供应厂商、数量及金额。

下面以连锁超市为例来说明单店的装潢和设备投资。

单店的装潢和设备投资分为设备、工程、包装耗材、设计费用四个方面。

（1）设备分为冷冻冷藏设备、空调设备、后场备品、机器设备、办公自动化设备、收银系统、卖场备品、水电设备、车辆。

（2）工程分为内外装修（含招牌）工程、空调工程、水电工程、冷冻冷藏工程、保安工程。

（3）包装耗材分为包装材料和消耗品。

（4）设计费用分为内外装修设计费用、工程设计费用。

表 6-1 是超市装潢和设备投资摘要，表 6-2 是超市各部门冷冻冷藏设备投资需求明细。

表 6-1 超市装潢和设备投资摘要

投 资 分 类		投 资 金 额	说 明
设备	冷冻冷藏设备		
	空调设备		
	后场备品		
	机器设备		
	办公自动化设备		
	收银系统		
	卖场备品		
	水电设备		
	车辆		
工程	内外装修（含招牌）工程		
	空调工程		
	水电工程		
	冷冻冷藏工程		
	保安工程		
包装耗材	包装材料		
	消耗品		
设计费用	内外装修设计费用		
	工程设计费用		
合计			

表 6-2 超市各部门冷冻冷藏设备投资需求明细

部门 设备		水产	畜产	农产	日配	食品	糖果	日用品	烟酒	米	收音	办公室	其他	合计	单价	金额
果蔬 冷藏	名称															
	型号 规格															

续表

设备 / 部门			水产	畜产	农产	日配	食品	糖果	日用品	烟酒	米	收音	办公室	其他	合计	单价	金额
开放式陈列柜		名称															
		型号规格															
鱼贝	冷藏	名称															
		型号规格															
	冷冻	名称															
		型号规格															
肉品	冷藏	名称															
		型号规格															
	冷冻	名称															
		型号规格															
日配	冷藏	名称															
		型号规格															
	冷冻(1)	名称															
		型号规格															
	冷冻(2)	名称															
		型号规格															
	冷冻(3)	名称															
		型号规格															
冷冻蔬菜柜		名称															
		型号规格															
温柜		名称															
		型号规格															

（二）零售奶茶店的投资项目

零售店的店铺租金、工程及装修费用由于所处的地域特征及投资定位的不同而有所差异。这里主要介绍奶茶店的投资项目。

1. 操作台

操作台，也叫"水吧台"。主要是奶茶店向消费者提供奶茶饮品以及提供其他服务的工作区域，是奶茶店比较重要的核心部分。操作台分为常温型与冷藏型，不同场景下使用的操作台是不一样的，可根据实际情况来选择。

2. 制冰机

制冰机是一种通过蒸发器将水用制冷系统冷却之后生成冰块的制冷机器设备。冰块是奶茶店必备的东西，制作奶茶饮品时不可或缺，因此制冰机对奶茶店来说也是很有必要的。

3. 保鲜柜

保鲜柜用于储存一些容易变质的原材料，以及开封后的原材料和新鲜水果类的东西。只有保鲜柜有效地储存好制作奶茶饮品的原材料，才可以为奶茶店更好地节约成本。

4. 果糖定量机

主要用于果糖定量，可以为奶茶店制作奶茶饮品时添加相应的果糖。可以精准地设置果糖的容量，有效地控制调配的比例，可以更好地提升奶茶店操作员制作饮品的工作效率。

5. 沙冰机

沙冰机主要用于制作沙冰。因为在夏季天气很热的情况下消费者比较偏爱于冷饮，沙冰系列的饮品就是其中之一。沙冰机不单单可以制作沙冰，还可用于榨果汁、豆浆等，是奶茶店必备的多功能机器设备。

6. 封口机

封口机有两种，一种是全自动封口机，还有一种是手动封口机，用途都是密封奶茶杯口。但是，相比之下全自动封口机使用起来会比较方便，只需要将杯子放上去就可以自动进行封口，比手动封口机快很多，可为奶茶店提高工作效率。

7. 开水器

热水是奶茶店必备的，不管是泡茶还是制作奶茶饮品都需要用到大量的热水。家用的饮水机是没有办法满足奶茶店的正常用量的。所以，现在的奶茶店会选用蒸汽式开水器，不仅可以满足奶茶店对热水的需求，还能使用蒸汽为消费者加热奶茶饮品，十分的方便。

8. 净水器

不管是热水还是冷水都是奶茶店必不可少的。毕竟奶茶店制作奶茶饮品都离不开水，并且用量也比较大。要想保证奶茶饮品的质量，前期就需要保证水的质量，奶茶店使用的水都需要过滤，如果不过滤自来水就直接制作奶茶饮品，不但口感不好，还会对消费者的健康产生不利影响。

9. 一些小工具

例如，量杯、雪克壶、吧勺、打蛋器等。

（资料来源：根据《投资开一家奶茶店，需要准备哪些常用的机器设备？》整理。）

第二节　零售投资评估

零售店的经营费用可分为固定费用和变动费用两类。固定费用是与销售额的变动没有直接关系的费用支出,如工资、福利、折旧、水电费、管理费等;变动费用是随着商品销售额的变化而变化的费用,如运杂费、保管费、包装费、商品消耗、借款利息、保险费等。对零售店来说,毛利率必须大于费用率,这是一个基本的经营原则。

一、零售资金需求预估

开店必须投入巨额资金,如果投资开店失败,不仅会影响自身,而且会令全体连锁店陷入困境。因此,在评估店址的预定地时,仅以本身的收支平衡作为投资评估基准是不够的,还应综合该资金计划对全体连锁店的收支、资金周转所造成的影响来加以判断。

(一)零售店规模是否适当

零售店的规模基本上是以消费者的需要、店铺操作和竞争环境为依据,再根据商品组合计划来加以规划。但是,专业食品超市大都以每日购买的顾客为对象,所以距离因素所起的作用远大于卖场规模诉求,因而经营者应将每日购物的顾客所在商圈内的市场规模设定为商场规模。此外,新开的店若只求稳健,在实际操作中将会有些困难,因而最好采用"七分稳健,三分积极"的方式,来分析商场规模。

(二)分租计划

食品超市导入分租经营方式有两个原因,一是使所拥有的商业设施多样化,二是借分租的租金收入来降低损益平衡点。

1. 商业设施多样化

研究调查显示,当超市食品卖场不超过 300 平方米时,其投资效益较佳,如欲再加入餐饮业、服务业等其他服务设施分租,则店铺面积可增至 400—500 平方米。

2. 降低损益平衡点

小型专柜的装潢、设备等大多由厂商自己负责,不会增加超市的投资成本。此外,引入分租方式的超市也可用租金收入来抵扣房屋固定成本的负担。例如,当直营部门的投资回收率为 5%,100 万元营业额中有 80 万元的销货成本,有 15 万元的其他费用,净利为 5 万元时,5 万元租金收入就相当于直营部门 100 万元的销售额,即损益平衡点的销售额降低了 100 万元。

(三)实施资金计划的模拟

(1)直营卖场与分租卖场的构成比例。根据商店概念、适当的卖场规模及分租计划,制定出直营租金负担、分租租金、机器设备的投资构成比。

(2)店址预定地取得的成本、租金费用。

(3)初期设备计划。以第 1 项和第 2 项为基础,核算内部装潢、杂项设备、备品等的费用。

(4)资金计划。设定如何取得调度资金。

(5)营业额计划。以销售额预估值为基础,预估开店后各年度的销售额。参考因素包括商圈内居民户数的增长、物价上升、竞争店数量增加、阻碍顾客购买行动的因素出现等。若计划在竞争店的商圈开店,则应按照与计划相同的顺序,先在竞争店所在地区进行营业额预测,预测对竞争店的影响。若阻碍顾客购买行动的因素出现,则以计划的营业额预估资料作为参考,预测影响结果。

（6）收益计划。从现有的状况、竞争关系来推定各年度的毛利率、毛利额,分租收入也应按年度来设定。

（7）经费计划。利用现有店的资料,按年度设定管理费用项目。

（四）长期资金收支计划

有关资金计划中的经常收支及运转资金,应进行 5 年左右的估算,并根据当年损益的数值及贷款支付、贷款偿还期等来进行判断。如果收支计划产生问题而不能执行时,应控制部分可紧缩的费用项目,如房地产取得成本、设备投资成本等,最后再利用紧缩后的金额再模拟一次。若结果仍不理想,则应分析是否需要调整卖场规模及分租计划。这一计算过程十分繁杂,但对顺利回收有关的投资却最具效率。

二、投资评估指标

（一）投资效率指标

在投资计划项目之中,以预估营业额为基础来规划其他投资经费的效率指标,是健全的公司所不能欠缺的工作。

1. 以零售店规模来设定目标单位面积效率

$$目标单位面积效率 = \frac{预估营业额}{卖场规模} \times 100\%$$

2. 以设备资金额来设定目标折旧费用率

$$目标折旧费用率 = \frac{设备资金额/72}{每月预估营业额} \times 100\%$$

3. 以预估人事费用来控制目标人事薪资率

$$目标人事薪资率 = \frac{预估人事费用}{预估营业额} \times 100\%$$

4. 以年租金费用来设定目标租金率（防止租赁不当）

$$目标租金率 = \frac{年租金费用}{年预估营业额} \times 100\%$$

5. 以广告经费来设定广告促销费用率

$$广告促销费用率 = \frac{广告经费}{预估营业额} \times 100\%$$

6. 以预估利息支出来设定租赁利息负担比率（一般又称为财务负担比率）

$$财务负担比率 = \frac{预估利息支出}{预估营业额} \times 100\%$$

以上几项指标,是资金回收可行性分析的必要指标。

（二）企业竞争力方向指标

1. 毛利率:商品的附加价值

$$毛利率 = \frac{毛利额}{销售额} \times 100\%$$

2. 商品周转率:商品的变现能力

$$商品周转率 = \frac{销售额}{平均库存成品} \times 100\%$$

3. 商品投资回报率:每 1 元的商品投资所能创造的利润

$$商品投资回报率=\frac{毛利额}{平均库存成品}=\frac{毛利额}{销售额}\times\frac{销售额}{平均库存成品}$$

$$=毛利率\times商品周转率$$

故当毛利率无法再提高时,应朝提高商品周转率的方面努力。

4. 劳动生产效率:平均每人的销售额

$$劳动生产效率=\frac{销售额}{员工人数}\times100\%$$

5. 劳动生产率:平均每人所生产的附加价值

$$劳动生产率=\frac{毛利额}{员工人数}=\frac{销售额}{员工人数}\times\frac{毛利额}{销售额}$$

$$=劳动生产效率\times毛利率$$

6. 单位面积效率:每平方米的平均营业额

$$单位面积效率=\frac{销售额}{卖场面积}\times100\%$$

7. 单位面积生产率:平均每平方米所生产的附加价值

$$单位面积生产率=\frac{销售额}{卖场面积}\times\frac{毛利额}{销售额}=单位面积效率\times毛利率$$

8. 劳动分配率:每 1 元生产附加价值所需的人事费用

$$劳动分配率=\frac{人事费}{毛利额}\times100\%$$

三、损益平衡分析

在开店之前,损益分析及损益平衡点的预估可作为店址预定地取舍的依据。

(一)损益平衡点的计算

1. 损益的计算方法

实际损益=税前损益(店铺责任利润)−费用(分担总部的费用)

式中,税前损益=销售毛利−变动费用−固定费用,销售毛利=营业收入−销售成本

2. 损益平衡点的计算方法

$$损益平衡点销售额=\frac{固定费用}{毛利率-变动费用率}$$

3. 经营安全率的计算方法

$$经营安全率=\left(1-\frac{损益平衡点销售额}{预期销售额}\right)\times100\%$$

经营安全率是衡量超市经营状况的重要指标,测定的标准:经营安全率在 30% 以上为优秀店,在 20%—30% 为优良店,在 10%—20% 为一般店,10% 以下为不良店。

(二)10 年损益分析

开店后,必须每月盘点,计算盈余。一般来说,要估算 1 年或 6 个月内的损益已很困难,若要预估 10 年的损益,困难度将更高,因为其中变数太多。

1. 营业额预估(不含加值型营业税)

10 年间会影响营业额的因素大概有以下几种。

（1）物价上涨指数。每年物价将因原料价格上涨、人工薪资上涨、土地和房屋成本的上升而上涨，此上涨指数即一般所称的通货膨胀率。

（2）人口数、户数的变动。如商圈内因住宅区的兴建而搬入一些外来人口、人口出生率提高或人口移出等。

（3）市场的没落。传统市场因后继无人、消费趋势改变，其顾客流向超市。

（4）竞争店的加入。市场遭竞争店瓜分。

（5）道路交通体系的改变。会使交通更为方便或通行不便。

（6）消费行为改变或产生业态发展的新趋势。

上述第 3 至第 6 项很难预测，一般假设为不改变，只根据物价指数及预估的人口增长率，来推估每年的营业额。

2. 销货成本预估（一般含损耗）

一般根据 10 年内计划扩充的店数来推估销货成本。超市可能因采购量扩大而使销货成本降低几个百分点（以美国为例，20 家店的毛利率为 18％，在成立 30 家店时毛利率可达到 22％—23％）。另外，损耗也会因管理技术的改进而降低。因此，全公司应有一个长期的毛利率目标，并将其作为努力的方向。

3. 管理销售费用（固定费用部分）

（1）房地产取得成本（地价、房价或租金）的摊提。按税法规定，一般土地不列入折旧，房屋则须提列折旧。

（2）租金。按照租屋合约的规定进行调整。

（3）开办费用摊提。包括开店前一切费用的摊提。

（4）开店成本（贷款）的利息。含押金利息。

（5）保险费用（产物保险）。按承保金额，计算每月应交的保险费。

（6）物业管理费。有些超市附属于大楼地下室，需按使用的面积（平方米）提列物业管理费用。

（7）折旧费用。生产设备及办公设备皆有不同的折旧年限，都应列入管理销售费用。

4. 管理销售费用（变动费用部分）

（1）薪资费用。薪资费用按调薪的幅度进行调整，但须注意薪资在管理销售费用中所占的比例有一定的上限（如毛利为 20％的企业，其人事费用不会超过 9％），如果超过，生产力将出现危机。因此，薪资水准的管理以及员工、兼职员工的比例均应按年度进行调整，以保证生产力的提高。

（2）水电费用。这项费用也有上升的可能，因为在长达 10 年的时间内难保没有能源危机事件。美国、日本等发达国家目前已颁布法令，强制规定设备制造业要加强节能设施的使用。

（3）促销费用。单店的促销费用较高，多店则较低，但促销费用一般不超过营业额的 1.5％。

（4）修缮费用。新开的店可少列一些修缮费用，而开业 3 年以上的老店则应多提一些修缮费用。

（5）负税。因销售烟酒、米等免税商品，造成进货进项的税额不能抵扣。

（6）其他费用。如煤气费、电话费、教育培训费、文具印刷费、制服费、包装费、损耗品费、标签费、油墨费、差旅费、劳保费、伙食津贴、员工奖金、交通费、杂项费用等。

5. 损益

损益的计算方法如下。

$$营业收入-销货成本=销货毛利$$
$$销货毛利-变动费用-固定费用=税前损益(店铺责任损益)$$
$$税前损益(店铺责任损益)-分担总部费用(连锁店时)=店铺实质损益$$

6. 损益平衡点销售额的预估

损益平衡点销售额是店铺收益与支出相等时的营业额。超过此营业额,店铺即产生盈余;低于此营业额,即表示亏损。其计算方式如下。

(1)计算固定费用。将每月的固定支出项目(如员工薪资、公用事业费、水电费、电话费、煤气费、房地产成本摊提、固定租金、折旧摊提、押金利息、开店贷款利息、保险费用、会计师签证费用、修缮保养费等)累加起来。

(2)计算销货毛利率。即计算销货毛利占营业收入的百分比。

(3)计算变动费用率。将直接营运成本、包装费、广告促销费、计时工资等会随营业额的变动而变动的费用累加之后所占营业额的百分比,称为变动费用率。

(4)计算损益平衡点销售额。

$$损益平衡点销售额=\frac{固定费用}{销货毛利率-变动费用率}$$

知识活页　　　　生鲜超市利润点

生鲜超市的出现,给民众的生活带来了很大的便捷,那么生鲜超市利润点在哪里?

一、利润=客单价×客单数×综合毛利率-经营费用

影响利润的控制点在于客单价、客单数、毛利率、经营费用。

1. 客单价

如果我们的客单价低于行业平均水平,或是低于我们的预估值,那么如何让顾客购买更高金额的商品,或是一次购买更多的商品,这是我们需要解决的一个问题。

我们可以通过策划丰富的促销活动,制定更具吸引力的商品价格,也可以引进更多的新商品、差异化商品,提高顾客的购买力;还可以根据周边顾客的消费层次,提高商品的档次,推出高品质、高单价的商品,或是提供大包装的商品促销,提高顾客单品购买金额;也可以提供特色服务,如定期订货、送货上门等服务,提高顾客购买金额。

2. 客单数

如果我们的客单数低于本地区平均水平,或是低于前期预估值,那么如何吸引更多的顾客进店,如何提高有效的客单数,这是我们需要研究的问题。

我们可以加强周边商圈内的宣传,打造店面的特色布局、舒适的购物环境,以及合理的卖场布局与动线设计,进行具有吸引力的商品陈列,制定优势的商品价格等,这都可以有效提高客单数。

3. 综合毛利率

通常,综合毛利率=毛利额/销售额,从公式理解,提高毛利率就要降低销售额,显然是有悖我们的销售目标的。我们销售追求的目标是利润额,那么我们可以变换一下公式,毛利额=销售额×综合毛利率。即要提高毛利额就必须提高销售额和毛利率。

如何提高毛利率？需要经营者了解商品的 A、B、C 分类，了解商品的角色，调整不同角色商品的销售占比，提高高毛利商品的销售占比，从而提高综合毛利率。

4. 经营费用

经营费用的控制力是有限的，通过对经营费用的控制能够降低我们的投入，但不能从积极的方面促进我们最终的盈利目的。

二、利润＝单品品效×单品数×综合毛利率－经营费用

利润控制点在于单品品效、单品数、综合毛利率、经营费用。

单品品效＝销售额/单品数，在经营的单品数中，存在一些不动销的商品，那么，实际的单品品效＝销售额/单品数×商品动销率，我们采用乘法公式，则销售额＝单品品效×单品数＝单品品效×（单品数×商品动效率）。我们需要研究如何提高单品品效和商品动销率，以及增加单品数。

提高单品品效，可以采用促销、改变陈列位置等方式来提高销售数量；提高商品动销率，则必须优化商品结构，加强新商品引进，滞销商品淘汰的工作；有效地增加单品数，增加缺乏的品类，以扩大商品的范围，增加销售。

三、利润＝销售收入－销售成本－经营费用

利润控制点在于销售收入、销售成本、经营费用。

我们在这里要解决的问题，一是如何提高销售收入，二是如何降低销售成本。重点在于如何降低销售成本，即采购成本。

降低采购成本，首先要掌握我们的采购渠道、采购交易条件、供货商资源等信息，可以通过调整采购渠道，或是改变交易条件，以获得优惠的采购价格；管理人员要研究商品，明确商品 A、B、C 分类，根据商品的角色，调整采购渠道和交易条件。

降低采购成本更重要的是采购人员与供货商的谈判，采购人员的工作就是 365 天天天谈判，采购成本能否降低在于采购谈判的水平高低。

（资料来源：根据《生鲜超市利润点在哪里 如何增加收入》整理。）

四、开店投资计划表格实例

表 6-3 至表 6-9 为开店投资计划表格实例（资料来源：根据 AMC 安盛管理顾问数据库整理）。表 6-3 为长期（5 年）经费计划，表 6-4 为店铺投资主计划，表 6-5 为投资计划概算，表 6-6 为机器设备计划，表 6-7 为超市备品（卖场）计划，表 6-8 为其他计划，表 6-9 为预定地 10 年损益预估表。

表 6-3　长期（5 年）经费计划

店名（部门）	经费	年	年	年	年	年
	人事费					
	折旧					
	房租					
	水电					
	变动费					
	其他					
	小计					

店名（部门）	经费	年	年	年	年	年
	人事费					
	折旧					
	房租					
	水电					
	变动费					
	其他					
	小计					
合计						

表 6-4　店铺投资主计划

店 铺 投 资	投资主计划
初期设备 投资计划	房　　　屋＿＿＿＿＿万元（＿＿＿＿年折旧） 设　　　备＿＿＿＿＿万元（＿＿＿＿年折旧） 生产用具＿＿＿＿＿万元（＿＿＿＿年折旧） 备　　　品＿＿＿＿＿万元（＿＿＿＿年折旧） 装　　　修＿＿＿＿＿万元 保　证　金＿＿＿＿＿万元 押　　　金＿＿＿＿＿万元 其　　　他＿＿＿＿＿万元
租赁条件	押　　　金＿＿＿＿＿万元（无息保管＿＿＿＿年，摊还） 租　　　金＿＿＿＿＿万元（每＿＿＿＿年上调＿＿＿＿%）
专柜分租	租赁店面＿＿＿＿＿平方米 押　　　金＿＿＿＿＿万元（无息保管＿＿＿＿年，摊还） 专柜分租收入＿＿＿＿＿万元
资金计划	自有资金＿＿＿＿＿万元　　借入期＿＿＿＿＿万元 借　　　入＿＿＿＿＿万元　　利　息＿＿＿＿＿% 租赁（机器）＿＿＿＿＿万元（租用条件：＿＿＿＿＿）
销售额计划	1 年＿＿＿＿＿万元　　　6 年＿＿＿＿＿万元 2 年＿＿＿＿＿万元　　　7 年＿＿＿＿＿万元 3 年＿＿＿＿＿万元　　　8 年＿＿＿＿＿万元 4 年＿＿＿＿＿万元　　　9 年＿＿＿＿＿万元 5 年＿＿＿＿＿万元　　　10 年＿＿＿＿＿万元
收益计划	毛利率　专柜分租收入　　　　　　毛利率　专柜分租收入 1 年＿＿＿%＿＿＿＿＿万元　　6 年＿＿＿%＿＿＿＿＿万元 2 年＿＿＿%＿＿＿＿＿万元　　7 年＿＿＿%＿＿＿＿＿万元 3 年＿＿＿%＿＿＿＿＿万元　　8 年＿＿＿%＿＿＿＿＿万元 4 年＿＿＿%＿＿＿＿＿万元　　9 年＿＿＿%＿＿＿＿＿万元 5 年＿＿＿%＿＿＿＿＿万元　　10 年＿＿＿%＿＿＿＿＿万元

店 铺 投 资	投资主计划	
管理费用	(1 年度) 人事费 ＿＿＿＿＿万元 变动费 ＿＿＿＿＿万元 地租、房租 ＿＿＿＿＿万元 折 旧 ＿＿＿＿＿万元	年增长率＿＿＿＿＿％ 租赁费＿＿＿＿＿万元 利 息＿＿＿＿＿万元 其 他＿＿＿＿＿万元

表 6-5 投资计划概算

店 铺 投 资	投资计划概算
建筑面积	直营卖场面积 ＿＿＿＿＿平方米 分租卖场面积 ＿＿＿＿＿平方米 后场面积 ＿＿＿＿＿平方米 小计 ＿＿＿＿＿平方米
建筑物取得条件	租借 ＿＿＿＿＿万元(＿＿＿＿＿元/平方米,共＿＿＿＿＿平方米) 押金 ＿＿＿＿＿万元(＿＿＿＿＿元/平方米,共＿＿＿＿＿平方米) 房租 ＿＿＿＿＿万元(＿＿＿＿＿元/平方米,共＿＿＿＿＿平方米) 其他(管理费) ＿＿＿＿＿万元 小计 ＿＿＿＿＿万元 购买 ＿＿＿＿＿万元(＿＿＿＿＿元/平方米,共＿＿＿＿＿平方米) 土地 ＿＿＿＿＿万元(＿＿＿＿＿元/平方米,共＿＿＿＿＿平方米) 房屋 ＿＿＿＿＿万元(＿＿＿＿＿元/平方米,共＿＿＿＿＿平方米) 其他 ＿＿＿＿＿万元(＿＿＿＿＿元/平方米,共＿＿＿＿＿平方米) 小计 ＿＿＿＿＿万元
装潢设备 投资费用	内外装潢 ＿＿＿＿＿万元(＿＿＿＿＿元/平方米,共＿＿＿＿＿平方米) 设备 ＿＿＿＿＿万元 用品、备品 ＿＿＿＿＿万元 其他 ＿＿＿＿＿万元 小计 ＿＿＿＿＿万元
资金计划	自有资金 ＿＿＿＿＿万元 借款 ＿＿＿＿＿万元(利息＿＿＿＿＿％,分＿＿＿＿＿年偿还) 租赁 ＿＿＿＿＿万元(＿＿＿＿＿年租金)(不动产、机器) 分租保证金 ＿＿＿＿＿万元 合计 ＿＿＿＿＿万元
分租条件	分租面积 ＿＿＿＿＿平方米 保证金 ＿＿＿＿＿万元(＿＿＿＿＿元/平方米,共＿＿＿＿＿平方米) 合计 ＿＿＿＿＿万元
人员计划	正式员工 ＿＿＿＿＿万元(＿＿＿＿＿元/平方米,共＿＿＿＿＿平方米) 兼职人员(8 小时) ＿＿＿＿＿万元(＿＿＿＿＿元/平方米,共＿＿＿＿＿平方米) 合计 ＿＿＿＿＿万元

表 6-6　机器设备计划

项目品名	规格	单价	数量	金额	分配											备注
					水产	畜产	果菜	日配	食品	糖饼	用品	烟酒	米	其他	合计	
输送带																
PVC 冷带																
出入门																
冷藏车货架																
切片机																
锯骨机																
绞肉机																
鸡肉切割机																
高压喷水机																
冷盐水机																
碎冰机																
自动包装机																
电子标价机																
电子磅秤机																
加湿器																
不锈钢工作台																
不锈钢水槽																
大砧板																
微波炉																
洗衣机、烘干机																

表 6-7　超市备品(卖场)计划

项目品名	规格	单价	数量	金额	分配											备注
					水产	畜产	果菜	日配	食品	糖饼	用品	烟酒	米	其他	合计	
皮草垫																
竹垫																
POP 架																
价格牌(卡)																
彩色边条																

项目\品名	规格	单价	数量	金额	分配										备注
					水产	畜产	果菜	日配	食品	糖饼	用品	烟酒	米	其他	合计	
彩色看板																
绿棚																
透明石																
隔网、梯架																
挂架																
钢垫																

表 6-8　其他计划

项目\品名	规格	单价	数量	金额	分配										备注
					水产	畜产	果菜	日配	食品	糖饼	用品	烟酒	米	其他	合计	
运输车																
冷冻冷藏车																
保安																
监视广播系统																
污水处理工程																
广告、印刷																
防滑涂料																
水电工程																
装潢设施																

162

表 6-9　预定地 10 年损益预估表

统计项	第1年	第2年	第3年	第4年	第5年	第6年	第7年	第8年	第9年	第10年	备注
销售收入增长率（%）		7%	6%	5%	5%	7%	6%	5%	5%	5%	
销售收入（元）	468000	500760	530805	557345	585213	626178	663748	696936	731783		
销货毛利率（%）	18%	19%	20%	20.5%	21%	21.5%	21.5%	22%	22%		
销货毛利（元）	84240	95144	106161	114255	122894	134628	142705	153325	160992		

续表

统计项	第1年	第2年	第3年	第4年	第5年	第6年	第7年	第8年	第9年	第10年	备注
营业及营业外费用（元）	68269	72738	77395	79451	84562	91005	97260	103837	110983		
房租（元）											每年上调5%
押金（元）											并入利息
水电费（元）	12000	12360	12730	13112	13506	13911	14328	14758	15201		每年上调5%
人事费（元）	28320	31152	34267	37693	41463	45609	50170	55187	60707		每年上调10%
折旧摊提（元）	6667	6667	6667	6667	6667	7167	7167	7167	7167		平均5年摊提一次、10年摊提一次
促销费（元）	4680	5007	5308	2786	2926	3130	331	3485	658		前3年为1%，后为0.5%
包装费（元）	1872	2003	2123	2229	2340	2504	2654	2787	2927	0.4%	
其他费用（元）	11700	12519	13270	13934	14630	15654	16593	7423	18294	2.5%	
利息（元）	3030	3030	3030	3030	3030	3030	3030	3030	3030		年利率10%
损益（元）											
专柜租金收入（元）	10800	11340	11907	12502	13127	13783	14473	15196	15956		每年上调5%
房租未计入损益（元）	26771	33746	40673	47306	51459	57406	59918	64684	65965		合计：447928

续表

统计项	第1年	第2年	第3年	第4年	第5年	第6年	第7年	第8年	第9年	第10年	备注
房租（元）	31667	31667	31667	34833	34833	34833	38317	38317	38317		
净损益（元）	−4896	+2079	+9006	+12473	+19626	+22573	+21601	+26367	+27648		

第三节　大型商铺的投资分析

近年来，互联网巨头正在加快线下布局的步伐，2017年11月，阿里巴巴高价收购了大润发母公司高鑫零售36％的股份，2018年6月腾讯宣布与沃尔玛（中国）达成深度战略合作，2019年6月苏宁收购家乐福（中国）80％的股份，这些互联网和电商巨头的步伐出奇一致，纷纷抢占线下实体资源，这表明中国商业全面进入新零售时代，很多卓有远见的投资者也纷纷抢占价值高地，投资有前景的商铺。

一、大型商铺的投资价值

（一）大型商铺的概念

商铺是人们进行商业活动的场所。所谓"商"是指商业与商业活动；所谓"铺"是指商铺的房地产属性。商铺是以房地产形式存在，面对公众进行商业零售、商业服务的场所。商铺的根本属性是房地产，但其价值的表现形式是商业性，几乎可以肯定地说，商铺是一种以房地产形式存在的具有商业价值的场所，和住宅等消费型的房地产有着巨大的差异。商铺是生产资料，人们投资它、使用它的目的就是为了得到增加的价值，而住宅则不同，使用的过程就是消耗的过程。

在投资市场上，大型商铺是一种优良的投资品种，综合了其他各种投资品种的优点。首先是其具有稳定性，因商铺具有房地产的属性如不会消失、土地稀缺、不可复制、不可移动等，这使商铺具有了先天的稳定性和价值还原功能。其次是良好的成长性，即商铺所拥有的商业价值和商业特性，这使商铺具有良好的成长性。最后是商铺的多因素性，影响商铺价值、价格的因素有很多，有政治的、经济的、文化的、地理的，几乎与人类有关的各种因素都有可能会影响商铺价值、价格的变化。另外，商铺缺乏可比性，即地球上没有两块完全相同的地，也没有两个完全相同的房子或商铺，因此每个商铺都具备明显的个性特征，每个商铺投资项目都可能蕴藏巨大的收益，故而使其充满了投资的魅力。如何判断商铺的价值，如何旺铺掘金，使投资效益最大化，这是商铺投资者需要认真研究的课题。

（二）大型商铺的投资特征

商铺的房地产价值是商铺的基本价值，包括人们对商铺的土地和建筑方面的投入；商铺的商业价值是商铺的附加价值，购买力因素和商业投入的因素使得商铺价值产生变化。投资商铺，经营租赁商铺，利用商铺进行商业活动，都必须考察商铺价值。

商铺投资的契机存在于从商铺开发到商铺最终用途——商业经营活动的全过程，从商铺投资角度来看，包括了商业用地的征地、商业建筑的建造、商业经营、商铺租赁和商业企业并购等经济活动。投资的目的是谋求利润,由此又派生出各种各样的商铺经营形式,如建造阶段的商铺期房参建、期房转让,商铺建成之后的销售和转让,商铺租赁经营活动中期租、预租、合租、转租,商业经营活动中的招商进店、租金成本考核,以及属于房地产交易活动中的抵押、典当等。

投资是投资人为了获得预期的效益,投入一定量的货币资金并将其不断转化为资产的全部活动。它的目的在于取得投资回报。投资的理想状态是风险小、收益高,而商铺(购置)投资就具备了这个特征。

商铺是一种以房地产形式存在的物化资本,因其具有固定性和耐久性,不会产生重大的资本损失;而房地产的价值主要在于其土地价值,土地的永存和不会损失的属性,使得商铺的房地产价值具有稳定性。

商铺因土地资源的稀缺性,尤其是适合商业开发的土地的紧缺,市场总是处于有限供应的状态,从而使商铺具有保值和升值的功能。

商铺在直接投资时,能生成新的价值——商业利润。商铺在间接投资的租赁经营时,能够获得租金收益,因此商铺具有良好的通用性。

由于商铺的总量供应不够,市场需求量大,商铺具有很强的变现能力。

商铺还具有很强的融资功能。商铺因其房地产属性的固定性、稀缺性,以及保值升值的功能,是银行欢迎的抵押品。理由是因为商铺是不动产,借款人无法转移财产实物,且保管方便。商铺具有良好的保值性,贷款人不用担心资不抵债。对借款人而言,在使用商铺实物的同时,还可以用权证作抵押从而获得融资。

因为商铺具备了上述投资价值,拥有旺铺已成为许多投资人梦寐以求的向往。

说到底,商铺也是一种商品,同样受到供求关系的影响而产生市场价值变化。投资经营商铺不仅要考察商铺的价值,而且要关注市场的供求关系变化,这样才能使投资者获得期望中的利润回报。

（三）大型商铺的投资收益

商铺投资有直接投资和间接投资两种形式。当商铺用于投资者自身开展商业经营活动时,商铺投资的效益在商业利润中反映出来,这种投资形式为直接投资;而当商铺投入经营,商铺投资者不参与经营管理活动,以固定的数额或营业额比例取得收益时,商铺投资成为间接投资。由于商铺兼有直接和间接投资两种形式,因此商铺的收益呈多样性。

1. 租金收益

商铺投资人(房地产权利人)以出租人的身份与承租人以租约形式确认关系、租金数额或比例,是一种纯粹的房地产经营行为,租金收益与承租人的商业经营效益无关,商铺投资人的收益具有一定的稳定性。但是在货币严重贬值时,以货币计租的租金约定具有风险性。

2. 商业利润

当商铺表现为直接投资时,商铺投资的收益表现为商业利润,反过来说,在商业利润中含有商铺投资的回报。商业利润中的商铺投资回报并不是人为设定的,商业利润中商铺投资回报应该按"市场比较法"评估所得比较价格来计算,这样才会使商业利润分配具有合理性,同样也符合"效益最大化"的投资原则。商铺收益因商圈内商铺价格、数量,以及购买力变化而变化,与商业经营中的商品经营利润无关,在现有的商业成本考核中,商品经营亏损往往会吞噬商铺投资的收益。

3. 商铺增值

商铺所在的商圈变化、购买力变化,以及区域内商铺总量变化等因素,会导致商铺的价值和价格发生变化,发生的增值部分也就是商铺的收益。

商铺投资收益的好坏,最终取决于商铺的产租能力,投资商铺就是投资商铺的产租能力。所谓产租能力,是指房地产实物或其他租赁标的物在租赁经营活动中产生租金的能力,包括租金单价、数量、产租时间,以及租金变化趋势。对商铺投资而言,衡量商铺的唯一标准是商铺的产租能力,主要指标是回报率、返本时间、租金收入。

知识关联

影响商铺未来产租能力的因素主要有:①房产功效。房产功效是指房产能在多大程度上符合预计功能的需要。②区位优势。良好的区位是指能使运输成本最小,并具备有利的邻里影响的位置。

二、商铺的经营模式

(一)自购自营

在自购自营这种模式中,购房者既是业主又是商户,同时拥有此店铺产权,并利用手中资源在本商铺进行经营活动,开发商负责提供相应物业管理,并收取一定的物业费用。

优点:开发商可迅速回笼资金,无须设立营运部门进行后期管理工作,节省大量人力支出。

缺点:非常不利于销售及招商工作的开展,难度最大,另外,由于产权出售及自购自营,商场对业态的规划及业种的选择不易贯彻,极有可能造成食品店与服装店并排经营的尴尬局面,不利于整体业主的利益。

注意:此类方法适合整体商业街或楼盘底商的销售,不适用于主题商场及购物中心。

(二)纯租赁

纯租赁是商业地产的传统方式,在这种模式中,开发商为大业主,商户用支付货币的形式拥有商铺的使用权,产权仍为开发商所有,开发商不但要收取商铺的租金,同时也要收取物业费用,并提供相应的物业服务、推广服务及运营服务。

优点:开发商可获取长期经济收益,开发商与商户真正实现双赢的关系,共同经营该商业项目,双方共同对此项目负责。同时,由于不出售产权,开发商对商业项目有足够的把握能力,便于按照商业规划思路对项目进行运营管理。

缺点:回收资金的速度最慢,并且需要组建营运部、客服部、货管部等商业部门对项目进行管理,有一定的人力支出,比较耗费精力。

注意:此方法可采用统一收银方式,租金从货款中扣除,在降低工作难度的同时,也提升了项目的整体商业形象。

(三)返租

返租是指在其商铺的销售中,采取了所有权、经营权、使用权分离的模式,即为提高市场接纳力,将商场产权划分为小产权进行销售,回收大量资金,然后通过回报租金的方法从购房者手中取回商业铺面的经营权,并给予购房者一定比率的年回报(一般高于银行贷款利率才具有吸引力)。

优点:所有权属于投资者、经营权由专业商业管理公司掌控、入场经营商家拥有物业使用权,实现了三种权利的分离。在统一经营的背景下,最大限度地实现商业物业的整体经营价值,同时使建筑单体获得最大的价值与租金增长空间。这是一种高收益、高风险的运作模式,适用于大型封闭式商场。开发商通过拆零产权、销售旺铺回收了巨额资金,大大缓解了困扰其已久的资金紧张问题。经营商进场以后经营状况也比较理想,进一步增强了中小投资者的信心,促进了商铺的销售。

缺点:在这种高风险、高利润模式的运作当中,涉及大型商业项目的规划、设计、招商、销售、工程等所有环节,对开发商的综合运营能力要求极高。而且回笼资金(即产权分散销售)与商业经营(即统一规划经营)两者总是产生深刻的矛盾,商业物业的经营对开发商名誉、品牌的影响也具有广泛性和延续性。试想,一个销售不畅、入住率低的住宅小区是很容易被市民遗忘的。而对于一个位于市中心,因经营不善而冷冷清清,出现返租回报承诺无法兑现,投资者云集讨债等情况的大型购物广场而言,即使当年开发商销售良好,长期的负面社会影响也会使其品牌形象大打折扣。

注意:从前面的分析可以看出,返租模式固有的先天不足带来了较高的风险,在这场信息不对称的博弈当中,中小投资者明显处于劣势。在中小投资者投资买房时,开发商便已经为自己设定好了金蝉脱壳的步骤。签订购房合同时,中小投资者必须签署委托经营协议和租金回报协议,而返租方当然不会是精明的开发商,通常是一个与开发商无任何关联的空头公司。一旦经营不善,向经营商收取的租金不足以抵偿向中小投资者的返租,假如开发商也无力或无心承担每年高达总销售额一定比例的巨额返租,中小投资者的厄运也就开始了,这一切与开发商没有任何法律关系,而承诺返租的空头公司自然人去楼空,更何况返租协议长达 15—20 年,开发商是否存在也难以预测。对于一个有社会责任感,立志于长期发展的开发商来讲,应该明白如果经营管理不成功,返租中断,往往会对开发商的品牌、信誉造成致命性的打击。

如何减少整个模式的风险,保护博弈各方的长远利益,可以从以下几个方面入手。

(1)开发商保留部分主力商铺,临街、主入口商铺控制在手中,避免商场"脸面"受制于人。

(2)核心主力零售店应引进已发展成熟,且具有相当知名度并获得消费者良好口碑的品牌经营商作为领头羊(如武汉万达购物广场引进沃尔玛,成都商业大世界引进家乐福,广州天河城引进日本吉之岛,成都罗马假日广场引进好又多旗舰店),增强购产权者信心,才有利于商场经营的成功。

(3)在可能的前提下,开发商应与核心主力零售店合资或合作经营,甚至尽量自营一部分。这样既可以增强开发商对购物中心的整体控制力度,有利于整个商业物业的长期经营,又可增强其他经营商家与其合作的信心。

(4)为了促进产权的零售,返租利率一般高于银行同期贷款利率,但不一定固定化,在合同中应约束返租利率随国家中央银行利率变化而浮动。

(5)商场经营一般有 3—5 年的培养期,基本无盈利。而且由于价格竞争的加剧,大型百货零售企业的经营效益下滑。据中华全国商业信息中心对全国重点大型百货零售集团、股份有限公司和百货单体店的统计,2002 年商品销售利润率分别为 0.97%(2001 年为 1.34%)、1.02%(2001 年为 1.2%)、2.4%(2001 年为 2.8%),因此商业租金收益极可能不足以冲抵返租收益。具备社会责任感的开发商应将回收资金投入新项目,形成整个企业资金的良性循环。

(6)重视商业管理公司扮演的角色,以专业商业管理公司为桥梁,构建起合理的委托经营机制,走中介专业化、规模化的道路,允许开发商逐渐退出,改由商业管理公司承担起物业保值、增值、正常返租的责任。

(7)租赁返租协议到期以后的"返租后遗症"仿佛一颗定时炸弹,威力如何有待时间的验证。是否能弱化或者解决该问题,在商铺业主委员会(或商铺投资基金)以及商业经营公司成熟后方能得到有效、彻底的解决。此外，国外流行的"认购面积、共有产权"的办法也能很好地解决"返租后遗症"，其操作方法是，开发商将商业物业或写字楼，划成几大区域，每个区域再划成等面积的若干份，每个购房者可购买其中的一份或几份，所有购房者共同拥有这个区域的产权，每个人可执有共有产权证，这实际上是产权证券化的前奏，类似于"基金"的形式。当然，这种办法在国内尚未突破法律和相关管理规定的禁区。对于国内商业地产的投资者来讲，无论是开发商还是中小投资者，都不得不暂时面对融资渠道匮乏，资本市场发展不充分、房地产证券化发展缓慢的现实。

（四）带租约销售

商铺采取带租约销售模式，向投资人承诺前×年，每年获得×‰的租金回报。而且，这一模式是由开发商先和租赁方签署租赁协议，然后再进行销售，从而减少商铺销售以后的不确定因素，降低投资人风险。

优点：统一招租可以避免零散出租造成的互相压价，也可以控制租赁的节奏，另外，由于经济合同为三方合同，即商户是与业主签署，开发商只起到中介作用，这样做可有效地转移矛盾，解决客诉等烦恼。

缺点：此方法对开发商的整体商业要求非常高，如果因为商业经营不善、冷冷清清，返租回报承诺无法兑现，投资者云集讨债的现象出现，那么开发商在本区域内的其他投资项目也将造成严重影响。

注意：典型案例参考万达商业广场。

（五）回购（地产类信托）

回购是一种较新的销售方式。同样采取统一经营管理，以出售方式销售商铺的北京某科贸电子城，推出了"地产类信托"产品。即把6层1万平方米的卖场分割成每5平方米为一个单位进行销售，单位售价为7万元，并且在四年合同到期后必须由开发商回购。

对于这一创新的销售手段，该项目总经理表示，目前运行还算比较顺利，现在的工作重点是改变投资者传统的投资观念，扩大该类产品的认知程度。对于是否会与银行进行合作，加入银行的理财计划，通过金融机构的介入为地产类信托产品增信，其透露，目前与银行的合作还处在初级讨论阶段，预计需要投入大量的细节设计工作。

优点：能够比较快速回笼资金，利于管理，并能采用借海跑船的方式，利用投资者的资金将项目炒热，将地段升值。

缺点：无形中增加了开发商的压力，需要开发商准备二次招商及销售，但彼时开发商的二次销售难度会大减，因其本身已较第一次销售时成熟了许多。

（资料来源：根据《这5种商铺模式的区别》整理。）

三、大型商铺的投资形式

商铺投资是以商业房地产开发为出发点，商业利润为最终目的的投资活动。商铺投资过程中充满了投资契机，只要投资者愿意，投资时机合适，每个环节都可以介入。在商铺投资活动中，通过不同社会分工、不同阶段的投资取得不同收益。商铺投资形式就是资本在商铺建造、使用、租赁过程中具体的使用方式。商铺投资形式多样，相对而言，商业房地产开发、商铺租赁和转租这三个形式在市场上运用较多，存量商铺转让、改变房屋用途、并购商业企业、期租与顶租等在此就不另做介绍了。

知识关联

  商业地产广义上通常指用于各种零售、批发、餐饮、娱乐、健身、休闲等经营用途的房地产形式,从经营模式、功能和用途上区别于普通住宅、公寓、别墅等房地产形式。以办公为主要用途的地产,属商业地产范畴,也可以单列。国外用的比较多的词汇是零售地产的概念,泛指用于零售业的地产形式,是狭义的商业地产。

(一)商业地产开发

  商业地产是房地产行业对狭义商铺的一种专用名称。商业地产开发是指房地产开发企业以有形商品销售场所作为投资对象的房地产开发活动。开发企业以货币投入,以房地产开发行为实施投资,创造出具有商业价值的房地产商品,并以此获得商铺开发的房地产利润。

1. 商业地产的投资动机

  投资商业地产的目的与投资其他项目一样,是为了追求投资利润,其整个开发过程十分复杂。从资本运作过程来看主要包括资本投入、资本使用、资本回收。故商业地产的投资活动是为了追求预期中的商铺交易可能产生的收益而带来的商业地产的开发利润。

2. 资本使用范围

  资本使用贯穿于商业地产开发的全过程。如支付土地成本的费用、设计费、配套费用、安装费用、装饰工程费用、销售广告费用等,投资者通过对商业地产开发的各个环节进行投资来完成整个投资过程。

3. 利润产出

  商业地产的价值上升幅度大于其他投资项目。因房地产的异质性,缺乏比照对象,以及投资周期长,使待售商业地产的利润率上升空间大于可以批量生产、具有对比性、可以再生的其他投资方式。商业地产的定价依据是未来商圈的大小、购买力的高低、与同类商圈的比较结果,以及房地产的开发成本。而在计划经济时期,商业地产作为住宅的配套设施而开发,由于缺乏流通,使得开发企业无法在开发商业地产中获得利润。

4. 商业地产参建

  在房地产开发时,投资主体有时为单个主体,有时是多个主体。我们习惯上将占投资额比例较大、主要负责项目开发的企业称之为"主建企业";将投资比例小,或者负责次要项目开发的企业称之为"参建企业"。从项目起始就参加建设的投资主体,享受全部商业地产开发利润;中途参建可以视为中途部分权益交易。转让者享受现阶段收益后,将以后开发的收益权转让给受让者,受让者以承认转让者现时收益为前提,以现时阶段商铺的价值投入,期望得到参建以后的利润。有时,主建单位为了解决融资问题,给予参建单位低于商铺现时价值的参建价格,这是开发商为了求现而付出的代价,其折现情况视融资需求紧迫程度而定。

(二)商铺租赁

  商铺租赁是指商业企业租用其他经济实体的商铺进行商品销售,以取得商业利润的行为。在市场经济条件下,商铺使用是有偿的,即商业企业在使用他人所拥有的商铺时,必须以租金为代价方能取得商铺使用、商铺收益等权利。商铺租赁体现了货币价值与商铺的使用价值的交换。

169

1. 租赁商铺的投资价值

商业企业投资租赁商铺,主要侧重于商铺的商业价值的高低,而不是侧重于租用商铺的房地产价值的升值程度。

一方面,商铺总价值的高低与权利人的投资收益率有关;另一方面,则与商圈的大小、友好店的数量、购买力的高低、商圈的知名程度,以及交通的便利程度等有关。

2. 投资与回报

租赁商铺的投资方式是以租金形式支付,分期分批投入资金,连续不间断地占用着商铺,具有绝对投资量小,但同样可使用商业空间,进行商品销售的特点。租用商铺与自有商铺在使用过程中不存在任何差别,不同的是投资量的大小。在短时期内,购置新建商铺直接用于商业投资,其投资回报率较低。

投资租赁商铺用于商业企业经营场地,回报的形式是商业利润。整个商业利润中包括了商品经营利润和租金投资回报。

（三）转租

商铺转租是商铺价值得以重新认识、重新挖掘的过程,商铺潜在价值是转租投资的投资价值。与住宅不同,商铺房地产权利人一般商业意识较强,在其拥有直接顾客时,不会借助于转租者的第二次开发,以避免租金收益减少或租金被其他人长期分享。

1. 转租前提

从法律角度来看,转租者须获得业主或有权转租者许可,方能实施转租或再转租行为。

转租动机主要可以从两个方面来加以解释,一是以谋取房地产租金利润为目的的积极转租;二是以减轻负担为目的的消极转租。前者表现为商铺租赁投资。

2. 转租形式

（1）全部转租:包括时间和空间的转租,再租人与转租者并非同属于一个经济主体。

（2）空间转租:将部分商铺面积转租他人。

（3）时间转租:将部分租期转让第三人。

（4）时间、空间兼有转租:在租期中,转租部分面积。

3. 转租投资及利润

转租者以转移租金交付责任、商铺价值发现和对商铺进行"包装"作为投入,分享商铺业主的租金利润,承担挖掘价值成败的风险。

第四节　大型商铺投资的原则

一、长期投资

商铺经营中的长期投资,是指投资者以较长时间持有商铺的投资、经营的形式,它如同证券投资中的"长线"一样。所谓"长线"是指证券投资者长期而稳定地持有某一种股票,谋求取得较高利润的股市操作方法的专门术语。在经营商铺具体操作时,运用"长线"的概念进行经营活动,能为购置商铺的投资者带来丰厚、长期、稳定的投资回报。

（一）购置商铺后的"养铺"

所谓"养铺",是指投资者对已购置但暂时未产生效益的商铺追加时间投资,也可以理解为投资者承受暂时的商铺贬值,期待未来的商铺投资回报。"养铺"是建立在对投资标的物有充分认识的基础上的,这种认识包含了以下几个方面的内容:

(1) 投资者对未来商铺所在地区的规划有所了解;

(2) 投资者对未来商铺的商圈潜力有正确的认识;

(3) 投资者对未来可获得商铺的商业价值与房地产价值的认可。

商铺投资者进行长线投资,须承受一定时间的无收益或低收益的低效率的投资回报(见图6-1)。

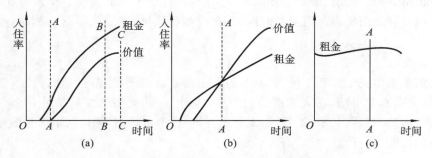

图 6-1　商铺投资介入时间与租金的关系

我们在新建的入住率较低的小区到处可见空关的商铺,这说明投资者处于一种购置商铺的"养铺"期,诚如证券交易市场中的"持股待涨",其目标是等待商铺入住率达到稳定、收入正常的回报或收益期,如图 6-1(a)中 B 的位置。

（二）前期介入（预租）

如果商业投资者对可获得的商铺的地区规划有所了解,并对规划实施能力充满信心,看好未来商圈的购买力,此时,可在图 6-1(b)中的 OA 阶段(商圈形成)选择前期介入,承租开发中的小区的商铺,以取得未来的优惠租金。

前期介入与"养铺"之间的差异:"养铺"是为了谋求在一定时期后正常、稳定的租金收益;而前期介入或预租则是为了在该商铺所在的商圈逐步形成商业氛围,入住率提高、营业额达到一定水平以后介入(即图 6-1(b)中 A 的位置)。此时,设立门店的租金成本随营业额上升而摊薄,门店进入利润产出期。

（三）短线的弊端

如果投资者在图 6-1(c)中的 OA 阶段介入,此时,商铺的租价正处于高位滞涨阶段,犹如证券术语"头部",此时进行的商业投资,其包含的商铺投资的风险大于收益。

当投资者在图 6-1(c)中 A 位以后介入,此时,该处商铺的租价呈下降趋势,投资者按当时行情租入该处商铺,则必将承受过高的租金成本压力。在商品经营得当,有经营利润产出时,商业经营者可以商品经营利润弥补租赁商铺的亏损。但在商品经营达到保本点(盈亏平衡点)时,该商业企业经营业绩将出现亏损。

二、合适的业态

经过一般程序审批的商业经营项目,其商铺适用性较强。一般来说,可以经营服装的商铺也可经营工艺饰品;可以经营工艺饰品的商铺也可经营电脑;可以经营电脑的商铺也可经营文化用品,以此类推。但从商铺价值的角度来看,只有合适的业态才能使商铺的价值最大化,才能达到租金收益的最佳状态。所以对特定的商铺而言,要确定其合适的业态并不容易。此外,脱离商圈、脱离特定商业环境与邻店关系来谈论商铺的合适性,也是不恰当的。这是因为商圈是在不断变化着的,有时商圈会具有联动效应,即所谓的"多米诺骨牌"效应,即一荣俱荣,一损俱损。合适是建立在业态合适以及与购买力相适应的基础上的。

(一)相邻商铺的共生关系

1. 竞争成市

此类关系多见于专业市场。在正规的专业市场内,相邻的商铺所经营的商品的品种相同,其必定会在价格、样式、品质、服务等方面展开竞争,在竞争中优胜劣汰。即只有在商品价格、样式、品质、服务等方面经得起消费者的挑选,获得市场认可,才能取得商业利润,才能较好地生存。

2. "配套成龙"

此类邻店关系多见于大型市场,如上海的宜山路建材市场,经过多年的发展,已成为专业化、系列化的大型专业市场,在大宗商品门类中,各种系列、类型的商品品种齐全。如建筑材料、装潢材料、洁具、家具、五金、工具等,无所不有,在这个市场内,无论大宗门类的任何品种还是为之服务的行业,都符合"合适"的要求。

(二)相邻商铺的互补关系

相邻的商铺,虽业态不同,但由于消费延续或商品配置等原因,也会使之对邻店产生合适的要求。

1. 延续消费

电脑属于电器类商品,电脑专用桌属于家具类商品,购置了电脑,必定会产生对电脑专用桌的需求,由此产生了消费延续的互补关系。

2. 需求互补

快餐类餐厅一般多开设在大型百货公司、大卖场或其附近,这类业态主要看重百货公司、大卖场人流量大的特点,并以此作为自己选址的理由;反之,大型百货公司、大卖场也十分愿意引进知名的快餐企业,因为这类企业能吸引大量的消费者,两者之间存在互补关系。

3. 连贯消费心理

服装店与眼镜店是两种完全不同的业态。服装的基本功能是遮盖人体、御寒、修饰形象,而眼镜的基本功能是改善视力。在人们生活水平提高后,会更注意自身形象,服装和眼镜的修饰美化作用受到了人们重视。夏天消费者在购买了浅色衬衣后,会感觉黑色镜架颜色太重而去换成细纤的金属镜架,以表现书卷气;冬天消费者购买了深色外套后,会发现自己戴的纤细的金属架与服饰不符而去换镜架。诸如此类的符合人们连贯消费心理活动的业态很多,如书店之于咖啡馆,药店之于体育器材商店,花店之于陶器店等都会引起消费者连贯的心理活动,从而引起连贯消费。

(三)相邻的依附关系

在某个特定的群体活动场所附近,商业企业以这个特定目标为依附对象,设立为之补缺辅助的商店,如医院附近设立花店、学校附近设立文具店等,均是商界、商业企业非常成功的范例。

(四)独立店

独立店是商业中一种特殊的立店形式,它不依附于繁华的商业街市,不过分强调紧贴消费者,不依靠邻近其他商铺而独立形成商圈。其取胜之道有二:一是交通便捷;二是以鲜明的经营特色和价廉而又种类丰富的商品取胜。如果不具备这两种特色的独立店将无法形成其商圈。

1. 规模巨大的独立店

购物中心或大型超级市场,又称"大卖场"。因其商铺面积巨大,故其租金成本很低;又因其商品进价很低,商品种类繁多,从而以低廉的商品吸引远近的消费者。二者之中,购物中心更胜于超级市场,这是因为前者的商品更加丰富。

2. 特色鲜明的独立店

沪青平公路位于318国道终端,位置远离上海市中心,但邻近虹桥机场,有空运海鲜之便。沪上首家开设的大型自选式海鲜酒楼即诞生于此,形成独店效应。

(五)邻店损害

邻店损害是指特定商铺在经营方式、经营品种、经营状况等方面会对周围邻近商铺造成损害。

1. 同行相拼

在同行商业企业相邻时,如果不有意识地分开层次、调整品种,势必会形成恶性、循环性竞争,其结果往往是两败俱伤。同行相拼的表现大多是后期设立的同行店,伤害先期设立的同行店的行为;面积大的商店打败面积小的商店。

2. 业态相克

连锁超市门店附近的食品店、杂货店的生存是相当困难的,这是因为存在着业态相克的现象,即先进的商业业态总是制约、淘汰着落后的商业业态,以逐步推动商业的发展。如上海中山公园附近原来有许多家电商店,销售情况尚可,而在大型家电连锁企业"国美"落户该地区以后,该家电商店的生存就受到了影响,营业额直线下降,入不敷出,最后该企业的商铺只能改行经营其他项目。

3. 商品层次差异

在上海,最高档次的服饰类商铺往往并不在最繁华的商业路段上,而是在高星级酒店或并不热闹的路段上。如"美美百货"和"锦江迪生",这两家专营进出口高档服饰的商店的选址就颇费了业主的一番用心。"美美百货"坐落淮海中路西段,"锦江迪生"位于淮海中路北向的长乐路上,离繁华街市不远,卓尔不群,独店设立,避开热闹地段的低价竞争,从而显示出其不凡的品质。

当然,如果不顾商业环境和消费层次差异,人为地错开商品层次来设店,也是不可取的。如在高层次的商业街市上设立一家以低价取悦消费者的商店,无疑会对周围邻近商铺产生负面影响,并导致不良后果。

三、比较价格

商铺交易价格的制定是以比较价格为基础,参照商铺价值与购置成本而进行的价格预先决策。所谓比较价格是指市场认可的,客户可以接受的价格。在确定比较价格时,应重点考虑因现阶段供求关系的变化而产生的价格变动。商铺不像其他可以重复制造的商品,以其制造成本、销售成本及社会平均利润来决定其价格,就单个商铺而言,其价格是个性化的。由于不可再生和重复生产的特性,商铺的价格具有垄断的特征。

影响商铺价格并起决定作用的是商铺的商业价值和房地产区域因素。其中,商铺的房地产区域因素是从属因素,在决定商铺价格时起次要作用。

（一）吸引客户的能力

以国内现有的商业企业选址要求中的路段要求为下限,我们将商铺吸引客户的能力、客户的租金支付能力进行比较,按强弱顺序依次可以分为五个层次:境外国际知名品牌企业、境内外品牌专卖店、银行营业部与证券业、连锁商业,其他零售业。商铺吸引客户的能力大小,吸引客户的层次高低,直接影响租价的制定。

（二）商圈内外的价格差异

一个知名的商圈总是由若干个知名的商业企业聚集在一起形成商圈的中心。如上海徐家汇是一个环状的商圈,以港汇恒隆广场、太平洋百货、上海六百、汇金百货、汇联商厦、美罗城、百脑汇、东方商厦等知名商业企业为中心,在肇嘉浜路、华山路、天钥桥路、虹桥路、天平路呈环状分布,形成徐家汇商圈的核心。距离这个核心区域的远近,决定了商铺租金的高低。在知名的商圈内,商铺与核心区域的距离,影响着商铺的租价。特定商圈里的客流不会或不愿到达的街市上的商铺,不属于这个特定商圈,其租金或价值变化不受这个特定商圈的影响。

（三）面积大小的价格差异

商铺面积越大,支付的租金越低。其原因有以下几点。

1. 折让手段

在一些商品的营销活动中,经营者会一次性给予购买数量较多的购买者折让优惠,以扩大其销售额。在商铺租售交易活动中,"大面积,小价钱"正是经营者折让促销活动的具体体现。

2. 减少隔离空间与管理费用

大面积的商铺出租（售）给一个或少数承租（购）者,可以减少隔离空间与隔离费用。在商铺租赁经营活动中,还可以减少出租人的管理费用。

3. 支付保障

有能力承租（购）较大面积商铺者,其经济实力大于租（购）小型商铺的投资者,因此支付能力的安全系数较高。出租（售）方为保障收益,愿意降低租金或出让费以吸引该类客户。

4. 供求关系

相对而言,有能力投资小型商铺者众多,而有能力投资大中型商铺者较少,故需求量大的小型商铺的平均租（售）价,会因供求关系而上扬,而需求量小的大型商铺价格会因需求者少而低于小型商铺。

（四）楼层高低的价格差异

通常情况下位于底层的商业用房的价值要高于其他楼层的商业用房的价值,一般来说,如没有电梯,首层商业用房与二层商业用房价格相差较大,二层商业用房与其他层商业用房的价格差距则大大缩小。如根据一般的估价实践,大型的商业大厦二层的价格可能是底层价格的50％—80％,三层价格为底层价格的40％—60％,然而一些社区内的商铺的二层价格可能只有底层价格的35％—50％,二层价格与底层价格可能相差50％—65％,二层价格与三层价格可能相差20％—30％,但如果有自动扶梯上下,首层商业用房与其他层商业用房的价格差距将大大缩小。

除上述原因外,造成商铺价格差异的因素还有很多,比较常见的有以下几个方面:

（1）客流量大的商铺的租售价格高于客流量小的商铺的租售价格;

（2）购买力强的商圈内商铺的租售价格高于购买力弱的商圈内商铺的租售价格;

（3）有商誉的商圈中商铺的租售价格高于无商誉的商圈中商铺的租售价格。

四、大型商铺经营收益

在资本的运作过程中,商铺也和其他投资类型一样,投资者的投资目的并不一定是为了占有商铺,而是通过对商铺具有的以特定形态存在的价值进行投资、开发、经营,以达到产生新的价值——商铺投资利润。在实践中,可以根据商铺利润不同的产出形式及产出阶段,来进行具体分析,以把握商铺在建设过程中和建成以后不同时期、不同方式投资的机会。

商铺投资利润是商铺投资全过程的利润产出,在不同阶段进行商铺投资,可以取得不同形式的投资收益(见表 6-10)。

表 6-10　商铺投资不同阶段的收益形式

阶　段	收　益　人	收　益　形　式
商业用地批租	国家	出让金
商业用房开发	房地产开发商	房地产开发利润
商业用房出租	房地产权利人	租金
商业用房转租	转租人	转租收益
设立商业企业	商业企业	商业利润中的商铺利润
收购、兼并商业企业	收购人	获得商铺物权或继承租约的收益

一般来说,大型商铺经营的直接利润主要表现在以下几个方面。

(一)商业地产的开发利润

功能单一的商业地产的开发选址,不外乎有两个区域:一是高度繁华的商业区域;二是新开发居住区内。由于两者的投资性质不同,所产出的利润也有所不同。

1. 高度繁华商业区域内的商铺开发利润

在高度繁华区域内的商业地产,因多为商业设施改造项目,一般不会转让。在特殊情况下,房地产开发企业获该区域内的地块以后,出售商铺的比照价格较少,投资者可以获得数倍投资的利润。但在繁华区域,商铺开发的投资量大,土地获得成本高,造价也十分昂贵,因此有能力投资的主体并不多。

2. 新开发居住区内的商铺开发利润

投资新开发居住区内的商铺是基于未来的购买力和导入人口的数量。在此区域内进行的商铺投资,一般可以获得较高的利润。目前,当地住宅价格与市场价格之比为 1：1.5—1：2。

按照上海市的有关规定:住宅小区内的生活配套设施只要按规划规定的数量、功能建造,其收益归投资者所有。这项规定的意义不仅仅在于出让、出租收益归投资者所有,而且其提高土地利用率的得益部分也归投资者所有。

(二)住宅小区内商铺的收益

住宅小区内商铺的收益呈多元化形式,并在当地住宅价格等方面综合体现出来。

1. 商业地产的高售价

配套设施的商业地产的土建成本略高于住宅,但是其售价高出住宅售价的 50%—100%。

2. 配套设施齐全会促进住宅销售

完善的生活配套设施有利于住宅的销售,加快投资者的投资回收,缩短投资周期,提高资本回报率。

3. 提高土地利用率、降低地价成本

一般来说,商业地产的建筑容积率要高于住宅的建筑容积率。根据上海市规划管理部门的规定,商业地产的建筑容积率为 3.5—6.0,而多层住宅则为 1.5 以下,高层住宅为 3.5 以下。合理规划,多建商业地产可以获得高于住宅的商铺投资利润,以摊薄地价成本。假设有一幅 10 万平方米的住宅小区用地,若不建造商业地产,则至多可建 15 万平方米的住宅。如果按 5% 的比例建造商业地产,则小区面积可达 16 万平方米((100000-5000)×1.5+(5000×3.5)=160000),假设商业地产售价为住宅售价的 150%,则其商业地产的收益情况为 17500 平方米×1.5 倍住宅售价-17500 平方米造价-17500 平方米土地成本。如果当地房价为 3000 元,不建商业地产的收入为 150000 平方米×3000 元每平方米=45000 万元,建造商业地产时的收入为住宅销售收入+商业地产销售收入=(42750+7875)万元=50625 万元。因此,建造商业地产可以增加收入 5625 万元。

(三)期房现房转让利润

在商铺建造前期阶段进行投资,可以以较少投入获得未来较大价值的期权,或以较大投资数额、较大比例的付款,获得较低价格的商铺期权,以取得日后的商铺转让利润。

1. 商铺期房转让

期房转让又称之为"炒楼花",是因为其具有明显的投机特征。投资者在商铺开发前期,以部分房款或定金,取得商铺期权——"期房"或定价的订购权利,经过一段时间,商铺的建设形象进度出现后,投资者将商铺期房转让给第三人,以取得商铺期房阶段的转让利润。其转让利润的多少,依该处商铺的预售价、建设形象进度、投资者目标利润要求而定。

期房取得的形式有多种,如参建、购置期房、预订商铺等,其转让行为须获得开发商(主建方)认可,并在参建、购置、预订商铺的合同等法律文件中予以约定。

2. 商铺现房转让利润

所谓"现房",是指商铺建成并通过竣工验收后的房地产形态。商铺现房转让又分为办理权证前转让与办理权证后转让两种。在产权证未办妥之前,商铺现房转让及利润情况与期房转让的情况差不多。在产权证办出之后,再进行商铺转让,须办理交易手续,并缴纳相应的税收。在商铺增值幅度不大的情况下,在办证后进行商铺转让,会增加交易成本,减少投资方的利润。因此,为了获得较高的商铺现房转让利润,投资者往往会采用"持仓待沽"的办法,以取得较高的投资回报。具体的做法为在商铺刚建成时,租价较低,投资者将商铺按市场行情出租取得收入以补贴有关费用(即使是以自有资金投资,也同样存在着机会成本),待周边商业街市形成气候,商铺的商业价值充分体现时,再将商铺出让,以取得最佳的投资效益。

(四)商铺租赁经营利润

商铺租赁经营是除商铺商业经营之外获利的最重要途径,也是回收商铺投资、取得商铺投资回报的一种最常见的方法。商铺租赁经营利润源于商铺的商业价值,收益的形式为租金,租金的多寡取决于商铺的产租能力。

租金收入并不是商铺投资者所得到的净收入。租金只是房地产租赁经营中的边际利润,包含着商铺租赁经营的成本,只有扣除商铺的租赁成本,才可将其作为商铺租赁经营的利润。通常情况下,商铺的租赁成本包含了商铺获得成本的分摊,建筑、设备的维护和更新费用分摊、物业管理费用、财务费用、中介服务及税收等。租金收入扣除上述费用之后的盈余部分才是商铺租赁经营的利润。

知识活页　　　　　　购物中心租金定价方法

根据商圈租金水平、商家承受能力、购物中心投资回报,综合考虑以下四种定价方法。

1. 租金水平类比法

租金水平类比法是指以当地各大零售商圈的平均租金水平为基础,推测本商圈与本项目的租金水平。租金水平是商家设店选择商圈的重要因素之一。

2. 保本保利定价法

保本保利定价法是指以商家的租金承受能力为基础,分析典型业种在一定成本下的损益平衡点。只有多数厂商能够盈利,购物中心才能稳定与发展。厂商在投资设店前,通常会对营业额、租金、保本保利点进行测算。

3. 投资收益分析法

投资收益分析法是指以本项目的销售价格水平推算预期实现的租金水平,该方法仅作参考,不作推导。

4. 项目成本定价法

项目成本定价法是指以项目的投资成本为基础,按静态回报率推算项目租金均价。

租金建议及收益预算

租金水平根据楼层、配套组合、商业业态等因素造成不同差异,现就上述因素综合分析如下。

1. 楼层因素

楼层因素包括两方面,有楼层差价及无楼层差价。楼层为租金差异最明显的因素,亦有极少数商业项目无楼层差价(如女人街开盘时),用以鼓励销售,造成抢购的现象,进而积累业主信息,同时也是招商销售的卖点。一般商业项目中采取的多为有楼层差价,一般而言,以一楼为基准,每上升一个楼层,其差异率较前一楼层约依次递减为 40%、35%、30% 和 25%。

2. 配套组合因素

配套组合因素可说明当商铺处于同一楼层时如何区别商铺租金价格。如商业项目将楼层划分为商铺(店中店)形式,则根据该商铺所处位置、周边环境、面积、套内面积等因素组合定价。

3. 商业业态因素

此计算方法也称浮动租金法,按照传统百货商场的做法,不同商业业态采取不同的抽成比率,同样,此方法也可供租赁形式借鉴,一般算法:单位面积(每平方米)每月产生的销售收入×实际使用面积×抽成扣点＝租金。

(资料来源:根据《干货:购物中心租金定价方法及影响租金的三大因素》整理。)

1. 商铺租赁方法

商铺租赁经营的水平高低,影响商铺租金的产出与商铺经营的利润。在实践中有以下几

商业布局规划

种方法,可供商铺投资者在经营时参考。

（1）面积组合。

并租是指两个相邻的商铺分别属于两个或两个以上的权利人,他们为取得有效的租金收益,采用消除分界的办法将相邻商铺合并成一个空间,出租给一个承租人。其租赁行为的法律保障是多方协定或共同委托一家商铺租赁中介企业。假设某处有两个商铺相邻,其面积分别为300平方米,单独出租给某承租者作为连锁超市经营并不适合,因为连锁超市门店的面积一般不小于500平方米。那么这两个商铺的权利人可以通过并租的方法,将自己的商铺尽快地出租,以取得现时价值与现时收入,从而避免租金资源的无端浪费。

（2）面积分隔。

分租是商铺租金增效的较常见的手段,是对商铺租金理论"大面积,小价钱"的逆向运用,即"小面积,大价格"。常见的形式有切块、档位、花车、货架和柜台出租等。现以切块为例,对切块出租与整体出租租金进行对比。

切块是分租中较常见的一种方法,它是将整体商铺分隔成几个面积不等的小块,以分别满足不同承租者的需求。

如有一个500平方米的商铺,其可用作整体出租或分租,用作整体出租时,其租金控制在每天每平方米2元以下,在用作切块出租时,用于便利店、音像商店和药店等,租赁面积在200平方米及以下,能承受的租金是每天每平方米3元以下,具体情况如图6-2、图6-3所示。

超市 500平方米

图6-2　整体出租

便利店 100平方米	音像商店 100平方米	药店 100平方米	鸡粥店 200平方米

图6-3　切块出租

根据图6-2、图6-3所示,分别计算出整体出租和切块出租的年租金收益情况。

整体出租的年租金:

$$500 \text{米}^2 \times 365 \text{天} \times 2 \text{元}/(\text{米}^2 \cdot \text{天}) = 36.50(\text{万元})$$

切块出租的年租金:

便利店:

$$100 \text{米}^2 \times 365 \text{天} \times 3 \text{元}/(\text{米}^2 \cdot \text{天}) = 10.95(\text{万元})$$

音像商店:

$$100 \text{米}^2 \times 365 \text{天} \times 3 \text{元}/(\text{米}^2 \cdot \text{天}) = 10.95(\text{万元})$$

药店:

$$100 \text{米}^2 \times 365 \text{天} \times 3 \text{元}/(\text{米}^2 \cdot \text{天}) = 10.95(\text{万元})$$

鸡粥店:

$$200 \text{米}^2 \times 365 \text{天} \times 3 \text{元}/(\text{米}^2 \cdot \text{天}) = 21.90(\text{万元})$$

小计为54.75万元。

通过上述计算,可以看出整体出租的年收益为36.50万元,分租的年收益为54.75万元。分租的收益比整体出租的收益要高出50%。

（3）特殊部位。

包口(见图6-4)是指商场门口两侧的部位,通常所占面积为2—8平方米,是一个商铺商业价值的精华,其价格往往是同等商铺的数倍。

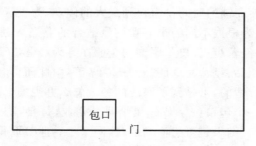

图 6-4　两铺中的包口

（4）各种形式组合的租赁。

"切块""档位""包口"这些分租的特殊部位的组合出租形式在广州繁华的下九路、北京路运用得十分充分,使权利人获得很好的收益(见图 6-5)。

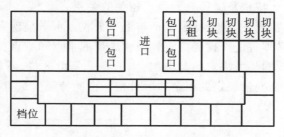

图 6-5　各种形式组合的租赁

（5）店中店与出租柜台。

店中店是一种高档的档位出租形式,与档位出租的差异在于档位是全开放式,而店中店是在一个大的商业空间中划分出一个个小的、独立的、封闭型的、集中的单位空间。店中店通过租赁合约确立租赁关系。店中店以面积计算租金,可获得加倍的租金收益。

店中店多用于开设专卖店。其又分为部分招商与全部招商两种。

图 6-6 展示了部分招商的连锁超市内的店中店,其中面包店、熟食店、保健品专卖店为承租的入驻企业。图 6-7 为全部招商的商厦内的店中店平面布置示意图。

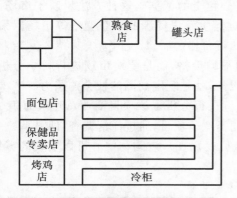

图 6-6　部分招商的连锁超市内的店中店

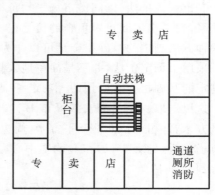

图 6-7　全部招商的商厦内的店中店

（6）时差分租。

利用不同业态、不同营业时间要求,进行时段、季节的时差租赁是增加商铺利润的又一途径。如市中心的咖啡馆,可以利用白天时间出售机票,在晚上经营咖啡。通过运用各种业态不同营业时间的交叉,可以使商铺的时间价值得到最大的体现,为投资者或商铺权利人取得更好的效益。时差租赁还体现为根据不同的季节吸纳最适合的业态入驻,从而获得最大的租金收益。如所谓"皮草行"就是经营裘皮、皮革服饰的企业在冬天经营皮革商品,而在夏天皮革类商品滞销时,企业改变销售商品、经营时令商品——草席等,由此而得名。盛夏季节,在繁华的南京路经营冷饮,无疑是最合适的,可是到了寒冷的冬天怎么办呢?上海南京路上有一商厦的总经理曾做过一个尝试:把一个包口按季节分租给两个企业,每年4月至10月经营冷饮,11月至次年3月经营糖炒栗子。结果是可想而知的,这两个小企业都取得了良好的经营业绩,减少了商铺资源浪费,降低了租金成本。

2. 商铺租赁租金

在零售物业的盈利模式中,毛租金收入、租金净收益和资产溢价能力是盈利模式的核心。其中,毛租金收入是重要的现金流指标,是租金净收益和资产溢价能力的基础。通常情况下,它与商业项目的销售收入特别是销售毛利呈正相关的关系。

在租赁面积既定的情况下,租金标准水平与毛租金收入水平呈现完全线性的正相关关系。确定合理的租金标准,是零售地产投资决策和经营决策的重点和难点。租金标准,通常由两个概念组成,一个是由有效购买力决定的基础租金,另一个是由区位、商场产品、业态组合、租约特征和运营能力这些特征变量决定的租金边际价格。这些特征变量直接或间接地决定了租金的定价能力。

(1)基础租金。

对基础租金标准的测定,人们一般采用三种方法,即成本计价法、投资回报计价法和市场计价法。

①成本计价法:由土地资金投入、房屋折旧、大修理、资金利息、财产税及流转税分摊和合理利润进行计算来测定基础租金的方法。这种方法能够反映社会必要劳动,但无法反映市场供求关系。

②投资回报计价法:这是在成本计价法基础上,将全部要素集中为资金成本,以融资成本即银行利率作为标尺来确定基础租金的方法。这种方法通常在投资决策的概念评估时使用,但无法作为更为深入的经营决策的依据。

③市场计价法:以同类市场平均价格作为确定基础租金的依据。这种方法反映了市场供求关系,它考虑了商户对租金的接受程度,竞争对手对优质商户资源的争夺竞争等市场因素,用这种方法制定的基础租金是可以作为有效的租金执行价格的。

采用市场定价法,并不是简单地采集竞争市场的平均价格,而是要对市场进行科学分析,使制定的基础租金有所预期。决定基础租金的核心因素,就是既定商圈的社会购买力。

这里选取一个沿海二线城市B购物中心作为案例进行分析。该项目商业总建筑面积10万平方米,计租面积63280平方米,周边3千米没有同类竞争项目,通过商情调查,即B购物中心市场分析(见表6-11)和B购物中心客流支撑分析(见表6-12),该购物中心可以实现的零售销售预期如下。

表6-11 B购物中心市场分析表

辐射区域	区域半径(千米)	人口数量(人)	家庭数(个)	周捕获率(%)	周有效家庭数(个)	平均每周家庭消费金额(元)	周消费额(元)	月消费额(元)
第一商圈	1.5—3	170720	68288	25%	17072	350	5975200	23900800
第二商圈	3—5	942000	376800	6%	22608	450	10173600	40694400

续表

辐射区域	区域半径（千米）	人口数量（人）	家庭数（个）	周捕获率（%）	周有效家庭数（个）	平均每周家庭消费金额（元）	周消费额（元）	月消费额（元）
合计		1112720	445088		39680		16148800	64595200

表6-12　B购物中心客流支撑分析表（客单价：180.9元每人次）

统计项	一周总计	平均每天
总有效家庭（个）	39680	5669
有效消费人数（人）	59520	8503
有效消费人次（人次）	89280	12754

商圈人口以覆盖的街道提供的人口数据及地区人口密度进行统计。

按照平均每2.5人为一个家庭计算家庭个数（或消费单位）。

有效消费人数按照捕获家庭个数×1.5计算。

消费人次按有效消费人数平均每次目的性消费会引起0.5次的随机消费计算。

根据客流量支撑推算得出：日均12754人次消费，人均每次消费180.9元，月营业额6459.5万元。

以10%为该项目租金占营业额比例，项目预期月租金收入为645.95万元，每月每平方米计租面积预期租金收入为102.08元，每日每平方米计租面积预期租金收入为3.40元。日均每平方米3.40元就是该项目通过市场计价法测定的基础租金。

租金占营业额比例是基础租金市场计价法采用的一个重要变量。

该变量以当期同类市场平均值为基础，根据项目的招商预期、项目技术条件评价等具体情况修订而成。

近年来随着零售地产供应量的不断增加，商户对租金砍价能力的强化，行业租金占营业额比例从2009年的12%左右的水平开始走低，10%是目前市场条件下比较高的水平。

（2）租金边际价格。

基础租金通常反映商业地产项目无差别化产品和市场特征的租金水平。但是，每个项目仍然因许多个性化的因素，影响了租金实际价格的变化，因此就必须对这些个性化因素的特征变量及其变化进行分析，并导出租金的边际价格。所谓个性化因素，就是项目区位特征、商场特征、业态组合、租约特征和运营能力。

在既定的租金收入的基础上，成本与项目的盈利水平与净租金收益是负相关的。

在探讨零售物业盈利能力问题的时候，应该认识到，零售物业特别是购物中心本身是中长期的投资项目，其核心盈利模式主要依靠租金持续增长并最终实现物业价值的增值。这就需要改变"以小博大"追求短期现金流的住宅地产发展观念。

上海港汇恒隆广场总建筑面积约为13万平方米，1999年开业。开业最初几年也经历了艰苦的养商阶段。直到2009年完成对B1卖场的调整以后，整个建筑、租户组合、运营组织才臻于完善，当年毛租金收入达到10亿元，扣除经营管理成本1.2亿元和资本性支出0.8亿元，净收益达到非常高的水平，资产公允评估价值超过100亿元。

①区位特征对租金边际价格的影响。

浙江大学房地产研究中心就购物中心租金形成机制对上海、杭州、深圳等地6个大型购物中心进行了调查和实证研究，并提出了购物中心商铺租金微观决定因素的研究报告。

国内一些大型商业地产公司根据这个报告，开始研究制定租金决策模型。这里引用该报告关于区位特征对租金边际价格的影响程度的分析。

表 6-13 为区位特征对商铺价格影响的价格弹性/半弹性的分析。

表 6-13　区位特征对商铺价格影响的价格弹性/半弹性

特征变量	回归系数	弹性系数	半弹性系数
有效购买力	0.499	0.499	
中心可见度	0.121		0.129
停车位	0.111		0.117

有效购买力是指核心商圈人口与人口购买力的乘积（以社区购物中心为例，以商业地产项目为圆心，交通半径 3 千米之内为核心商圈）。核心商圈每增加 1% 的购买力，标准商铺的租金边际价格就增长 0.499%。

中心可见度是指从主干道看租户标志的百分比可见性。把中心可见度按每 5% 划分一个刻度，从主干道看租户标志可见度每增加一个刻度，商铺的租金边际价格增加 0.129%。

停车位是指每 1000 平方米经营面积拥有的停车位个数，每增加一个停车位，商铺的租金边际价格增加 0.117%。

在所有决定商铺租金边际价格的特征变量中，区位特征的作用是显著的。

②商场特征对租金边际价格的影响。

商铺面积、距一楼层数、商铺可见度、商铺可达度是十分重要的商场特征，对租金边际价格具有十分重要的影响。这里引用浙江大学房地产研究中心研究报告有关商场特征对租金边际价格的影响程度的分析。

表 6-14 为商场特征对商铺边际价格的价格弹性/半弹性的分析。

表 6-14　商场特征对商铺边际价格的价格弹性/半弹性

特征变量	回归系数	弹性系数	半弹性系数
商铺面积	−0.184	−0.184	
距一楼层数	−0.195		−0.177
商铺可见度	0.062		0.064
商铺可达度	0.057		0.059

商铺面积是指商铺单元内建筑面积。每增加 1% 的商铺面积，商铺的单位租金边际价格将下降 0.184%。

距一楼层数是指商铺所处楼层距离一楼的层数。每增加距离一楼的层数，商铺的租金边际价格将下降 0.177%。

商铺可见度是指商铺位置的可见度。把商铺可见度按每 1% 划分一个刻度，从公共区域看商铺的可见度每增加一个刻度，商铺的租金边际价格增加 0.064%。

在购物中心建筑设计过程中，着力于打造内部空间的通透性是极其必要的。一个通行的方法就是设置共享空间，也就是足够宽敞的中庭和采光廊，除了能够更有效地组织内部客流，也能使各层商铺店面得到充分展示。

并且，在购物中心应尽量少地设置柱网，尤其在中庭和采光廊要充分实现无柱网设计。中庭和采光廊实现无柱网设计，可以平均提升 5 个刻度即 5% 的商铺可见度，也就是说可增加 0.32% 的租金边际价格。

对于采光廊设计,还有一个问题就是注意其宽度和高度的比例,按人眼正常视角自然上仰30°和下俯45°进行计算,采光廊的高度不大于宽度的1.5—2倍,如采光廊的净宽是12米,那么其高度不能大于18—24米。这样,商铺的可见度就可以充分体现。

商铺可达性是指顾客随机到达任意商铺的概率。把商铺可达性按每1‰划分一个刻度,从公共区域看商铺的可达性每增加一个刻度,商铺的租金边际价格增加29.5%。

要实现较高的商铺可达性,关键在于动线的合理布置。其原则有以下几点。

第一,控制动线长度。顾客对于一个平面超过1000米总长度的动线是没有耐性走完的。

第二,减少交通的节点,尤其是奇节点。一个平面动线中的奇节点不要超过3个。根据运筹学理论,奇节点之间只能重复行走。

第三,动线要实现闭环,不可出现断头。

第四,平面动线应实现单动线,不可出现多动线。

第五,竖向动线尽量实现花洒式。上行坚决而且快速,如使用天梯或垂直电梯;下行放射而且缓慢,如使用短距离自动扶梯。

③租户组合对租金边际价格的影响。

根据浙江大学房地产研究中心研究报告对长三角和珠三角地区的上海、杭州、深圳6个大型购物中心所选取的样本调查分析的结果,主力店的规模均值为9256.50平方米,每月每平方米租金均价为63.17元;次主力店的规模均值为779.81平方米,每月每平方米租金均价为109.02元;普通商铺的规模均值为96.70平方米,每月每平方米租金均价为164.93元。

一是,主力店的影响。

主力店能够对购物中心产生积极的外部效应,这是业界的一个基本观点。事实上,主力店往往通过自己的产品和品牌,吸引各种目的性消费,从而产生很强的外部客流的集聚效应。因此,商铺位置对于主力店本身不是最重要的,但对租金价格具有很强的砍价能力。

所以,业主在同主力店谈判博弈的过程中,与其进行租金价格的博弈,不如进行商铺位置的博弈。在选择主力店商铺位置中,应注意以下几点:

第一,主力店的位置应尽量布置于购物中心的深处或高楼层处,而不是顾客易于到达的出入口附近。

第二,主力店周围应尽量被普通商铺包裹,其位置及开口的选择要达到足以给普通商铺贡献充分客流的目的。

第三,在动线设计和环境设计中,强化主力店对普通商铺客流供应的方向性引导。

二是,次主力店也具有很强的客流积聚效应。

按目前我国内地购物中心次主力店各业态的平均分布比例,特色餐饮(包括麦当劳、肯德基、必胜客、棒约翰等)为71.1%,休闲娱乐健身为11.8%,其他为17.1%。

不同于主力店,次主力店的位置和布局对其租金标准水平均产生重要影响。这些影响主要表现在:

第一,距一楼层数和靠近主出入口对租金影响显著。

第二,同类零售聚集效应在次主力店中反应敏感,也就是说同类业态的次主力店在布局上的聚集,能增加比较性消费机会,给各商家带来更多的销售额。这种聚集效应可以产生该类商铺5%—10%的租金边际效益。

三是,普通商铺的影响。

在普通商铺中,零售业态的商铺是购物中心租金的主要贡献者。这里借助浙江大学房地产研究中心研究报告的数据,对零售类型、商铺位置对租金标准的影响状况做一个展示。表

6-15为零售类型和商铺位置就租金所进行的回归系数分析。

表 6-15　零售类型和商铺位置就租金的回归系数分析

特征变量类型	特 征 变 量	标准化系数
商铺位置	距一楼层数	−0.547
	临街	0.058
	主入口	0.041
	主步行街	0.133
	位于转角	−0.046
	靠近超市	0.066
	靠近百货商店	0.051
零售类型	女装	0.125
	男装	0.135
	混合服饰	0.067
	儿童用品	−0.010
	皮鞋/皮具	0.088
	珠宝	−0.001
	美容护理	0.078
	饰品	0.134
	专业店	0.119
	家装用品	0.067
	个人服务	0.098
	礼品/工艺品	0.120
	体育运动	0.084
	糕点食杂	0.139

根据上述数据,形成以下结论。

首先,对于普通商铺来说,商铺的位置比零售类型对租金的影响更大。

其次,对于商铺的位置来说,楼层位置的影响是最大的,影响较大的是商铺是否在主步行街。此外,靠近主力店、临街与靠近出入口,对租金的影响相差不大。

最后,在零售类型中,女装、男装、饰品、专业店、礼品/工艺品、个人服务、皮鞋/皮具可以支付较高的租金溢价。

当然,浙江大学房地产研究中心这份报告有一个重要缺陷,即忽视了商品货单价水平作为一个重要的决定性因素对租金的影响。

实际上,在购物中心中,货单价较高的零售类型往往具有支付较高租金溢价的能力,而相反,只有货单价较低的零售类型才能给购物中心贡献客流。至于家居这种既不贡献现金流也不贡献客流的零售类型,则只能起到为购物中心丰富业态业种的补充作用。

(资料来源:根据《购物中心"租金"最牛最全知识点》整理。)

五、转租利润

商铺转租是指商铺承租者以获租的商铺进行租赁经营活动,以谋求获得商铺经营利润的分配,其实质是转租人以其信誉优势、信息优势和资金优势等分享商铺权利人的租金收益。在转租活动中,较多采用时间、空间分租等经营办法,来提高转租的收益。

(一)转租人的优势条件

1. 信誉优势

信誉优势又称之为商业牌誉。在租赁活动中,商铺承租人的商业牌誉、经济实力、经营能力等因素对商铺权利人产生影响并获得信任,使商铺权利人默认或者许可承租人的转租行为,并与承租人(转租人)共同分享租金。

上海各大超市的门店几乎都是以承租方式获得的,获租租金约为每日每平方米 2 元,而超市门店的店中店每日每平方米租金往往在 5 元左右,转租收益率达到 250%。而家电大卖场中档位的转租收益也与这个水平不相上下。

2. 信息优势

所谓信息优势是指承租人或转租人利用不对称的信息获得转租商铺的权利,从而获得转租收益的行为。

3. 资金优势

资金优势通常意味着承租人(转租人)运用自身拥有的雄厚资本实力影响商铺权利人,或以良好的付款方式获得转租权利。在实践中,银行、证券公司是商铺权利人最愿意接受的客户。如有时银行将承租的营业所转租第三方,一般情况下,商铺权利人不会提出异议,因为其看重的是银行或证券公司的资金实力和偿付能力而非再租人。另外,在商铺权利人急需资金时,良好的付款方式也是获得资金优势、取得商铺转租权利的捷径。在上海,通常的商铺租金付款方式为"先付后用,押一付三",即先付款,后使用商铺,一次付三个月的租金,押金为一个月租金。如果承租人以一年租金一次付清,则会获得折让,折让幅度为 10%—20%。如果银行贷款利率为每年 5.9%,则转租人以同样办法经营转租商铺就可获得约高于银行贷款利息 4% 的收益。

(二)对转租的准确判断

对转租商铺的准确判断是商铺租赁经营中的"技术分析"。准确判断是建立在商铺具有升值空间,商圈潜力尚未开发等条件上的。利用准确判断获得转租收益是转租优势中最为客观的经营方法,如再结合其他转租优势,将能获得较为丰厚、可靠的长期经济利益。准确判断的依据很多,概括起来主要有以下几个方面:①对国家的经济形势、地区政策的准确判断;②对商圈的商誉、容量变化的准确判断;③对购买力增量、人口导入情况、友邻店增加的准确判断;④对道路设施的改善、交通站点的迁移情况的准确判断等。

总之,承租、转租的时机选择十分重要,在转租活动中,如果转租条件不成熟,转租时机选择不当,均会造成商铺的空置,导致转租亏损。

六、商铺特殊部位的租金利润

就商铺个案而言,其最有商业价值的部位是它的沿街部分,具体有橱窗、店招、广告等,其出租收益并不低于"包口"的租金收益。不少企业承租繁华商业街市商铺的目的就是为其品牌、知名度或为新品做宣传。如果商业企业将橱窗、店招、广告位置全部出租,其收益就会略小于整店出租的收益。其计算办法如下：

（1）不考虑商铺的特殊因素，以同类地段办公房租价乘以面积，即等于没有特殊部位的商铺租价；

（2）以具有可比性商铺的租价减去没有特殊部位的商铺租价，则等于商铺特殊部位的租价；

（3）以同地段办公房租价加上特殊部位的价格，就是该商铺的租价；

（4）将上述商铺租价减去同地段办公房价格后，平均摊入特殊部位（橱窗、店招、广告位置）面积，就是特殊部位的单价。

部分企业在经营遇到困难时，出租一定量的特殊部位面积，不失为一种可取之举。但应注意，特殊部位面积过小或展示功能差的商铺在出租时，其出租收益一般较差。如在上海××机电市场一条街上，有一个商铺因不能设置店招，空置期很长，究其原因是出租人并未意识到店招的价值，在考虑租价时，并未将没有店招这一减值因素考虑进去，片面追求市场同价，而浪费了现时的租金资源。

本章小结

1. 零售企业投资计划的拟订是企业立地开发业务中最终也是最重要的一环。因此在拟订投资计划时，必须根据立地调查所搜集来的资料，制定几项大的原则作为投资指导的纲要，主要包括商店定位、卖场规模与复合业种、预定回收投资的年限和设定投资与损益平衡点。同时，还必须了解开店的决定因素，从而对立地条件进行准确判断。

2. 零售企业开店决定因素包括立地是否适当，营业额预估的准确性，适当规模的设定，同行竞争力的比较，投资、损益平衡点及回收年限的分析，本店人员补充、营运资金的考虑以及可行性的评估。

3. 零售店投资的主要支出项目包括设备、场地租金、工程及装修设计费用。

4. 零售店的经营费用可分为固定费用和变动费用。对零售店来说，毛利率必须大于费用率。因此在评估店址的预定地时，必须做好资金需求预估，根据对全体连锁零售店的收支、资金周转所造成的影响来加以判断。此外，连锁零售店可以通过连锁方式，使各分店得到同样条件的后勤支援，从而降低装潢设备方面的投资成本，因此有必要了解超市装潢设备的投资明细，做到心中有数。

5. 在投资计划项目之中，以预估营业额为基础来规划其他投资经费的效率指标，是健全的公司所不可欠缺的工作。包括目标单位面积效率、目标折旧费用率、目标人事薪资率、目标租金率、广告促销费用率和财务负担比率。以上几项指标，是资金回收可行性分析的必要指标。此外，还有企业竞争力方向指标，包括毛利率、商品周转率、商品投资回报率、劳动生产效率、劳动生产率、单位面积效率、单位面积生产率和劳动分配率。

6. 损益平衡点是店铺收益、支出相等时的营业额。损益平衡点的计算包括损益的计算、损益平衡点的计算和经营安全率的计算。零售企业必须对开店计量决策流程有所了解。一般来说，在开店之前，损益分析及损益平衡点的预估可作为店址预定地取舍的依据。开店后，必须每月盘点，计算盈余。不仅要估算1年或6个月内的损益,更要预估 10 年的损益,当然 10 年间变数太多,困难度将更高。其数据包括营业额预估(不含加值型营业税)、销货成本预估(一般含损耗)、管理销售费用(固定费用部分和变动费用部分),得出损益数,最后对损益平衡点销售额进行预估。

7. 商铺是人们进行商业活动的场所,是一种以房地产形式存在的商业价值,它的特点是稳定性、良好的成长性、多因素性。

8. 大型商铺投资形式就是资本在商铺建造、使用、租赁过程中具体的使用方式。商铺投资形式多样,相对而言,商业地产开发、商铺租赁和转租这三个形式在市场上运用较多。

9. 大型商铺经营中的长期投资,是指投资者以较长时间持有商铺的投资、经营的形式。从商铺价值的角度来看,只有合适的业态才能使商铺的价值最大化,才能达到租金收益的最佳状态。而从商铺价值的角度来看,只有合适的业态才能使商铺的价值最大化,才能达到租金收益的最佳状态。所以对特定的商铺而言,要确定其合适的业态并不容易。合适是建立在业态合适以及与购买力相适应的基础上的。

10. 大型商铺经营的直接利润主要表现在以下几个方面:商业地产的开发利润、住宅小区内商铺的收益、期房现房转让利润、商铺租赁经营利润。

思考与练习

1. 什么是零售企业店铺的投资原则?零售投资的决定因素是什么?
2. 开办超市时,选择设备的原则是什么?
3. 连锁超市在开店阶段,对资金需求进行预估时应考虑哪些因素?
4. 10 年间会影响营业额的因素有哪些?
5. 商铺作为一种优良的投资品种,它的优点表现在哪些方面?
6. 商铺的投资价值表现在哪些方面?
7. 什么是商铺投资形式?它的主要形式包括哪些?请简要论述之。

案例分析

案例一　永辉超市发展 Mini 店

竞争激烈、多渠道冲击、消费习惯转变……2019 年的中国零售行业,让不少商家感叹有点难,在外资商超巨头纷纷减码中国市场之时,永辉超市却依然逆流而上。

2019 年,永辉超市全国新增门店 205 家(含原百佳广东地区门店,不含永辉 Mini 店、永辉生活、超级物种),连续六年实现全国门店拓张数量持续增长。截至 2019 年 12 月 31 日,永辉超市全国已开业超市门店 910 家。

2018 年年底,永辉超市在其大本营福州开出了全国首家永辉 Mini 店,正式加入社区生鲜赛道,2019 年永辉开始全面推广社区店业态——Mini 店。面对这个资本市场的热门领域,永辉超市显露出了快速扩张的发展势头,截止到 2019 年 9 月底,公开数字显示,永辉 Mini 已新增 510 家 Mini 店,门店覆盖华东、华南、华中、华西等主要地区。

永辉 Mini 店定位为"家门口的永辉、新鲜的永辉",面积计划在 300—1000 平方米,商品以散装蔬菜、水果、水产、肉类等生鲜品类为主,同时搭配包装食品、日用品等品类,生鲜商品比例占到 50％以上。这种面积更小的门店一般选址在永辉超市附近,一家永辉超市可以支撑 2—4 家 Mini 店,Mini 店的补货、配送均由大店支持。Mini 店与大店以"子母店"模式拓展消费场景,建立流量围栏,培养消费黏性,实现永辉品牌门店的密集展店。

(资料来源:根据《永辉超市门店总数达 910 家,2019 年平均 1.78 天新增一家》整理。)

问题:

如果你是永辉 Mini 店的店长,你认为作为新型的社区型零售店,永辉 Mini 店的投资原则是什么? 有什么特殊性?

案例二　苏宁小店的扩张

随着线上流量增速放缓,电商巨头们纷纷加速布局线下市场,京东便利店、天猫小店、苏宁小店等具有代表性的新零售门店应运而生,重新构建零售业的"人、货、场"形态。而在这些线下新零售门店中,苏宁小店无疑是发展最快的便利店之一。

作为靠线下实体起家的零售巨头,苏宁在开店方面经验丰富。在一线、二线城市,苏宁以苏宁小店为主要依托构建"1 小时场景生活圈"服务社区人群。自 2018 年 1 月全国首家苏宁小店落地上海以来,苏宁小店的发展便一路狂奔。2018 年年末其门店数量达到 4177 家,截至 2019 年,苏宁已合计拥有苏宁小店及迪亚天天自营店面超过 6000 家,覆盖全国 70 多个城市。

苏宁小店作为苏宁智慧零售拼图中的重要板块,定位为社区生活一站式服务平台,是深耕城市"社区 O2O"、完善最后一公里布局的关键一环。在扩张的同时,苏宁小店还完成了更新升级,苏宁小店目前已迭代升级至第三代。苏宁小店 1.0 的核心诉求是解决消费者的一日三餐,因此其生鲜品类占比远远高于其他便利店,达到 30％左右。而 2.0 版本的苏宁小店上线了更多增值服务,苏宁彩票、苏宁文创、苏宁帮客、苏宁金融、苏宁物流、苏宁有房等苏宁的自营服务齐刷刷上线。3.0 版本的苏宁小店似乎更加"臃肿",塞进了餐厅和酒吧功能。整体来看,3.0 模型店结构复杂、服务更加完善,兼具便利店、餐厅、社区综合服务平台、场景体验店等多种功能。苏宁小店总裁鲍俊伟曾透露,苏宁小店的单店成本在 100 万元左右。

目前,在全国核心城市社区,依托苏宁小店,苏宁积极布局前置仓网络,推出苏宁生活帮,在"1 小时场景生活圈"中加速社区生活服务场景的全覆盖。2019 年苏宁小店新建成 1100 个前置仓,用户可以在苏宁小店直接购买商品,也可以通过苏宁小店 App 网购后通过前置仓直接送货上门。未来苏宁小店将与家乐福供应链逐步融合,打造商品丰富、服务优质、网点密布的社区生活平台。

(资料来源:根据《苏宁小店"烧钱"扩张:我目的很简单　只是你还没看懂》整理。)

问题:

你认为苏宁小店投资的主要项目有哪些?

案例三　上海南翔印象城 Mega 的规划

上海,是国内商业地产发展最活跃的城市之一,无疑也是国内外顶尖开发商争抢的高地。上海嘉定南翔并不属于传统核心区域,目前这一区域甚至尚未形成商圈概念。从嘉定的政府规划来看,嘉定区将成为大上海西北区域现代化新型城市,南翔更因特殊的先天条件,在整个规划中被赋予更多使命,致力于打造成为距离上海中心城区最近的市郊首个"中央商务区"。与此同时,区域内正崛起一批对生活有追求的新兴中产阶层、年轻家庭及商务办公消费群体。尴尬的是,区域内商业配套并未能够充分支撑这部分新兴客群需求,嘉定区不仅人均商业面积(0.76 平方米)远低于市中心城区(1.22 平方米),而且区域内缺乏大型中高端精品商业项目和品牌,以致消费外溢明显。

2018 年,上海南翔印象城 Mega 正式亮相。2019 年 10 月 22 日,备受关注的上海南翔印象城 Mega 提前封顶,2020 年正式营业。南翔印象城 Mega 位于上海市嘉定区南翔最核心地段,北临陈翔路、东临沪嘉高速、南接真南路、西临嘉闵高架,项目总建筑面积达 33 万平方米,规划商业楼层 B1—6F,地下及地上停车位超过 3000 个,建成后将成为上海西北区域最大的独立商业体,辐射嘉定、宝山、普陀、大虹桥等区域。

南翔印象城 MEGA 计划引进超过 450 家全业态品牌,注重业态的多样化和均衡化:主力店占 26%、零售占 30%、餐饮占 28%、儿童占 7%、生活方式占 4%、娱乐体验占 5%。涵盖时尚零售、餐饮场景、生活社交、娱乐文化、家庭亲子、健康休闲等,其中包括多个首进中国或首进上海的品牌。作为亮相的新项目,南翔印象城 Mega 十分看重首店经济效应,在其品牌库中,嘉定区域首店占比为 42%,城市首店 & 城市新概念店为 23%,总创新比例高达 65%,由此可见,尽管地处非传统意义上的核心区域,但它对品牌的吸引力并不弱。

南翔印象城 Mega 并不只是单纯停留在追求首店品牌数量层面,而是更多从"在地思维"出发,以满足区域品质消费需求为目标。一方面,将 ZARA、优衣库、Izzue Army、Massimo Dutti、GU、维多利亚的秘密等在城市核心商圈备受消费者青睐的品牌引进这一区域,满足区域消费空白,使消费者不用驱车几十公里就能享受到同样的产品与服务。另一方面,南翔印象城 Mega 的入驻品牌阵营还有不少"熟面孔":CGV 国际影城、星巴克臻选店、Sephora、Initial、海马体照相馆……实际上,这些品牌也都有一个共性,即享有一定市场知名度,市场认知度高,且在所属类目中属于头部品牌,表现力强劲。这些品牌在南翔印象城 Mega 立项时,也进行了一定程度的创新,如 Meland Club 将在此开设上海首家带儿童亲子餐厅的会员店、肯德基亲子餐厅……

"90 后"和"00 后"正逐渐成为零售商业的绝对主力军、中产阶层规模的扩容……这些消费客群的变化,也将折射到消费环境中,南翔印象城 Mega 围绕自身目标客群——新兴中产阶层、高净值家庭、新生代消费群以及周边商务人群,将商场内的品牌按照社区体验重新定位和趣味组合,分为国际潮流、品质生活、摩登时尚、运动体验、亲子儿童、饕餮美食、生活美学、娱乐体验八大维度,一站式全覆盖,为消费者开启个性体验时代。在甄选入驻品牌时,南翔印象城 Mega 采取充分倾听未来消费者的声音,通过在嘉定本地的媒体渠道释放信息征询他们想要的品牌,引进了肥猫餐厅、LELECHA 乐乐茶、喜茶等品牌。

除了引入多个特色品牌,南翔印象城 Mega 在空间规划上也颇费心思,如内部采用双首层概念,并以鹤之旅为故事主线,打造寓意"鹤鸣、鹤舞、鹤栖"的三大中庭广场;顶楼处设计了一个立体休闲运动空间,内设空中主题花园、首创凌空跑道、沉浸式生态空间、景观退台等特色体验场景;B1 层则打造苏沪时光主题街区,云集诸多老上海品牌;双下沉式广场以嘉定古猗园为灵感,打造集闲适、趣味为一体的主题活动空间……

此外,在一些细节服务方面,南翔印象城 Mega 也颇具"小心机",不仅在商场内每一楼层都设置了温馨有爱的母婴室,在商场 3 层更是打造了一个儿童主题的独立儿童卫生间,上海目前尚未有一家商业项目如此"大手笔"……

Costco(中文名:开市客)是全球最大的连锁会员制仓储量贩超市,将目标消费者范围圈定为中产阶层和中小型企业主客户,公司的经营理念是以最低的价格提供给顾客高质量的商品和服务。以价格平进平出的优质商品获得消费者黏性,所销商品的毛利率维持在 14% 以下,商品销售的利润同费用率基本相抵。公司主要的利润来自会员费,因此稳定性较强。美国 Costco 会员费每年在 120 美元左右,目前中国的 Costco 会员费为每年 299 元,此外可以免费办理一张附属家庭卡,由年满 18 周岁的家人持有,实现一卡全家通用。2019 年 8 月 27 日,其在国内的第一家门店在上海市闵行区开业。

　　(资料来源:根据《上海南翔印象城 MEGA 提前封顶 将引进永辉超市、CGV 影院等 450 个品牌》和《吹响品质商业集结号 34 万 m² 南翔印象城 MEGA 引领沪西商业升级》整理。)

　　问题:

　　1. 假设你是 Costco 的决策者,你是否会选择南翔印象城 Mega 作为自己的开业店铺?

　　2. 你在投资店铺时,应该考虑哪些因素?

　　3. 假设你是南翔印象城 Mega 的招商部门经理,你会选择 Costco 吗? 作为商铺投资方,你的收益来源包括哪些?

[1] Mintzberg H. The Strategy Concept I：Five Ps for Strategy[J]. California Management Review，1987(30).

[2] Keeble D, Nachum F. Why Do Business Service Firms Cluster? Small Consulancies，Clustering and Decentralization in London and Southern England[J]. Transactions of the Institute of British Geographers，2002(01).

[3] Pantano E, Priporas C V. The Effect of Mobile Retailing on Consumers Purchasing Experiences：A Dynamic Perspective[J]. Computers in Human Behavior，2016(08).

[4] Porter M E. Competitive Advantage：Creating and Sustaining Superior Performance [M]. New York：Simon & Schuster，2004.

[5] Wu L Y, Chen K Y, Chen P Y, et al. Perceived Value, Transaction Cost, and Repurchase-intention in Online Shopping：A Relational Exchange Perspective［J］. Journal of Business Research，2014(01).

[6] 白光润.集聚、竞争、关联——商业微区位研究的三个重要理论问题[C].中国法学会经济法研究会.中国法学会经济法学研究会2005年年会专辑，2005.

[7] 白光润.微区位研究的新思维[J].人文地理，2004(05).

[8] 曹静.零售企业规划与布局[M].上海：复旦大学出版社，2015.

[9] 曹嵘,白光润.交通影响下的城市零售商业微区位探析[J].经济地理，2003(02).

[10] 昌志成.浅议企业价值最大化目标下商业模式选择[J].电子制作，2014(23).

[11] 陈建东.城市零售商业空间布局研究[D].济南：济南大学，2010.

[12] 陈靖蓉.麦当劳(中国)营销策略研究[D].北京：清华大学，2013.

[13] 谌丽,张文忠.北京城市居住环境的空间差异及形成机制[M].北京：中国社会出版社，2015.

[14] 崔彬.影响电子商务零售业虚拟商圈的主要因素与面临的问题[J].国外经济管理.2008(04).

[15] 崔继昌.江苏省城市建设用地利用经济效率时空演变研究[D].南京：南京师范大学，2017.

[16] 邓延平.区位理论发展、评述及其应用[J].商，2015(29).

[17] 董洁,林吴国.中心地理论对城市中心商务区(CBD)发展的影响——天津中心商务区的探讨[J].四川建筑，2009(02).

[18] 付强.从经典区位论到现代点轴论[J].西部广播电视，2010(08).

[19] 龚诗好.互联网时代的城市商业空间结构演变研究[D].长沙：湖南大学，2017.

[20] 郭天超.商业模式与战略的关系[J].企业导报,2011(08).

[21] 韩枫.论商业概念及其分类的创新发展[J].商业时代,2007(02).

[22] 郝艳婷.电商影响下城市零售商业规划布局研究[D].张家口:河北建筑工程学院,2019.

[23] 贺灿飞,李燕,尹薇.跨国零售企业在华区位研究——以沃尔玛和家乐福为例[J].世界地理研究,2011(01).

[24] 胡瑾.教给学生有结构的知识——以工业区位选择为例[J].地理教学,2014(15).

[25] 贾式科,侯军伟.西方区位理论综述[J].合作经济与科技,2008(22).

[26] 姜姝宇.零售业集合店业态发展的现状、阻碍及趋势[J].商业时代,2018(06).

[27] 蒋秀兰,蒋春艳.零售学[M].北京:清华大学出版社,2013.

[28] 李世朋.北京市零售业合理布局研究[D].北京:北京物资学院,2017.

[29] 李婷.零售商业区位理论及其对零售业选址的指导[D].上海:上海社会科学院,2006.

[30] 李小建.经济地理学[M].2版.北京:高等教育出版社,2006.

[31] 李亚楠.多品牌服饰集合店产品组合方法研究[J].现代装饰(理论),2013(03).

[32] 李阳,汤尚颖.我国零售业转型升级的特征与动因[J].商业经济研究,2020(12).

[33] 李迎霞.基于GIS的南昌商业房地产项目空间布局研究[D].南昌:江西财经大学,2013.

[34] 刘金国.集体建设用地流转价格评估理论与方法研究[D].长春:吉林大学,2011.

[35] 刘强.区位理论、区位因子与中国产业集群形成机理[J].河南社会科学,2008(01).

[36] 刘子怡.基于财务视角的商业模式分类研究——以制造业上市公司为例[J].新会计,2018(03).

[37] 齐永智,张梦霞.全渠道零售:演化、过程与实施[J].中国流通经济,2014(12).

[38] 任芳.前置仓实践探索及发展思考[J].物流技术与应用,2019(06).

[39] 史丽芳.电子商务背景下我国零售业变革的特征趋势与对策[J].商业经济研究,2020(02).

[40] 王方方.企业异质性条件下中国对外直接投资区位选择研究[D].广州:暨南大学,2012.

[41] 王婷婷.商业模式分类问题研究[J].商,2013(02).

[42] 王文涛.无人便利店运营模式及财务管理系统研究[J].纳税,2019(31).

[43] 王振坡,翟婧彤,贾宾,等."互联网+"时代下城市商业空间布局重构研究[J].建筑经济,2016(05).

[44] 吴晓波,姚明明,吴朝晖,等.基于价值网络视角的商业模式分类研究:以现代服务业为例[J].浙江大学学报(人文社会科学版),2014(02).

[45] 肖光恩,金田.霍特林模型与空间区位竞争理论的拓展[J].理论月刊,2007(03).

[46] 徐阳,苏兵.区位理论的发展沿袭与应用[J].商业时代,2012(33).

[47] 许冰沁.商业综合体与周边街道商业业态关联研究[D].杭州:浙江大学,2019.

[48] 续笑嘉.我国物流前置仓发展现状及前景分析[J].理论与研究,2019(22).

[49] 杨东方,臧学英.对"区位优势"内涵的理解与运用[J].城市,2008(06).

[50] 叶堃晖.城市土地多中心结构优化模型理论探索[D].重庆:重庆大学,2004.

[51] 依绍华,郑斌斌.日本百货业发展演进特征及其对我国的启示[J].国际贸易,2019(11).

[52] 于伟,郭敏,宋金平.北京市新型零售业空间特征与趋势研究[J].经济地理,2012(05).

192

［53］ 张建新,乔晗,汪寿阳,等.基于交易结构理论商业模式分类研究［J］.科技促进发展, 2016(01).

［54］ 张劲松.合肥滨湖新区城市土地增值潜力研究［D］.合肥:合肥工业大学,2009.

［55］ 张旭兰,姚蕾.电子商务冲击下线下实体店发展模式创新——基于线上线下商业业态的比较［J］.商业经济研究,2016(19).

［56］ 朱承熙.高中人文地理教学中的"粗暴决定论"［J］.中学地理教学参考,2015(15).

193

教学支持说明

新商科一流本科专业群建设"十四五"规划教材系华中科技大学出版社重点教材。

为了改善教学效果,提高教材的使用效率,满足高校授课教师的教学需求,本套教材备有与纸质教材配套的教学课件(PPT 电子教案)和拓展资源(案例库、习题库视频等)。

为保证本教学课件及相关教学资料仅为教材使用者所得,我们将向使用本套教材的高校授课教师免费赠送教学课件或者相关教学资料,烦请授课教师通过电话、邮件或加入旅游专家俱乐部 QQ 群等方式与我们联系,获取"教学课件资源申请表"文档并认真准确填写后发给我们,我们的联系方式如下:

地址:湖北省武汉市东湖新技术开发区华工科技园华工园六路

邮编:430223

电话:027-81321911

传真:027-81321917

E-mail:lyzjjlb@163.com

旅游专家俱乐部 QQ 群号:306110199

旅游专家俱乐部 QQ 群二维码:

群名称:旅游专家俱乐部
群 号:306110199

教学课件资源申请表

1. 以下内容请教师按实际情况写，★为必填项。
2. 学生根据个人情况如实填写，相关内容可以酌情调整提交。

★姓名		★性别	□男 □女	出生年月		★职务	
						★职称	□教授 □副教授 □讲师 □助教
★学校				★院/系			
★教研室				★专业			
★办公电话			家庭电话			★移动电话	
★E-mail（请填写清晰）						★QQ号/微信号	
★联系地址						★邮编	

★现在主授课程情况	学生人数	教材所属出版社	教材满意度
课程一			□满意 □一般 □不满意
课程二			□满意 □一般 □不满意
课程三			□满意 □一般 □不满意
其 他			□满意 □一般 □不满意

教 材 出 版 信 息	
方向一	□准备写 □写作中 □已成稿 □已出版待修订 □有讲义
方向二	□准备写 □写作中 □已成稿 □已出版待修订 □有讲义
方向三	□准备写 □写作中 □已成稿 □已出版待修订 □有讲义

请教师认真填写表格下列内容，提供索取课件配套教材的相关信息，我社根据每位教师/学生填表信息的完整性、授课情况与索取课件的相关性，以及教材使用的情况赠送教材的配套课件及相关教学资源。

ISBN（书号）	书名	作者	索取课件简要说明	学生人数（如选作教材）
			□教学 □参考	
			□教学 □参考	

★您对与课件配套的纸质教材的意见和建议，希望提供哪些配套教学资源：